渭河下游泥沙冲淤及洪水演进数学模拟研究

杨方社　王新宏　著

中国环境出版社·北京

图书在版编目（CIP）数据

渭河下游泥沙冲淤及洪水演进数学模拟研究/杨方
社，王新宏著. —北京：中国环境出版社，2015.2
ISBN 978-7-5111-2266-7

Ⅰ. ①渭…　Ⅱ. ①杨…②王…　Ⅲ. ①渭河—下游—
泥沙冲淤—数学模型—研究②渭河—下游—洪水—数
学模型—研究　Ⅳ. ①TV142②P331.1

中国版本图书馆 CIP 数据核字（2015）第 041101 号

出 版 人　王新程
责任编辑　连　斌　赵楠婕
责任校对　尹　芳
封面设计　金　喆

出版发行　中国环境出版社
　　　　　（100062　北京市东城区广渠门内大街 16 号）
　　　　　网　　　址：http://www.cesp.com.cn
　　　　　电子邮箱：bjgl@cesp.com.cn
　　　　　联系电话：010-67112765 编辑管理部
　　　　　　　　　　010-67110763 生态（水利水电）图书出版中心
　　　　　发行热线：010-67125803，010-67113405（传真）
印　　刷　北京中科印刷有限公司
经　　销　各地新华书店
版　　次　2015 年 11 月第 1 版
印　　次　2015 年 11 月第 1 次印刷
开　　本　787×960　1/16
印　　张　14.75
字　　数　272 千字
定　　价　45.00 元

前 言

渭河是陕西人民的母亲河，她不仅创造了灿烂的三秦文化，而且对华夏文明的形成也做出了巨大贡献。渭河发源于甘肃省渭源县乌鼠山，是黄河的最大一级支流，主要流经甘肃、陕西两省，流域范围主要集中在陕西省中部。渭河向东延伸至陕西省渭南市，在潼关县汇入黄河，南有东西走向的秦岭横亘，北有六盘山屏障；渭河流域西部主要是黄土丘陵沟壑区，东部主要是关中平原区。在历史上，渭河流域植被遭到严重破坏，长期乱垦滥伐，加之长期不合理的农业结构及生产方式，导致水土流失比较严重。渭河流域范围内大部分被深厚的黄土覆盖，质地疏松，且多孔隙，垂直节理发育，富含碳酸钙，易被水蚀；且多数处于黄土丘陵沟壑区，沟深坡陡，河道比降较大，虽然沟道陡峭坡面植被覆盖有所增加，但陡峭坡面的暴雨侵蚀，岸坡崩塌等重力侵蚀仍较为剧烈，水土流失的危害依然十分严重，这些使渭河成为一条"著名"的多泥沙河流。

三门峡水库的修建，以及上游不合理的来水来沙导致潼关高程抬升，从而直接影响了渭河下游泥沙冲淤及河床演变。渭河下游的泥沙淤积，据统计，至 2005 年已淤积泥沙量达 17 亿 t（合 13.6 亿 m^3），渭河入黄河口的潼关高程抬升了约 5 m，下游河道比降由建库前的 1/5 000 减缓至 1/10 000，溯源淤积已延伸至咸阳，临渭区以下河床已经高出地面 2~4 m，渭河下游河槽淤积萎缩，主槽行洪能力锐减。过去 50 多年内，渭河下游堤防虽经加高加固，但随着淤积的抬升，河床的防洪能力在逐年下降，据测算，目前的堤防仅能防御 12 年一遇的洪水，与原 50

年一遇的设防标准相差甚远。由于持续严重的泥沙淤积，随着渭河下游河床的抬升，渭河下游现已变成了名副其实的地上悬河，堤岸临背差加大，大大降低了两岸堤防的防洪能力，严重威胁着渭河下游两岸人民群众的生命财产安全，阻碍了渭河下游两岸甚至于陕西东部地区的社会经济发展。

目前，渭河下游洪水呈现出小水酿大灾的特点，连年引发小流量、高水位洪水，易造成多次漫溢、局部堤防决口的洪涝灾害。例如，2003年8月24日至10月13日，由于受大范围暴雨影响，发生了自1981年以来的最大洪水，历时50天，先后出现了六次洪峰，首尾相接，洪量不断叠加，演进慢，历时长，洪水总量达到渭河1954年洪水总量的两倍多，渭河经历了历史上罕见的严重秋汛，形成了"小洪水、高水位、大灾害"的被动局面，灾害损失是惨痛的，教训是深刻的，揭露的问题是令人深思的。2005年9月17日至10月4日，陕西省又出现了历时长、范围大、高强度的持续性降雨过程，降雨使渭河流域华县站10月4日9时发生1981年以来的最大洪水，洪峰流量为4 820 m³/s，此次洪水给渭河下游两岸及干支流沿岸带来了严重的洪涝灾害，造成了巨大的经济损失。这些洪涝灾害，又一次使渭河下游泥沙冲淤、河床演变及对洪水演进的影响等成为研究的热点问题。因此，研究渭河下游泥沙冲淤、河床变形及淤积萎缩等对洪水位的影响，对于渭河下游洪涝灾害防治及洪水预报具有重要现实意义，而且，对黄河流域其他类似河流的相关问题的研究也有重要参考价值。

本书首先对以往的研究成果进行了简要的回顾和评述。然后以实测资料为基础，分析了三门峡建库前后潼关高程的变化以及渭河下游河道的冲淤演变规律，并对不同流量级洪水位的变化、洪峰传播时间和洪峰流量沿程变化特征等进行了分析。最后应用一维水沙数学模型对典型场

次洪水演进过程进行了模拟，并对渭河下游不同水沙系列作用下，不同
潼关高程对渭河下游的冲淤和洪水水位的影响进行了数值模拟计算，依
据计算结果，定量回答了潼关高程变化对渭河下游河道冲淤量、冲淤部
位、冲淤范围的影响及对渭河下游不同流量级洪水水位的影响。主要结
果如下：①建库前渭河下游主槽处于动态冲淤平衡状态，滩地处于微淤
状态；建库后，渭河下游河道发生严重淤积主要是由于潼关高程的抬升
造成的；潼关高程的抬升主要是由于三门峡水库的不合理运用造成的，
近期不利的水沙条件加剧了潼关河床的抬升速度和渭河下游的淤积。
②渭河下游频繁发生的枯水枯沙、高含沙小洪水是造成渭河下游淤积发
展的重要因素。③潼关高程抬升是渭河下游淤积发展的主要原因，近年
来渭河下游河床高程抬升、主槽宽度缩窄和滩地糙率增大是影响渭河下
游洪水水位抬升的主要因素。④渭河下游主槽宽度每缩窄 100 m，华县
站 3 000 m³/s 流量级洪水水位抬升幅度为 0.4 ~ 0.5 m；滩地糙率每增加
0.01，同流量级漫滩洪峰水位抬升幅度为 0.2 ~ 0.3 m。渭河下游主槽过
流能力减弱、断面平均流速减小、滩地糙率增大及河道比降变缓是渭河
下游洪水传播时间延长的主要原因。⑤临潼到华县的洪峰传播时间与主
槽过流能力成反比关系；河道比降每减小 0.01‰，临潼到华县的洪水传
播时间将延长大约 6 h，滩地糙率每增大 0.01，临潼到华县的漫滩洪水
传播时间将延长 3 ~ 4 h。⑥通过实测资料回归分析，得到了临潼—华县、
华县—华阴河段洪峰削峰率与主槽过流能力之间的经验关系，并分析了
水沙条件、人类活动等对削峰率的影响。⑦对泥沙数学模型求解过程中
的泥沙沉速计算、水流挟沙力和恢复饱和系数的取值等问题进行了探讨，
在此基础上对现有的泥沙数学模型进行了改进和完善。⑧利用 1969—
2001 年的实测资料对模型进行了率定和验证。结果表明，各河段计算
冲淤量与实测值吻合较好。⑨利用一维水沙数学模型对渭河"3·8"洪

水进行了数学模拟。结果表明，临潼—陈村的水位过程、流量过程和沿程冲淤量等计算值与实测值吻合较好，说明本书所建立的一维水沙数学模型可应用于渭河下游洪水演进的模拟与预测。⑩用建立的一维水沙数学模型对不同水沙系列、不同潼关高程（328 m、327 m、326 m）下渭河下游的冲淤趋势和洪水水位的变化进行了预测计算，定量回答了潼关高程从 328 m 降至 327 m（相当于潼关高程降 1 m）和潼关高程从 328 m 降至 326 m（相当于潼关高程降 2 m）时，渭河下游一定年限之后各河段的减淤程度以及不同流量级洪水水位的降低幅度。

　　本书包括了水利部重大专题项目"潼关高程控制及三门峡水库运用方式研究（2002—2004）"子课题"渭河下游泥沙冲淤数学模拟研究"中的主要研究成果。其中第 3 章至第 7 章由王新宏、杨方社、黄修山撰写，第 10 章由杨方社、黄修山撰写，第 11 章由杨方社、王新宏撰写，其他章节均由杨方社撰写。全书由杨方社统稿，王新宏定稿。

　　渭河流域水沙数学模拟及洪水演进属于河流泥沙动力学研究领域，未来应该更广泛地从环境、生态与经济等不同学科进行广义研究，并从泥沙、洪水资源化的角度，协调渭河下游环境、生态与经济，这是一个从理论到实践都需要深入系统研究的课题。本书用一维水沙数学模型对渭河下游的泥沙冲淤及典型洪水演进过程进行了模拟，并分析了河床冲淤演变对洪水水位的影响，为渭河下游河道的治理提供参考依据。由于作者水平所限，书中错误与不足之处在所难免，恳请广大读者与专家批评指正。

作　者

2014 年 8 月于西安

目　录

1　绪论 1

　1.1　渭河概况 1

　1.2　潼关高程问题 3

　1.3　潼关高程研究现状 5

　1.4　洪水演进研究方法简介 9

　1.5　目前常用的研究方法 10

　1.6　研究意义 12

2　渭河下游河床演变 14

　2.1　三门峡建库前潼关高程及渭河下游河床演变 14

　2.2　三门峡建库后潼关高程对渭河下游的影响 22

　2.3　本章小结 48

3　渭河来水来沙变化特征 50

　3.1　水沙来源及区域分配 50

　3.2　20 世纪 60—90 年代水沙变化对比 51

　3.3　近期水沙变化 54

　3.4　洪水水沙变化 55

　3.5　本章小结 57

4　渭河下游河道淤积萎缩对洪水水位的影响 58

　4.1　渭河下游水位变化概况 58

　4.2　渭河洪水水位抬升的影响因素 59

　4.3　本章小结 66

5 渭河下游河道淤积萎缩对洪水传播时间的影响 67
  5.1 三门峡建库后渭河下游洪水传播时间的变化概况 67
  5.2 渭河下游洪水传播时间影响因素 68
  5.3 本章小结 80

6 渭河下游河道淤积萎缩对洪峰变形的影响 81
  6.1 建库后渭河下游洪峰削减概况 81
  6.2 不同时段的削峰特点 82
  6.3 渭河下游洪峰削峰率的影响因素 85
  6.4 渭河下游洪峰削减规律研究 89
  6.5 渭河下游洪峰峰形变化特点 90
  6.6 本章小结 93

7 2003 年洪水特性分析 95
  7.1 2003 年洪水过程与特征 95
  7.2 2003 年洪水特性分析 97
  7.3 本章小结 105

8 渭河下游泥沙冲淤数学模型的建立 106
  8.1 泥沙冲淤数学模型概述 106
  8.2 泥沙数学模型中相关问题的分析与讨论 108
  8.3 渭河下游泥沙冲淤数学模型的建立 118
  8.4 方程的离散及差分求解 120
  8.5 本章小结 121

9 泥沙冲淤数学模型的率定和验证 123
  9.1 基本资料的整理与分析 123
  9.2 模型的率定 129
  9.3 模型验证 135
  9.4 本章小结 142

10 渭河下游 2003 年洪水过程的数学模拟 143
  10.1 2003 年洪水实测资料 143

10.2　数值模拟结果与分析.. 144
10.3　本章小结... 152

11　不同潼关高程对渭河下游冲淤影响的数值模拟................... 153
11.1　方案计算目的及说明... 153
11.2　基本资料及有关问题的处理..................................... 153
11.3　设计系列水沙特性分析... 156
11.4　计算结果与分析... 162
11.5　本章小结... 211

12　总结与展望... 214
12.1　本书主要研究内容及结论....................................... 214
12.2　展望... 217

参考文献... 218

附录　主要符号表... 224

致谢... 225

1 绪论

1.1 渭河概况

渭河是黄河的最大一条支流，发源于甘肃省渭源县鸟鼠山，在潼关附近汇入黄河，全长 818 km，流域面积 13.48 万 km²（不包括泾河张家山站以上流域面积 6.244 万 km²），主河道平均比降为 2.23‰，流域多年（1954—1996 年）平均降水量 613.4 mm，径流量 59.93 亿 m³，输沙量 1.339 亿 t[1,2]。渭河上游为山地，出宝鸡峡谷后进入平原，土地肥沃，史称"八百里秦川"，历来为我国西部地区的富庶之地。

渭河下游河道指咸阳渭河铁路大桥至潼关河口段。在三门峡水库修建前渭河为一条冲淤平衡的微淤型地下河。三门峡建库后，1960 年 9 月—1962 年 3 月蓄水运用期间，潼关高程上升 1.46 m，1962 年 4 月—1969 年 10 月防洪排沙运用期间潼关高程上升 3.67 m，1969 年 11 月—1973 年 10 月防洪排沙运用期间潼关高程下降 2.11 m，1973 年 11 月—1991 年 10 月全年控制运用，潼关高程上升 1.43 m[3]。在此期间，虽三门峡工程先后两次改建（1965—1968 年和 1969—1971 年）且水库运行方式多次改变，作为渭河河床侵蚀基准面的潼关高程抬升后曾出现一定幅度的降低，但难以维持。渭河河床侵蚀基准面的升高致使渭河河床溯源淤积严重，1960—1995 年，三门峡水库总淤积量为 55.66 亿 t，其中潼关以上为 45.45 亿 t，占总淤积量的 81.65%[4,5]。渭河下游逐渐演变为强烈的堆积性地上河，洪灾频繁，河道环境趋于恶化，防洪形势日益严峻。

近年来，渭河下游洪涝灾害问题十分严峻。潼关高程第二次急剧抬升且长期居高不下，渭河下游泥沙淤积严重，随着淤积的发展，渭河漫滩流量减小，滩面抬升加快，加剧了泥沙淤积的上延。淤积使渭河下游河床剧烈萎缩，导致主槽过洪能力减小，同流量水位大幅度抬升，如"92·8"洪水，华县站洪峰流量 3 950 m³/s，其洪水水位为 340.95 m，较建库前同流量水位抬升 4.2 m。同时渭河下游两岸临背差进一步加大，渭河下游成为悬河。目前华县以下河段临背差达到 3～4.4 m，华县至临潼河段临背差 2～3 m，咸阳至西安河段临背差 1.5 m[6]。渭河滩槽同步淤积，致使渭河发生小流量洪水即可漫滩倒灌南山支流，造成支流河口段严重淤塞，特别是"二华夹槽"处渭河堤外滩区支流河槽被多次高含沙漫滩小洪水淤死，并倒灌淤积支流 3～6 km，最大淤积厚度达 3.5 m，严重阻塞了支流洪水的出路，使支流河道"南高北仰中间洼"的态势进一步加剧，支堤临背差加大。目前的渭河大堤始建于 20 世纪 60—70 年代，后经多次续建和加高培厚，但多属于抢险应急修建，工程布设不尽合理，控导长度严重不足。由于施工手段落后，质量控制不严，土料含杂质多，分段、分层接茬多，导致整体工程质量差，隐患多。堤防检测、管护、维修穷于应付，自然侵蚀、生物危害、人为破坏严重。据分析，渭河下游大堤目前实际防洪能力为 10 年一遇标准以下，与规定的 50 年一遇的设防标准相差甚远[7]。同时，南山支流堤防标准低、边坡陡、断面小、隐患多、河道纵断面呈南高、北仰、中间低洼的态势，夹槽段防洪压力很大，极易形成灾害。由于移民返迁后，一直未进行系统的防洪设施建设，防洪标准低，撤离难度大，致使移民返迁区防洪安全没有保障，一旦遭遇大洪水，人民生命财产安全难以保证。

　　譬如，2003 年 8 月 24 日至 10 月中旬，渭河流域由于大范围、长时间、高强度的持续降雨，先后发生 6 场大洪水，据资料分析，本次 6 场洪水有 2 个显著特点：一是流量虽不大，但洪水水位却在渭河下游创历史纪录。六次洪水最大咸阳站为 10 年一遇，临潼站为 5～10 年一遇，华县站不足 5 年一遇的常遇洪水，但水位却高出历史最高 0.48 m、0.31 m 和 0.51 m，华县站第二次洪峰水位比 1954 年洪水（流量为 7 660 m³/s 对应水位）还高出 3.95 m。二是洪水演进速度达到历史最慢。华县到潼关河道长 74.7 km，2003 年第一次洪峰演进时间为 41 h，第二次为 48 h，比正常洪水演进时间 6～9 h 超出 39～42 h。两次洪水平均演进速度为 1.68 km/h 比人们散步的速度还要慢。2003 年洪水的具体特征是：①水位历史最高，渭河华县站前 4 次洪峰流量分别是 1 500 m³/s、3 570 m³/s、2 290 m³/s 和 3 400 m³/s，相应的洪水水位分别为 341.32 m、342.76 m、341.73 m 和 342.13 m，分别比 1954 年发生的 7 660 m³/s，实测最大洪峰水位高出 2.51 m、3.95 m、2.82 m 和 3.22 m。②洪水演进速度历史最慢，20 世纪 50—60 年代同量级洪水通过临潼到潼关大致需要 18 h，2003 年最长则达 71 h。③洪水历时历史最长，华县站自 8 月 27 日 6 时第一次洪峰起涨水位 338.76 m，流量为 520 m³/s，至 9 月 12 日 2 时第三次洪峰落峰流量为 520 m³/s，水位为 338.7 m，华县水文站洪水过程已持续了 380 h，超过 1954 年的 226 h。在渭河 2003 年的洪水中，临潼到华县第一次洪峰传播时间为 52.3 h，第二次洪峰传播时间为 24 h，第三次洪峰传播时间为 29.5 h，显然临潼到华县第一次洪峰传播时间比第二、第三次洪峰传播时间分别长出 28.3 h 和 22.8 h。同一河段不同洪水的传播时间差值之大确为洪水传播中的异常现象。本次 6 场洪水虽是常遇洪水，但造成的损失是巨大的，据统计，本次 6 场洪水淹没农田约 30 多万亩，56.9 万人受灾，12.87 万人失去家园，直接经济损失达 23 亿元。

渭河流域地势西高东低，渭河平原的构造基础是断沿盆地。自渭河发育以来，盆地就接受泾、洛、渭及来自秦岭各大小支流的碎屑物质，堆积了厚达 1 000 余 m 的第四系松散沉积物[8]，所以渭河下游河道属于冲积性河道，冲积性河床演变与水沙条件密切相关，是河流体系中相互影响、相互制约、相互塑造的两个方面，水沙条件变化引起河道冲淤演变和断面形态的调整；同时河床演变发展又会影响水流泥沙的输移特性。目前，渭河下游河道出现了淤积严重，河宽明显束窄，主槽过水面积锐减，主槽摆动剧烈，"S"形河势增多等河床演变现象，李文学[8]、陈建国[9]、王敏捷[10]、杨丽丰[11]、张翠萍[12]、唐先海[13]等很多学者都对渭河下游河道近年来淤积萎缩的原因做了大量的分析研究，但是对现有渭河河床上的洪水特性研究者甚少。巨安祥[14]对渭河"95·8"洪水特性"小流量、高水位、大灾害"进行了分析。韩峰等[15]对华县漫滩洪水特性进行了研究，并对漫滩后洪水的 Z-Q、Z-A、Z-V 的关系曲线进行了简要分析。但是以上少数学者仅局限于对渭河某一两次及渭河某一断面洪水水位的定性探讨，运用已有的研究成果还不能很好地解释渭河 2003 年洪水演进中的异常现象，更缺少对渭河下游洪水传播历时和洪峰变形等洪水特性的研究。1985 年后渭河下游华县站洪水水位由 339.53 m 上升到 342.76 m，流量为 2 000~4 000 m³/s，洪水的传播历时从华县到潼关由平均传播历时 8 h 延长到 2003 年的 31 h（2、3、4、5 号洪峰平均值），由此可见渭河下游的洪水水位和洪水传播历时近期有抬升的趋势。当然，这些问题主要是由于渭河下游的泥沙淤积引起的，渭河下游泥沙淤积的原因是多方面的，有自然因素，也有人为因素。目前普遍认为人为因素中由于三门峡水库兴建后，潼关高程抬升是主要原因。

近些年来，渭河小水大灾以及渭河流域综合治理，又一次使潼关高程问题及渭河下游河床淤积萎缩对洪水演进过程的影响成为水利科技工作者研究的热点问题。因此，研究不同潼关高程对渭河下游河道泥沙冲淤及对洪水水位的影响具有迫切而重要的现实意义，对于渭河流域综合治理具有重要的指导与参考价值。

1.2　潼关高程问题

潼关位于黄河、洛河、渭河三河汇流区的出口，河谷狭窄，河宽仅 800~900 m，是黄河的天然卡口，是黄河在晋、陕间南流后东折的拐点，是黄河小北干流、渭河的侵蚀基准面，还是三门峡水库正常运用期间的回水末端。潼关水文站（简称潼关断面）位于三门峡水库大坝上游 114 km，潼关上游 2 km 左右是黄河、洛河、渭河三河的汇流区，河谷宽阔，最宽可达 19 km。

潼关高程通常用潼关水文站潼关（六）断面 1 000 m³/s 流量时的水位来表示，潼关高程是其上游河道汇流区的侵蚀基准面，潼关高程的高低与小北干流和渭河、洛河下游泥沙冲淤关系密切，对该地区的防洪、除涝有重要影响，潼关由于它特殊的地理位置，因此历来为各方所关注。

潼关高程问题引起各方关注是从开始修建三门峡水利枢纽时就伴随而来的。三门峡水利枢纽是新中国成立后作为根治黄河水害，开发黄河水利的第一期工程，也是在黄河干流上修建的第一座大型水利枢纽。它的建设和运用探索是人民治黄的一次伟大实践，不仅为 50 多年来黄河岁岁安澜做出了贡献，而且为其他工程（如三峡、小浪底等工程建设）提供了成功的经验。三门峡水利枢纽工程于 1957 年 4 月开工建设，其开发任务是黄河下游的防洪，兼顾灌溉、发电等综合利用效益，该水库控制黄河流域面积的 91.5%、水量的 89%、沙量的 98%。

三门峡水库 1960 年 9 月开始蓄水运用，当时，由于对黄河泥沙问题的复杂程度及黄河中游流域水土保持治理形势估计不足，水库投入运用后不久就引起严重的库区淤积等问题，潼关高程由建库前的 323.40 m 急剧抬升到 1962 年 3 月的 328.07 m。335 m 高程以下淤积泥沙达 15.3 亿 m³，有 93% 的来沙淤积在库内，渭河口形成拦门沙，威胁关中平原。为此 1962 年 3 月蓄水拦沙运用改为"滞洪排沙运用"，汛期闸门敞开，只保留防御特大洪水的任务。由于泄水孔位置较高，在 315 m 水位时只能下泄 3 084 m³/s 的流量，入库泥沙仍有 60% 淤在库区，特别是遇 1964 年丰水丰沙年，问题更为突出。至 1964 年 10 月库区（含小北干流和渭河下游）泥沙淤积量已达 44.42 亿 m³，泥沙主要淤积在水库尾部段，潼关河床高程由 323.40 m 急剧抬升至 328.10 m。潼关是三门峡库区回水末端，是渭河下游侵蚀基准面，潼关高程抬升，黄河、渭河、洛河汇流区严重壅水滞沙，彻底破坏了渭河原来的自然比降，导致潼关断面以上黄河小北干流、渭河、洛河下游等区域环境发生变化，并由此给该地区带来一系列区域性灾害。尤其渭河下游的灾害更为严重，淤积使河床抬高，原来的地下河变成了地上河，并使入汇的南山支流下段河床高出地面数米，防洪形势变得极为严峻；"二华夹槽"由自流入渭变成完全依赖机电抽排，地下水位上升，土地盐碱化，生态环境恶化[4-5,17-18]。

1964 年周总理亲自主持召开治黄工作会议，决定对三门峡水利枢纽进行改建（即"两洞四管"）。第一次改建于 1968 年完成，改建后坝前水位 315 m 时枢纽的泄洪能力增大了一倍，水库的排沙比增至 80.5%，潼关以下库区已由淤积转为冲刷，在恢复有效库容、缓解淤积对上游的威胁和保证下游的防洪安全等方面，均取得了显著的成效。但冲刷范围尚未触及潼关，潼关以上库区及渭河仍继续淤积。

为进一步解决库区淤积，充分发挥枢纽综合效益，1969 年 6 月受周总理委托，陕、晋、豫、鲁四省领导人在三门峡召开会议，对三门峡水利枢纽进行第二次改建。改建原则是：在确保西安、确保下游的前提下，合理防洪、排沙放淤、径流发电，改建于 1971 年完成。改建后，潼关以下库区发生了大量冲刷，潼关高程下降，至 1973 年汛后潼关高程下降为 326.64 m。自 1974 年后，三门峡水库采用蓄清排浑运用方式，非汛期承担防凌、春灌、发电等任务，汛期降低水位，控制运用防洪排沙。1974—1985 年，黄河来水量较丰，来水来沙与三门峡水库运用方式比较适应，潼关以下库区冲淤基本平衡，潼关高程相对稳定。1986 年以来，由于龙羊峡、刘家峡水库投入运用，工农业用水增加及降雨偏少等影响，黄河以下库区发生累积性淤积，潼关高程再次上升[19]。1996 年以来实施的潼关清淤工程，对缓解潼关高程抬升起到了一定作用，到 2003 年汛后潼关高程维持在 328.1～328.3 m。

由此可见，潼关高程问题的确与三门峡水库有着千丝万缕的联系，是从三门峡水库修建就伴随而来的，由于潼关高程抬升带来一系列的严重性问题，潼关高程的变化也就自然引起广大专家学者的关注。

1.3 潼关高程研究现状

如前所述，潼关由于它特殊的地理位置，潼关高程的变化一直是人们关注的热点。许多专家学者对它进行了广泛而深入地研究，取得了一大批研究成果，提出的观点很多，有共识也有分歧，到目前为止尚无统一定论。这些观点归纳起来按潼关高程变化成因可分成如下几类。

1.3.1 自然论

持自然论的专家学者认为，潼关高程上升是由自然因素造成的，主要有两个方面。

（1）三门峡水库修建前历史时期潼关高程就是自然缓慢上升的

中科院地理研究所渭河研究组[20]，根据西安铁路局 1966 年钻探资料，分析了河床岩性结构与冲淤动态的关系，认为大约春秋时期，渭河下游普遍进行过一次侵蚀作用，河槽下切到下更新统地层。潼关附近，侵蚀不整合面以上冲积物有两大层：下层沙砾石（底部砂卵石大多直径 40～70 mm，最大 150 mm）颗粒不均，分选差，成分主要是火成岩，过渡为粗沙夹砾石和中沙夹少量砾石（砾石占 15～20%，平均直径 20～50 mm），这时潼关河床是冲刷性的沙砾质河床；上层细沙沉积，与下层沙砾石分界清楚，层位稳定，颗粒粗细比较均匀，分选好，这些特点表明细沙颗粒已经过较长距离搬运，为多次分选后沉积物。上下层岩性结构的变化,反映潼关黄河由冲刷性河床演变为相对稳定然而又是淤积的河床,即平衡微淤性的河床。据粗略估算,公元 155—1960 年的 1 805 年,平均每年淤高 0.008 m。

黄河水利委员会水科院焦恩泽等[21]通过对黄河小北干流沉积结构的分析、1972 年山西蒲州城西打井时挖出的明万历年间修筑的防洪石堤堤顶高程估算和 1950—1960 年实测输沙率、地形图及野外调查等得到的禹门口至潼关河段淤积量等推算出,潼关河床高程在三门峡水库修建前就是缓慢上升的结论。在公元 220—1960 年,年均上升约 0.014 m;在 1573—1960 年,年均上升约 0.027 m;在 1950—1960 年,年均上升约 0.035 m。因此推算出,即使不修建三门峡水库,从 1960 年至今,潼关高程也要升高 1.3 m 的结论。

（2）上游来水来沙对潼关高程的影响

张仁[16]、王仕强[22]、钱意颖等[23]认为建库前潼关高程的升降主要受来水来沙的影响,具有"洪水冲,小水淤"的基本规律,洪水期冲刷剧烈,水位流量关系顺时针方向,有涨冲落淤的特性,冲刷的小水回淤较慢。潼关高程随着来水来沙条件及附近河段冲淤情况发生变化,从多年平均看是微淤的。

1.3.2 人为论

（1）黄河上中游人类活动影响（主要是上游水库蓄水影响）

黄河水利委员会水文局饶素秋等[24]提出,随着黄河的治理和开发,黄河上中游建设了许多水利水电工程和水利水保工程,这些工程从多方面影响着黄河上中游的水沙量变化。水利水电工程尤其是中型水库的建成和运用,对径流和泥沙均有拦蓄作用。据有关分析表明[25],截至 20 世纪 80 年代末,黄河上中游干支流水库和累计淤积量达 50 多亿 m^3,其中 80 年代淤积量为 20 多亿 m^3。水库对径流的分配起调节作用,一方面由于上游水库的影响,黄河中游汛期和非汛期的径流量分配发生了很大变化,使汛期干流河道的基流减小,所形成的洪水水量偏小,其输沙能力也大为减弱;另一方面是上游龙羊峡水库的建成使用,80 年代末其蓄水量就达到 157 亿 m^3,它对上游来水的拦蓄使进入下游河道的径流量明显减少。各灌溉工程和引水引沙也使径流量和输沙量减小,统计表明,80 年代黄河中上游灌溉和城市用水量年均达 140 多亿 m^3,较 80 年代以前明显增加。1986 年以来,由于上游水库的调蓄作用影响,潼关站汛期水沙偏枯,尤其大流量洪峰被削平,3 000 m^3/s 以上洪水次数、洪水历时以及洪水总量大大减少。尤其是 90 年代以后更为明显,3 000 m^3/s 以上洪水由平均 30 天左右减少到 1 天,1999—2001 年还出现了连续三年汛期最大洪峰流量不超过 3 000 m^3/s 的现象。随着国民经济的发展和西部大开发战略的实施,黄河上中游的各项工程将对黄河的水沙变化带来更深远的影响，水沙条件的变化必然对潼关河床高程的变化产生较大影响。

（2）三门峡水库运用的影响

三门峡水库运用方式对潼关高程具有显著影响，这一点已经被众多学者所证实，是大家的共识。但是它对潼关高程到底有多大影响，目前还存在众多争议。如黄河水利委员会[26,27]认为影响潼关高程的因素很多，包括来水来沙、水库运用、河道冲淤、库岸边界、河势变化、河道整治工程等，1996 年以后还有射流清淤。在各种影响因素中，影响潼关高程的主要因素是来水来沙条件、水库运行状况和上下游河道冲淤状态。蓄清排浑以来，潼关高程的变化具有非汛期上升、汛期下降、总体上升的特点，由于水库运用水位不断下调，对潼关的影响逐渐减小。1986年龙羊峡投入运用后，来水来沙条件发生了较大的变化，对潼关高程的变化造成较大的影响，1986 年以后，来水来沙条件起着主导作用。陕西省水利厅[28,29]通过分析论证，认为三门峡水库蓄清排浑运用以来潼关高程持续抬升，且在 20 世纪90 年代居高不下，主要是三门峡水库未严格执行"四省会议"原则，不合理运行造成的。20 世纪 80 年代后期以来水沙条件发生了新的变化，水库没有适时调整运用方式以适应来水来沙的变化，从而加重了潼关高程淤积抬升。因此，三门峡水库的运用是造成潼关高程抬升和居高不下的根本原因。中国水利水电科学研究院[30]对潼关高程的抬升和居高不下的成因进行了分析，认为影响因素主要来自两个方面，即三门峡水库运用和来水来沙条件。三门峡水库汛期运行水位对潼关高程的影响，由分析潼关高程历年变化过程资料可以得出潼关水位有"三升两降"的过程。三个上升阶段为 1960—1968 年、1974—1980 年和 1986—1999 年，两个下降阶段分别为 1969—1973 年和 1981—1985 年。分析各时段资料可以看出，潼关水位的升降与汛期坝前水位的高低是密切相关的。水库非汛期运用对潼关高程的影响主要表现为对淤积部位的影响，水库回水影响状沽站的临界水位为 320～321 m；当回水影响到状沽站以上时，对潼关断面的影响较为明显。所以 320 m 以上的库水位对潼关的影响较大。因此在有利的水沙条件下，配合降低坝前运行水位才是降低潼关高程较为理想的途径。清华大学周建军[31]也认为三门峡水库运行方式对潼关高程有重大影响，他通过分析三门峡水库坝前水位的变化及汛期、非汛期平均水位和全年加权平均水位的变化过程，认为潼关高程和坝前水位有对应关系，同时，这种对应关系又具有一定的滞后性，这是水库溯源冲淤特性决定的；另一方面，潼关高程和坝前水位的关系通过潼关以下淤积量可以反映出来。总之，这些观点都认为三门峡水库的不恰当运行会直接导致潼关高程的抬升。

40 多年来，各位专家学者对潼关高程变化及对渭河下游的影响进行了深入研究，得出了不少硕果，从各个方面用不同方法反映了潼关高程的影响因素及潼关高程的变化机理以及对渭河下游的危害性。潼关高程及其对渭河下游的影响因素是多方面的，各影响因素之间相互作用也是极其复杂的，现有的成果主要从实测资料统计进行定性分析得来的，缺乏系统、全面的综合分析，而是仅局限于分析各影响因素与潼关高程单因子相关分析。但是这些成果为人们进一步分析研究潼关河床高程的变化奠定了良好的基础，也为本课题的研究指明了方向。如何看待建库前潼关高程的变化，关系到如何看待近年来潼关高程居高不下的原因。一种观点认为，潼关高程在三门峡水库建库前基本上是冲淤平衡的，潼关高程的上升完全是由三门峡水库造成的。另一种观点则认为，潼关高程在三门峡水库建库前的历史时期就是持续上升的，目前的抬升不完全是由于水库运用造成的，即使在自然条件下潼关也要淤积抬升。三门峡建库前的自然状态下，潼关高程升降主要受上游来水来沙条件的影响，具有汛期冲刷下降，非汛期淤积上升的特点。小北干流的泥沙来量相对较大，河床处于堆积状态，在小北干流长时期的累积性堆积抬高过程中，淤积不断沿程向下延伸并促使潼关河床上升。潼关河段的下边界为三门峡坝址处坚硬的岩石，长期以来稳定不变，对潼关高程变化的影响不大。此外，从长时间看，潼关河床还受地质构造运动的影响，这种长期影响也是不能忽视的。

实践表明，影响潼关高程的因素较多，河床冲淤变化复杂，加之不同研究者的侧重点不一样、研究方法不同，又缺乏系统的观测资料，使得人们对于潼关高程在建库前的变化规律，特别是定量升降幅度，缺乏统一的认识。此外，有许多问题还需要进一步的分析和研究，例如，焦恩泽[21]得出的在自然条件下潼关高程及渭河下游演变的理论，是根据实地考古资料和 1950—1960 年的实测输沙率等资料推算而得来的，这种研究问题的方法具有一定的科学性和可靠性，可以被人们所借鉴。但是，这个结论的延伸应用却不严密，山西蒲洲的考古资料应用于禹门口至潼关河段大概不成问题，但用于潼关以下河段就不合适。再如，清华大学王仕强[22]等学者从黄河上、中游水沙变化入手，对潼关河段近年来的冲淤变化进行了分析研究，其分析研究问题的途径和方法很值得借鉴，深化了人们对潼关高程问题的认识，给了我们一个重要的启示，即分析水沙资料是认识潼关高程演变的重要途径之一。但他们的研究结论不利的水沙条件是近年来潼关高程升高的主要原因值得质疑，因为有些学者分析了 20 世纪 80 年代以来潼关水文站的水沙变化过程，结果发现：首先，不利水沙年份并不多见，近几年的来水来沙条件也是有利的；其次，假若不利水沙年份造成潼关高程上升，那么在有利水沙年份潼关高程便应冲刷下降，恢复平衡，如 1994 年、1996 年均出现较为有利的洪水，但潼关高程并没有因水沙条件有利而下降。第三，综观三门峡水库蓄清排浑控制运用以来潼关高程的变化情况来看，潼关高程变化呈波浪状起伏变化，因此在三门峡水库的整个控制运用期，潼关高程一直处于起伏上升状态，而不是在近些年才上升的。这些问题都值得进一步的商榷和研究。三门峡水库从 2003 年 11 月至 2005年 10 月进行了降低坝前水位运行的原型试验，·汛期从部分时间敞泄到基本敞泄，水库冲刷效果良好。韩其为[32]对该阶段的水库冲淤及来水情况进行了分析，他认为潼关水位从 328.78 m 降至 327.80 m（降低 0.98 m），说明敞泄获得了很好的冲刷效果。潼关以下冲刷和潼关高程降低基本是由于三门峡水库改变运用方式的作用。他经过分析还认为，当潼关高程由 328 m 降至 327 m 和 326 m 时，对渭河华县水位降低有一定作用，但是不同流量差别是较大的，例如，潼关高程降低对华县水位的影响，主要对小流量作用特别显著，对大流量差别则较小。

认识潼关高程的演变过程和变化机理有助于分析潼关高程对渭河下游的影响，有助于理解分析渭河下游河道演变的过程和机理，有助于了解渭河下游泥沙冲淤对洪水演进的影响，对这一点的认识在本书中自始至终是非常重要的。

1.4 洪水演进研究方法简介

目前河道洪水演进主要有两类研究方法：一类是简化计算法（亦称水文学方法），如马斯京根法、瞬时单位线法、特征河长法等。这类方法以圣·维南连续方程为理论基础，采用简单的槽蓄方程代替圣·维南的动力方程，计算简单，但要求预知洪峰的传播时间和下游洪水过程来确定计算参数，对于渭河下游洪水传播历时经常发生变化的河段是很难做到的。另一类计算方法是水力学方法，其中包括：①以圣·维南方程组为基础，对圣·维南方程组进行简化求得解析解的一种方法；②借助于电子计算机对完全的圣·维南方程组求得数值解的另一种方法；③以水力学连续方程及动量方程为基础的一维、二维和三维数学计算模型并运用计算机对数学模型求得数值解从而对洪水过程进行模拟的方法。水力学方法求解复杂，但是计算精度高，如考虑到泥沙运动及各种边界条件，能够获得更广泛和更精确的洪水演进数据，各种数学模型也能得到较好的应用，但是参数率定较难，即各种河道洪水演算方法和各种数学模型都建立在一定的边界条件和一定的假设之上，如果边界条件发生了变化或不能准确采集到边界条件数字信息，或者某些假设不合理，一些数学模型就不能得到很好的应用，相应的河道洪水演算方法和数学模型就失去了应有的意义。

渭河下游类似于黄河下游同属于宽河段河道，河道经多年淤积，河道萎缩严重，过洪能力降低，一般流量洪水就发生了漫滩现象，渭河洪水漫滩以后，洪水特性发生了很大的变化，特别是高含沙洪水漫滩以后，行洪速度非常缓慢，如 2003

年 9 月 21 日渭河 4 号洪峰以 3 400 m³/s 的流量通过华县，以 342.03 m 的高水位在华县段滞留竟然超过 16 h，因此了解目前渭河的淤积特性，认清影响过洪能力的边界条件，了解漫滩洪水特别是高含沙漫滩洪水演进的特性很有必要。

漫滩洪水演进的水文学演算方法主要有：水库型调蓄演算法、滩区汇流系数法、滩区分演滞后叠加法、蓄率中线法等。包括：①水库型调蓄演算法的主要思路是假设洪水漫滩以后就是一个入库洪水过程；不论河段滩区分布情况怎样，均假设为一个水库，其出库断面设在河段中部，建立出库断面水位流量关系曲线和库容曲线，然后编制演算程序。演算时首先应用马斯京根法作河道洪水演算，然后对漫滩流量以上洪水再进行水库型调洪演算。②滩区汇流系数法的主要思路是主槽用马斯京根法进行演算，滩区用分段汇流系数法进行演算，两者演算结果进行叠加即为下游段面的出流过程。③滩区分演滞后叠加法主要思路为将入流断面洪水分成大河和滩地两部分，分别用马斯京根法进行演算，滩地滞留后一定时间，两部分洪水叠加即为下游断面的出流过程。④蓄率中线法是一种用水库调洪演算用于河道洪水演算的方法。为了寻找合理、准确的漫滩水流计算方法，许多学者通过实验、解析计算和数值模拟进行了大量的研究，提出了许多重要的水力学方法。如 SKM 方法[33]、COHM 方法[34,35]等，其中，SKM 方法以水深平均的 Navier-stokes 方程为基础，更准确、详细地反映了漫滩水流现象。基于 Navier-stokes 方程推导出的 $N\text{-}R$ 模型，$k\text{-}\varepsilon$ 紊流模型也可以较详细、准确地模拟出漫滩水流的紊流运动情况，但其计算相对复杂，不宜求解。

有些学者也对高含沙水流的冲刷规律、造床作用及主槽的水流特性做了研究，江恩惠等[36]对高含沙洪水的冲刷规律进行了研究，并指出高含沙洪水期塑造的窄深河床难以持久下去，窄深的河槽的形成是以前期河床的大量淤积为代价的。吉祖稳、胡春宏[37,38]对漫滩水流流速垂线分布及含沙量悬移质分布规律进行了研究。陈立等[39]对漫滩高含沙水流滩槽水沙交换的形式和作用及漫滩挟沙水流横向流速分布进行了研究，指出正是由于滩槽水沙交换滩地才不断淤高，滩唇得以形成，高含沙洪水期才会出现水位异常升高现象。张晓华等[40]对黄河下游高含沙洪水造成的高水位、最大洪峰流量沿程增大等异常现象进行了研究，并指出高含沙洪水快速造床作用是造成水位流量异常现象的根本原因。以上学者的研究成果对研究近些年来渭河下游高含沙漫滩洪水的异常现象具有重要参考价值。

1.5　目前常用的研究方法

潼关高程问题变化及其对渭河下游河道的影响，从三门峡水库的修建至今已经研究了 40 多年，积累了大量丰富的资料，也取得了一大批重要成果，为后人继续研究提供了广泛的基础和有益的启示和借鉴。从研究方法上来说，可分为三类：一是实测资料分析法，二是数学模拟法，三是物理模型法。

1.5.1　实测资料分析法

潼关高程问题影响因素极其复杂，研究其内在规律，对丰富的实测资料进行分析，这无疑从定性上可以得出一些很重要的结论。大量学者对它进行研究也是从这种方法开始的。国内最早利用实测资料进行潼关河床高程演变分析的是西北水利科学研究所的吕世雄等[41]，他于 1969 年进行了"潼关河底高程升降原因和发展趋势的分析"的专题研究，以后又有韩赢观、孙绵惠等一大批学者，他们利用实测水沙资料和地形资料，分别对水库淤积量分布、上游来水来沙变化等方面引起水面线变化和潼关河床高程抬高进行了分析研究，取得了许多有价值的成果。

1.5.2　数学模拟法

实测资料分析法是从定性上对问题进行分析，而现在比较流行的数学模拟法不仅可以对问题的发展态势进行预测，而且可以对问题若干年的发展结果给出量上的回答。资料检索发现，最早应用数学模型研究潼关高程问题的是中国水利水电科学研究院的韩其为等[42]。1989 年，他们用数学模型对黄河水利委员会提出的三门峡水库运行方案进行了计算（运行方案主要包括提高汛期蓄水位和延长非汛期高水位运行的两种运行情况），该模型计算了两种运行方案在 1974—1988 年实测水沙系列条件下库区及潼关高程的变化情况，该课题主要是研究在新运用方案情况下库区泥沙冲淤变化情况，对现状运用方案所造成的影响及将来发展趋势作了简要分析。黄河水利委员会水科院岳德军用 1975—1981 年资料建立了三门峡水库运用与库区泥沙冲淤数学模型，但从所发表的文献看，他的模型验证资料偏少。

1.5.3　物理模型法

实际工程中的水流现象往往是很复杂的，许多问题单靠理论分析很难解决，此时采用模型试验与理论分析相结合的方式是解决问题的有效途径。模型试验法就是通常所说的做物理模型试验解决问题，目前数学模型和物理模型（泥沙领域）已发展成预测河床演变及与之相应的水沙运动的两个重要手段，它们各有其优先使用的领域。如数学模型多用于研究一维问题，物理模型多用于研究三维问题，而二维问题则两种模型均可用来研究。另外，这两种模型的使用还与工程的重要性及研究所处的阶段有关。在工程规划阶段，使用数学模型不但能够回答所提出的问题，而且有可能在短期内对多种方案进行数学模型试验，以寻求优化方案，从而具有更大的优越性。在工程设计阶段，为深入研究某些问题，特别是三维性较强的问题，可能需要进一步使用物理模型。简而言之，物理模型法与数学模型法相比，前者缺点是投资大、周期长、还存在较为突出的动床模型的相似率及模型变态等问题，优点是比较直观；后者优点是投资小、周期短。目前一些重大问题通常采用上述三种方法共同研究，取长补短，互相验证，以期得到最可靠的结果。

1.6 研究意义

渭河形成于更新世，距今约 200 万年前，流经陕西、甘肃两省，集纳数百条大河、小溪飞扬 750 多 km，汇入黄河。从秦汉时期到建三门峡水库前的近 2 000 年，渭河的泥沙虽多，但一直是一条冲淤平衡的河流，即枯水时泥沙淤积，有汛期洪水时泥沙会被冲走，水患很少，所以保证了渭河流域八百里秦川的农业文明发展和人民富庶，也才使西安等地成为封建帝王争相建都之地。三门峡水库的建成打破了这种自然平衡。三门峡水库是新中国成立后万里黄河上兴建的第一坝，也是当时苏联的援助项目之一，建坝主要参考他们的意见。因为在苏联辽阔的疆域中并没有像黄河这样的多泥沙河流，所以苏联专家认为通过水土保持，加上建设拦截泥沙的水库，就可以让"黄河变清"。由于忽略了渭河多泥沙情况，致使水库在 1961 年建成后，第二年渭河流域发生大水时，库区泥沙淤积就过了潼关，回水甚至威胁西安。

自三门峡水库建成至今，渭河潼关段河床高程抬高了 5.2 m，相应的洪水水位也就抬高 5 m 多。渭河下游由于过洪能力下降，几乎每年都要发生不同程度的洪灾，洪水行进的速度一年慢于一年，起先一次洪峰通过渭南全境需七八个小时，后来需要 20 多 h，"03·8"洪水过程中渭河 1 号洪峰通过则用了 52.3 h。渭河下游防汛能力已明显减弱，一般的洪水也会出现漫滩。近些年即便在枯水年份，下一场暴雨，大小都要发生不同程度的洪灾。渭河"03·8"洪水的流量远比南方地区的洪水流量及 2002 年发生在陕南汉江流域的洪水流量要小得多，即使与自身相比，那次洪水水位虽比 22 年前的渭河历史最高水位高出了 1.7 m，但流量则少了近 2 000 m³/s，流量不大，险情却一点也不小。

1985 年以来渭河下游枯水，河槽淤积严重，1985—2001 年汛后 16 年来，渭河下游新淤泥沙 3.56 亿 m³，远较 1970—1985 年汛后 15 年的淤积量 1.04 亿 m³大。1996 年 7 月洪水过程中渭河下游渭南以下滩面普遍抬升 0.5 m，与 20 世纪 80年代中期以前相比，河床抬升速度明显加快。受淤积上延发展的影响，目前渭河下游河道的溯源淤积末端已发展到咸阳铁路桥附近。河口抬升及泥沙淤积的发展，使渭河下游悬河及河槽淤积萎缩的形势十分严峻。目前渭河临潼以下及二华南山支流河口段堤防临背差普遍达 2.0～4.4 m。2000 年汛后渭河下游河槽过水面积较 20 世纪 90 年代初明显减小，其幅度由上游向下游递增，如渭淤 9、2 断面仅分别相当于 1990 年汛前河槽断面面积的 35.4%、28.7%。渭南以下河段建库前河槽宽 300 m 以上，目前宽度只有 60～100 m。悬河的加剧和河槽的进一步萎缩，使渭河下游防护区地表水基本丧失自流排泄条件，河湾上提下挫、自然裁弯等变动加剧，受黄河、渭河高含沙洪水倒灌顶托影响，渭河尾闾段及 12 条南山支流河口淤塞严重，南山支流行洪问题突出[13]。渭河下游临潼站洪峰流量 1 000 m³/s 以上、含沙量 200 kg/m³ 及其以上的洪水出现的频率接近 40%，洪峰流量 1 000 m³/s 以下、含沙量 200 kg/m³ 以上的洪水平均每年出现 5 次。频繁的高含沙洪水加上侵蚀基准面的抬升，使渭河下游洪水倒灌南山支流、黄河洪水倒灌顶托渭河洪水的情况极易发生。目前黄河出现 2 000 m³/s 以上洪水即可倒灌渭河和北洛河，其影响一般在陈村附近，最远可达华县。在目前的汇流区条件下，类似 1967 年渭河口淤塞 8.8 km 的情况仍有可能发生，渭河下游发生洪峰流量 1 000 m³/s 以上洪水即可倒灌南山支流，其影响一般在老西潼公路附近。倒灌淤积不但减小了支流行洪断面，如华阴长涧河移民主干道桥下净空最严重时不足 1 m，而且常常在支流河口形成二级水库，增加二华夹槽地带悬河堤防的抗洪负担。由于支流堤距一般较窄，因此倒灌淤积后河槽过洪能力急剧减小。据测算，目前南山支流除尤河、赤水河外，其余均达不到设计过洪能力。由于南山支流堤防标准低、隐患多，又必须承受渭河及支流洪水的双重压力，因此从 20 世纪 90 年代以来，几乎是三年两决口。渭南下游河段主槽过洪能力自 90 年代以来也大幅度下降，流量已减小到目前的 800～1 500 m³/s。河势变化趋于小水河流的特点，坐弯较多，小水淘弯严重，横河、斜河时有发生，增加了河道整治的难度。一是南北摆动加剧，如华县、詹刘工程多年靠溜，但近几年主槽北移后，工程脱溜。二是弯道顶点不断地上提下挫，且多处出现垂直的"S"形河弯。由此可见渭河下游"小水大险"的形势日渐突出，2003 年洪灾巨大损失更加证明了这一点。针对这种现状，系统地研究渭河下游洪水演进规律及河床泥沙冲淤演变、认识渭河下游洪水特性，对于渭河下游的河道整治、防洪减灾以及渭河下游的洪水预报都具有重要意义，而且对黄河下游及其他多泥沙的冲积性河流也具有普遍的参考价值和实用意义。

2 渭河下游河床演变

2.1 三门峡建库前潼关高程及渭河下游河床演变

2.1.1 潼关及三门峡水库地形特征

潼关位于黄河、渭河、洛河三河的交汇处，河道狭窄形成卡口，黄河在潼关形成 90°急弯折向东流。三门峡库区的地形极为特殊，整个库区由宽浅散乱游荡型的小北干流、蜿蜒弯曲的渭河下游、渭河入黄汇流区及潼关以下峡谷段组成，见图 2-1。

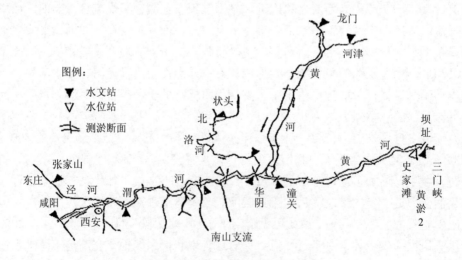

图 2-1 潼关及三门峡水库地形图

黄河小北干流（龙门—潼关段长 132.5 km）两岸为黄土台塬，穿行于汾渭地堑隆起和凹陷地区；黄河潼关—三门峡段穿行于中条山与崤山之间的三门峡断陷盆地，潼关卡口就是在这种地质背景下形成的。黄河出禹门口后，受河津凹陷的影响，河宽由 100 m 的峡谷河道展宽为 4 000 m；小北干流中段东雷—东王（南赵—夹马口)受孤山隆起的影响河道比较窄；向南东王—潼关，河道又变宽 3 500～5 000 m，朝邑最宽达 19 000 m；到潼关因中条山隆起又缩窄为 850 m，称为潼关卡口。潼关以下至三门峡为峡谷型河床，河道狭窄。上段潼关—芮城（长 55.5 km），平均宽 4.0 km，最宽处 6.4 km，下段芮城—三门峡（长 58 km），平均宽 1.5 km，最宽处 3.7 km。

渭河口拦门沙位于渭河河口处，处于潼关隆起，西为固市凹陷。潼关隆起与固市凹陷两断块相对升降运动不同，河床形态不同。渭河口拦门沙一般是指洛河口附近的河口村至渭河与黄河的交汇处（通常认为西起渭淤 1 断面，东至渭拦 12 断面）长近 15 km，为窄深顺直河道。拦门沙以西为弯曲型河道，特别是赤水—河口村一段为典型的弯曲型河段。渭河口拦门沙属于河口的堆积体，是受黄河回水倒灌以及渭河与黄河汇流区双向水流的顶托作用形成的，回水和顶托倒灌具有滞洪排沙消能的作用。渭河口受黄河回水倒灌或顶托时，比降很小，接近于零，甚至可出现倒比降，以致大量泥沙淤积形成拦门沙，随渭河的水沙条件不同而发生冲刷或淤积，三门峡水库加剧了拦门沙的淤积。据西北大学资料，1927 年渭河口在河口村，洛河直接入黄，1928 年渭河口向东推进约 4 km（相当渭拦 8 断面），经过 1933 年洪水后渭河河道继续向东延伸，至 1943 年向前推进约 6 km（相当渭拦 11 断面），其后渭河口位置变化范围不大。建库前渭河口拦门沙不是稳定的，有冲有淤，有进有退，建库后拦门沙淤积呈上升的趋势。拦门沙使上游河床壅水和溯源淤积，以致形成了相对的侵蚀基准面。

总之，区域地质控制了黄河小北干流与渭河下游的河流形态，从地质构造分析潼关处在一个强烈的下降盆地中的隆起地带。潼关卡口形成是地质、地貌及新构造运动所决定的。三门峡枢纽的建设抬高了潼关侵蚀基准面的作用，使黄河小北干流河势严重恶化，渭河由"地下河"变为"地上河"，冲淤平衡变为严重淤积，加剧了洪涝灾害。

2.1.2　建库前潼关高程的变化

中科院地理研究所渭河研究组[20]根据西安铁路局 1966 年钻探资料（图 2-2），分析了上下层岩性结构的变化、河床岩性结构与冲淤动态的关系，认为：潼关河床从三国（公元 220 年）至 1960 年三门峡建库前，沉积物平均厚度 14 m，年均沉积厚度 0.008 m，最后得出潼关河床是由冲刷性演变为相对平衡微淤性河床的结论。

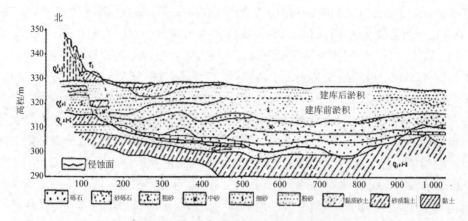

图 2-2　潼关附近黄河河床地貌结构剖面图

（据西安铁路局 1966 年钻探资料）

基于以下三条理由，可以认为中科院地理所上述结论是合理的、可以接受的：

（1）三门峡坝址处河床为坚硬花岗岩，它是潼关至三门峡河段的局部侵蚀基准面，它保证了潼关—三门峡河段不会发生持续的溯源淤积，也不会发生持续的溯源冲刷。

（2）干支流洪水，特别是泾河、渭河的高含沙洪水巨大的输沙能力是维持潼关河床冲淤平衡的动力。小北干流、渭河下游两岸均无对水流有约束的岸壁，滩地宽广，小北干流是典型的游荡河道，流路散乱，渭河的比降比小北干流小，流量比小北干流小得多，含沙量比小北干流大，而渭河下游却有稳定窄深的主河槽，就是由于高含沙水流的动力作用。

（3）潼关至三门峡坝址河段两岸有不对称二级阶地，它对水流有约束作用，限制了水流不会出现随机游荡、摆动。

在漫长的历史中，渭河一直是地下河，上述论据证明了潼关河床高程在冲淤中由冲刷性河床演变为相对稳定的然而又是淤积的河床，即平衡微淤性的河床。

叶青超和师长兴等[43,44]对小北干流河道历史时期的演变作了分析。叶青超等[43]认为建库前历史时期黄土高原对小北干流淤积的作用以及小北干流河道强烈堆积向下延伸促使潼关高程随之上升，这是河床自动调整的机理所决定的。小北干流处于山西台背斜的汾渭地堑，禹门口至北赵、北赵至夹马口和夹马口至潼关三段分别处于河津断陷、孤山断凸和渭涑断陷次一级构造上，除中段孤山断凸上长外，上、下两段是不断下沉的。采用河床沉积结构原理，根据河津连泊滩、安昌和潼关至朝邑三个地质剖面图，得到三国时期（公元 155 年）至 1960 年共 1 805 年的沉积厚度。又根据 1954—1986 年地形资料，小北干流上段、中段和下段地壳每年的正常量分别为 1 mm、2 mm、3 mm，得到在 1805 年中累计各段分别为 1.8 m、3.6 m、5.4 m。最后计算各段实际淤积厚度分别为 31.9 m、30.7 m、37.6 m（结果见表 2-1）。叶青超等[44]通过实测地质资料分析后认为小北干流在三国以后，该地区气候持续较长时间的干旱寒冷，使黄土高原水土流失加重，输沙量增大，河床逐渐堆积抬高。从全河段河床沉积结构来看，全新统沉积地层具有北薄南厚的特点，上、中、下三段的平均厚度分别为 33.7 m、34.3 m、43 m，这与汾渭地堑南深北浅的沉降构造是一致的。同时沉积物粒径的沿程分布具有上粗下细的特点，上段河津 5~10 cm，中段安昌 2~3 cm，下段潼关 0.4~0.7 cm，符合河流动力学沿程分选规律。另外潼关断隆是小北干流和潼关以下黄河的交界地带，其西部地盘下降，东部地盘相对抬升，断隆附近沉积体下部多为沙砾石层，向上过渡为粗中沙夹少量砾石，上部细沙沉积，这些均反映出潼关是由冲刷性演变为淤积性的河床，三国至建库前河床处于微淤状态。

表 2-1　公元 155—1960 年小北干流河床沉积率的估算[44]

河段	起止地点	河道面积/km²	河床地层剖面地点	平均沉积厚度/m	年平均沉积厚度/m	年平均沉积量/10⁸ m³	地壳下降量/m	河床实际沉积厚度/m	年均实际沉积厚度/m
上段	禹门口—北赵	340	河津	33.7	0.019	0.064 6	1.8	31.9	0.018
中段	北赵—夹马口	140	安昌	34.3	0.019	0.026 6	3.6	30.7	0.017
下段	夹马口—潼关	650	朝邑	43.0	0.024	0.156 0	5.4	37.6	0.021
全河段	禹门口—潼关	1130	潼关	37.0	0.021	0.247 2	3.6	33.4	0.019

焦恩泽和张翠萍[45]推求出的汛前（6 月 30 日）和汛后（11 月 1 日）潼关站相应 1 000 m³/s 水位见表 2-2。该表可作为分析自 1929 年有观测资料以来潼关水位变化的参考，由表 2-2 可知，三门峡建库前，汛期下降的平均值为 0.28 m，小于非汛期上升值 0.35 m。所以在天然条件下，潼关河床高程是缓慢微升的。

表 2-2　1929—1959 年三门峡建库前潼关高程升降值

年份	水位 $H_{1\,000}$ /m		水位升降 $\Delta H_{1\,000}$ /m	
	6 月 30 日	11 月 1 日	汛期	非汛期
1929	321.28	321.14	−0.14	
1930	321.28	321.61	0.33	0.14
1933	322.37	320.86	−1.51	0.43
1934	321.29	321.20	−0.09	0.99
1935	322.19	321.83	−0.36	0.62
1936	322.45	322.30	−0.15	0.04
1937	322.34	321.64	−0.70	0.59
1938	322.23	321.96	−0.27	0.30
1939	322.26	322.04	−0.22	0.18
1950	323.20	323.19	−0.01	
1951	323.70	323.08	−0.62	0.51
1952	323.27	322.80	−0.47	0.19
1953	323.08	322.70	−0.38	0.28
1954	323.16	322.68	−0.48	0.46
1955	323.04	322.82	−0.22	0.36
1956	323.48	323.46	−0.22	0.66
1957	323.46	323.64	0.18	0.00
1958	323.83	323.26	−0.57	0.19
1959	323.33	323.45	0.12	0.07

　　由此可见，三门峡建库前的自然状态条件下，潼关高程的升降主要受两个方面因素的影响：一是上游来水来沙条件，二是小北干流淤积向下延伸，具有汛期冲刷下降，非汛期淤积上延，洪水冲刷，小水淤积的特点。此外，从长时间的历史时期讲，潼关河床还受地质构造运动的影响，这种长期影响也是不能忽视的。至于潼关至三门峡河段的下边界条件，由于三门峡坝址处河床为坚硬的基岩，长期以来是稳定不变的。总的来说，潼关高程在历史时期基本是相对平衡的，或者是微淤抬升的，且愈接近现在，淤积抬升速度愈大。

2.1.3　建库前渭河下游的冲淤演变

　　三门峡建库前渭河下游河道如何演变，是冲淤平衡、微淤还是淤积上升呢？本文结合已有研究成果对渭河下游河道冲淤情况进行了分析，认为渭河在建库前历史时期主槽是动态冲淤平衡的，而滩地是微淤上升的，整体上是微淤的。

2.1.3.1　渭河下游基本情况

渭河是黄河的最大支流，根据华县站 1935—1996 年的资料统计，其多年平均年径流量为 80.6 亿 m³，多年平均年输沙量为 3.866 亿 t，三门峡建库前，渭河下游基本上属冲淤平衡河道。渭河下游从咸阳水文站以下至潼关为 216 km，其中咸阳至耿镇河段长约 38 km 为游荡型河段，河道比降约 0.006 3%；耿镇至赤水河口长约 70 km 为过渡型河道，即从游荡型向蜿蜒型过渡，河段比降约 0.004 6%；赤水河口至渭河口长约 103 km 为蜿蜒型河段，比降为 0.001 8%~0.001%。渭河下游支流汇入较多，北岸有泾河、石川河和北洛河，南岸有沣河、灞河、尤河、罗夫河等，南岸支流均发源于秦岭北麓。泾河和北洛河都是我国著名的多泥沙河流，因此，渭河下游处于我国多泥沙河流的汇流区，同时也是大中小河流的汇流区，是三门峡水库的回水影响区，水流条件十分复杂，冲淤变化非常剧烈。在平面形态上，渭河 28 断面以上水流分叉、有位置较稳定的心滩，该河段比降 0.62‰，渭河 28 断面附近接纳沙量占渭河 2/3、水量占渭河 1/4 的泾河汇入，河道比降减缓到 0.4‰左右，渭河 26 断面以下比降更趋平缓，临潼至华县河段比降 0.26‰左右，华县以下纵比降已为最小比降 0.14‰左右。泾河汇口以下渭河逐渐过渡为蛇曲蜿蜒的弯曲河道，华县以下河道有稳定的深槽，深度 7~9 m，有嫩滩、高滩，华县以上河道河宽较宽、深槽不平整，由深槽和滩地组成单一断面，见图 2-3。

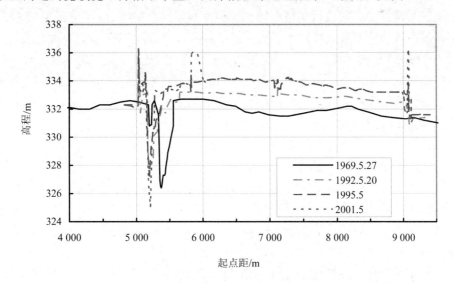

图 2-3　渭淤 2 横断面

2.1.3.2　历史文献和已有研究成果

（1）历史文献记载[46,47]

河流发育总是遵循造床过程的基本原理——最小能量消散的趋向性发展，水流与河床这一对矛盾既相互影响又对立统一，渭河下游正是遵循这一规律形成了以潼关河床为侵蚀基准面，与来水来沙相适应的稳定的河道。在历史时期和三门峡水库建成以前，渭河就是主槽有冲有淤相对平衡、滩地基本上是微淤抬升的河道[26]。然而，渭河下游因泥沙过多，以致"流浅沙深"河道淤积，给历代漕运也带来过不少困难。

据历史文献记载，秦朝和西汉在渭河一级阶地上建都，当时船只经渭河可直达秦都城咸阳和汉都城长安，当时渭水航道看来尚通畅。东汉以后，气候趋于寒冷，特别是三国（公元 155—220 年）以后，南北朝（公元 420—589 年）气候继续长期干旱寒冷，自然植被遭受破坏，黄土区水土流失加重，渭河及其北岸支流挟带大量细粒泥沙下游开始出现"流浅沙深，渭曲苇深土泞"等问题[7]。

汉武帝（公元前 129 年）大司农郑当时说："异时漕粟，从渭上，度六月罢，而渭水道九百余里，时有难处。"就是说渭河河道长度九百里①，坡度小，泥沙易淤，运输长达 6 个月，漕渠长度三百里，坡度大，运输可减少到三个月。隋文帝时期，因西汉漕渠淤塞，又从渭水进行漕运。因"渭水多沙，流有深浅"[46]，可见，历史上渭河是经常进行航运的河道，但也有泥沙淤堵河道，使航道阻塞停滞的事情发生。此外西魏大统四年（公元 538 年），高欢同宇文泰在沙苑地区打仗，高欢将士说："渭曲苇深土泞，无所用力……"[47]从以上历史记载可以说明，在西魏时期以后，渭河下游河道有冲有淤，淤积时则影响航运，由"苇深土泞"可知，淤积主要发生在滩地，说明渭河在历史时期主槽有冲有淤相对平衡、滩地基本上是微淤抬升的。

（2）已有研究成果

杜殿勋[48]根据输沙率法计算 1919—1960 年咸阳、张家山至华县河段，平均每年淤积 0.07 亿 t，相当于 0.05 亿 m³，40 年的总淤积量达到 2.0 亿 m³，这对渭河下游河道冲淤影响是非常严重的。以华县站日平均流量为 200 m³/s 的水位来对比分析，1960 年比 1935 年上升 1.64 m，平均每年上升 0.06 m，这个上升数值与用输沙率方法计算的结果非常接近。

中科院地理研究所[47]认为：自咸阳以下只有泾河及泾河口以东的渭河河床

---

① 1 里=500 m。

砾石才含有石灰岩，而以泾河的河床砾石直径最大、石灰岩含量最高。可见，建库前泾河冲下来的石灰岩砾石可达到零口以东。交口—赤水河段，在建库前河床比降随淤积量增加而变大，但变化幅度不大。赤水—仓西段，一级阶地自然堤发育，后缘连接山前洪积扇，形成北仰、南高、中间低洼的"二华夹槽"。阶地冲积层上部有 15～20 m 厚的淤积层，内含田螺、芦苇、杂草以及腐朽树木，说明一阶地时期，反映出赤水以东的渭河滩地是淤积性的，然而又是微淤性的淤积环境。

曹如轩[49]认为，建库前渭河下游华县河段主槽过洪能力 4 500～5 000 m³/s，相当于 5 年一遇洪水，若洪峰超过此值则水流漫滩。由于河漫滩广阔，水流漫滩后滩地的淤积厚度也很小，这是因为输沙的有效河宽与流量有关，这个有效河宽要比漫滩水流的实际宽度要小得多。稳定的主槽有调节泥沙的能力，在不利的水沙条件下，主槽出现淤积，但在大水时淤积就被冲掉恢复平衡，所以建库前渭河下游主槽处于动态相对冲淤平衡，而滩地则是微淤的。由于漫滩洪水毕竟机遇少，且来自渭河干流的大多数洪水含沙量不大，漫滩后滩地淤积量是不大的。

渭河多年平均含沙量 49 kg/m³ 比黄河的 27 kg/m³ 大，渭河多年平均水量 69.2 亿 m³ 比黄河的 282 亿 m³ 小，渭河华县以下比降 0.14‰ 又比黄河的 0.32‰（上源头—潼关）小得多。渭河主槽何以能保持冲淤平衡呢？其原因有三：一是作为渭河侵蚀基准面的潼关高程是相对稳定的，这保证了渭河下游不会发生持续的溯源淤积，也不会发生持续的溯源冲刷，即使有时出现黄河对渭河的顶托倒灌，但因为历时不长，不会在渭河口形成固定的拦门沙；二是渭河干支流洪水特别是有巨大输沙能力的高含沙洪水是维持渭河河槽动态冲淤平衡的动力；三是渭河悬移质泥沙粒径细 $d_{50}=0.016$ mm，而黄河悬移质泥沙的 $d_{50}=0.028$ mm，渭河含沙量高，同粒径泥沙的沉速渭河的比黄河的小 4～6 倍，所以尽管渭河水量少、比降小，但水流的输沙能力仍是巨大的。事实证明历史上的渭河下游土地肥沃，居民世世代代安居于两岸。

上述历史资料和已有研究成果表明，在历史时期和三门峡水库建成以前，渭河下游整体上是淤积微升的，这与历史时期潼关高程微淤抬升具有一致性。但从横向来看，渭河的这种淤积主要发生在滩地，而主槽是动态冲淤平衡的。

2.1.3.3　建库前潼关高程和渭河下游的关系

潼关高程是渭河下游河道的侵蚀基准面，潼关高程在历史时期是基本冲淤平衡或者是微淤上升的，从前述分析可知历史时期渭河主槽冲淤相对平衡、滩地是微淤的，只不过潼关高程微淤抬升的幅度比渭河河床抬升的幅度稍大而已。潼关高程微淤抬升和渭河下游河床相应微淤抬升都是很缓慢的，它们之间没有明显的相关关系，它们只不过是为了适应自然来水来沙条件而进行的自然调整。这一点从前述的历史文献和考古资料及已有的研究成果可以证实。

2.2　三门峡建库后潼关高程对渭河下游的影响

2.2.1　建库后潼关高程的变化

潼关河床高程采用潼关断面（断面 6）的日平均流量 1 000 m³/s 的水位来表征，无实测 1 000 m³/s 时，按水位流量关系线补插求得。

三门峡水库于 1960 年 9 月 15 日建成开始蓄水，水库运用经历了蓄水拦沙、滞洪排沙及蓄清排浑控制运用三个阶段。其中 1960 年 9 月—1962 年 3 月为蓄水拦沙期，1960 年汛前潼关 1 000 m³/s 水位为 323.50 m，1962 年汛前为 325.93 m。1962 年 3 月—1973 年 10 月为滞洪排沙运用期，1965 年开始一期工程改建，至 1968 年 8 月改建完成，由于 1964 年、1966 年和 1967 年连续出现大水大沙年，至 1968 年汛后，潼关 1 000 m³/s 水位上升到 328.04 m，1970 年 7 月达到最高点 328.55 m。1969 年底开始二期工程改建，至 1971 年底全部完成，至 1973 年汛后 1 000 m³/s 水位下降到 326.64 m。1973 年 11 月以后至今为蓄清排浑运用，非汛期承担黄河下游的防凌和春灌蓄水任务。因蓄水历时较长，遇丰水年份潼关高程可以得到恢复，枯水年份，潼关高程在年内还略有上升，至 1979 年汛后上升到 327.62 m，1981 年、1983 年丰水少沙年份，至 1985 年汛后，潼关高程下降到 326.64 m。1986 年以后，连续出现枯水年，又加上龙羊峡水库蓄水，汛期水量锐减，虽然在非汛期降低蓄水水位、缩短蓄水历时，潼关高程仍在缓慢上升，至 1991 年汛后已上升到 327.90 m，至 1999 年汛后，潼关水位达到 328.12 m，已经接近甚至超过了三门峡水库改建前的情况，1960—2002 年潼关高程变化见表 2-3，三门峡水库汛期坝前平均水位见表 2-4，由表 2-4 可见，1974 年以后，三门峡水库按照"四省会议"精神规定进入正常运用，实测汛期坝前平均水位在 301～305 m 波动，只有少数年份平均水位超过这个范围（见表 2-3）。但是在 1973 年三门峡水库进入正常运用期后，潼关汛后的 1 000 m³/s 水位并未能稳定在 326.64 m，而是随着来水来沙的变化发生波动，从表 2-3 可清晰地看到这种变化。图 2-4 是建库后潼关高程历年变化图，可以看出进入 20 世纪 90 年代以后，潼关高程基本稳定在 328.0 m 附近，一直居高不下。

表 2-3　潼关站历年汛前汛后水位

年份	汛前/m	汛后/m	水位抬高值/m	年份	汛前/m	汛后/m	水位抬高值/m
1960	—	323.40	—	1982	327.44	327.06	−0.38
1961	326.72	329.06	2.34	1983	327.39	326.57	−0.82
1962	325.93	325.11	−0.82	1984	327.18	326.75	−0.43
1963	325.14	325.76	0.62	1985	326.96	326.64	−0.32
1964	326.03	328.09	2.06	1986	327.08	327.18	0.10
1965	327.95	327.64	−0.31	1987	327.30	327.16	−0.14
1966	327.99	327.13	−0.86	1988	327.37	327.08	−0.29
1967	327.73	328.35	0.62	1989	327.62	327.36	−0.26
1968	328.71	328.11	−0.60	1990	327.75	327.60	−0.15
1969	328.70	328.65	−0.05	1991	328.02	327.90	−0.12
1970	328.55	327.71	−0.84	1992	328.40	327.30	−1.1
1971	327.74	327.50	−0.24	1993	327.78	327.78	0.00
1972	327.41	327.55	0.14	1994	327.95	327.69	−0.26
1973	328.13	326.64	−1.49	1995	328.12	328.28	0.16
1974	327.19	326.70	−0.49	1996	328.42	328.07	−0.35
1975	327.23	326.04	−1.19	1997	328.40	328.05	−0.35
1976	326.71	326.12	−0.59	1998	328.40	328.28	−0.12
1977	327.37	326.79	−0.58	1999	328.43	328.12	−0.31
1978	327.30	327.09	−0.21	2000	328.48	328.33	−0.15
1979	327.76	327.62	−0.14	2001	328.56	328.23	−0.33
1980	327.82	327.38	−0.44	2002	—	328.78	—
1981	327.95	326.94	−1.01	2003	328.82	328.16	−0.66

表2-4   三门峡水库汛期坝前平均水位

年份	汛期坝前平均水位/m	年份	汛期坝前平均水位/m
1960	301.65	1981	304.87
1961	324.09	1982	303.49
1962	310.15	1983	304.66
1963	312.31	1984	304.15
1964	320.27	1985	304.07
1965	308.54	1986	302.45
1966	311.38	1987	303.13
1967	314.51	1988	302.30
1968	311.37	1989	304.21
1969	302.82	1990	301.61
1970	299.75	1991	302.06
1971	297.94	1992	302.73
1972	297.23	1993	303.37
1973	296.96	1994	306.63
1974	303.58	1995	303.75
1975	304.77	1996	303.37
1976	306.74	1997	303.56
1977	305.53	1998	303.60
1978	305.87	1999	306.04
1979	304.59	2000	305.40
1980	301.87		

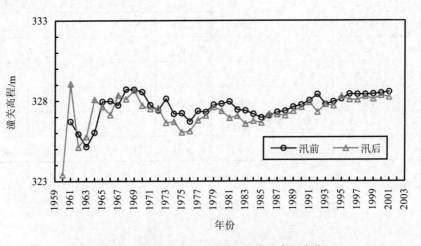

图2-4   建库后1960—2001年潼关高程变化

由表 2-3 可得出潼关高程变化的规律是：汛期冲刷下降，非汛期回淤。汛期可分为平水期和洪水期。洪水期输沙能力大，潼关河床高程冲刷下降，特别是渭河高含沙洪水的平均流量超过 600 m³/s 时，对潼关高程冲刷作用更大；黄河高含沙洪水在小北干流河长 132 km 左右的河道中产生揭河底冲刷，至潼关附近水流能量消耗殆尽，将携带的大量泥沙落淤在潼关河段，引起潼关高程上升，所以黄河发生高含沙洪水对潼关高程是不利的。汛期中的平水期回淤，若前期洪水冲刷幅度大，则后期洪水冲刷幅度小甚至可能回淤；汛期遇到枯水年份潼关高程不仅不下降，反而上升，如 1986 年和 1995 年汛期都是上升的。

从上面的分析可以看出，当潼关高程抬高到目前状态后，在有利的来水来沙条件时，如丰水少沙年份，潼关高程可以出现一定幅度的降低，但难以持久。当不利的水沙条件如枯水多沙年时，潼关高程仍将抬高，甚至可以出现持续缓慢抬升的局面。

2.2.2 影响潼关高程的主要因素

三门峡水库运用以后，潼关高程的大幅度抬高，无疑是三门峡水库淤积造成的。水库蓄水运用及其后的滞洪排沙运用期间，汛期库水位高，潼关正处于水库回水的末端范围，来自中游干支流的泥沙首先在潼关上下河段落淤，使河底高程急剧抬高。1967 年汛后，潼关高程达 328.38 m，三门峡水库于 1973 年改为"蓄清排浑"运用以后，汛期库水位降低，潼关高程曾有下降变化，但 1979 年后，潼关高程达到 327 m 以上，1996 年及 1997 年以后相应的水位均已超过 328 m。影响潼关高程升降的主要因素有下列几个方面。

（1）潼关至古夺段的淤积是影响潼关高程升降的主要原因

三门峡水库自"蓄清排浑"运用以来，汛期坝前水位在 300～305 m，非汛期则不超过 324 m，潼关至古夺近 16 km 河段汛期已处于自然状态，非汛期也基本不在水库回水范围。所以，潼关至古夺在三门峡库区已成为自由河段，经过多年来的冲淤调整，河道比降已稳定在 0.2‰左右。在水库目前的运用方式下，坝前水位的降低对这一段河道的冲淤已影响不大，另一方面，这一段的河道变化直接影响到潼关高程的升降，其表现为：①潼关高程的升降与潼关至古夺的冲淤密切相关。如图 2-5 所示，除了 1962 年汛后因三门峡水库降低水位运行，潼关高程随坝前水位下降而有明显降低外，1964 年丰水丰沙，汛期潼关来水 437.22 亿 m³，来沙 27.78 亿 t，史家滩 8—10 月最高水位均在 325 m 以上，潼关至古夺河段共淤积泥沙 0.65 亿 m³，潼关高程猛升 2.05 m。1964—1969 年，潼关至古夺段冲淤变化不大，潼关水位的变化也较平稳。1969—1975 年，随着改建工程的投入运用，大坝泄洪能力增大，潼关至古夺河段发生冲刷，共计冲刷泥沙 0.62 亿 m³，潼关高程下降 2.28 m，水位降低到 326.02 m，为 1964 年以来最低点。1975—1983 年，潼关水位随潼关至古夺的冲淤情况而相应升降。1983 年以后，潼关至古夺的淤积量缓慢增加，潼关高程也作相应的缓慢抬高。②潼关高程的升降与古夺段高程的升降基本一致。潼关高程与潼关至古夺段的关系，不仅表现在潼关高程与潼古段的冲淤关系密切，而且潼关高程与古夺段的高程也是十分对应的，潼关高程与古夺段水位具有较好的相关线，见图 2-6。

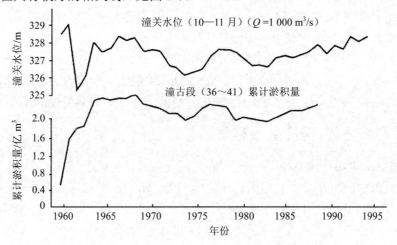

图 2-5　潼关水位与潼关至古夺河段冲淤量的变化过程

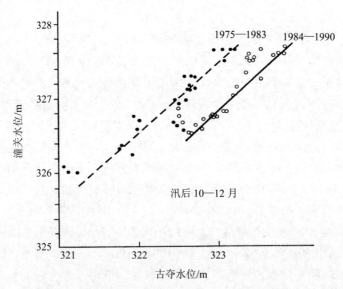

图 2-6　潼关水位与古夺水位的关系（Q=1 000 m³/s）

（2）三门峡水库运用的影响限制了潼关以下库区河道的冲刷

1）水库上下游冲刷沿程的连续性

三门峡水库在多种运用方式的运行期间，库区发生的淤积和冲刷，主要是河床沿程调整的反映。水流、泥沙运动沿程的连续性，使河床从上而下的淤积或冲刷在总体上也是连续的。图 2-7 为三门峡水库潼关以下库区各站 1 000 m³/s 流量时水位及史家滩站汛后水位的历年变化，可以看出：①太安、古夺、潼关水位变化互相对应，但潼关的变化要比史家滩及太安的变化滞后。②水位变化的幅度自下而上减小。③1973 年、1974 年的水位最低，太安站为 315.03 m，古夺站为 320.77 m，而潼关站为 326.61 m。以后，史家滩汛后运用水位的抬高，遏制了太安站以上各站水位下降的势头。而古夺、潼关水位呈缓慢上升的趋势。

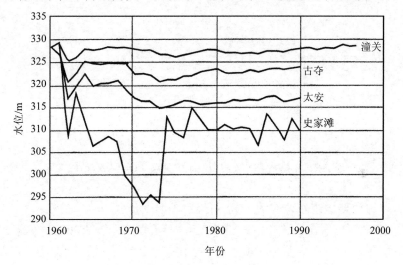

图 2-7　潼关以下库区各站汛后历年水位变化（Q=1 000 m³/s）

2）上下游同流量水位呈良好的线性关系

图 2-6 表明，潼关、古夺两站在汛后 1 000 m³/s 流量时的水位也呈线性关系，下游太安站水位升高，上游古夺站也有相应的升高，只是两站水位在各时段变化不一样，各时段的关系有所差异。

图 2-8 是汛后古夺、太安两站平均水位关系，比较图 2-7 和图 2-8 可以看出上下站的水位关系都以 1975—1977 年为最低，1978—1980 年为最高，1981—1990 年的关系在中间，反映了水库上下河段的冲淤引起的水位变化都循同一性，也反映了水库上下游冲淤变化的连续性，下一河段的冲淤以某种关系影响着上游河段的冲淤变化。

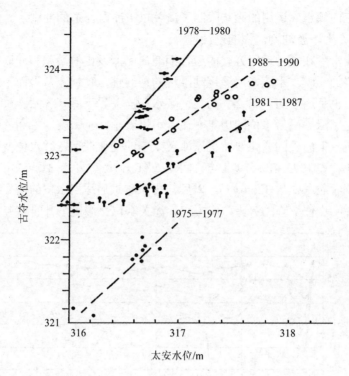

图2-8 汛后古夺、太安两站水位关系（Q=1 000 m³/s）

3）水库汛期运用水位对潼关高程的影响

从图 2-7 可以看出，在 1964—1973 年，潼关以下库区 1 000 m³/s 流量时的水位大幅度降低，表示库区强烈冲刷下切，到 1973—1974 年库区河床处于最低状态。这种情况绝非偶然出现，据统计，1969—1973 年，是汛期水库运用水位最低的时段，月平均水位一般都在 300 m 以下，最低为 291.15 m（1973 年 8 月），20 世纪 70—80 年代汛期最低水位一般在 300～304 m，均比 1969—1973 年最低水位平均高约 5 m。史家滩水位是库区冲刷的局部侵蚀基准面，库区淤积物在较长时期、较低侵蚀基准面及汛期较大流量下产生较多冲刷是很自然的。但是从 1974 年以后，史家滩汛期最低运用水位抬高至 305 m 左右，这就抬高了库区侵蚀基准面，加之 1974 年以后库区汛期低水位持续时间短，库区要发生溯源冲刷影响潼关，使潼关发生较大幅度的降低是很困难的。就现状来看，在目前水库运用方式的条件下，即使来水来沙条件有利，潼关高程要由目前的 328.16 m（2003 年 10 月 15 日）再度降至 326 m 以下是不可能的。

三门峡水库汛期运用水位越低（低于 300 m），且低水位运用持续的时间越长，潼关高程下降的可能性越大。

（3）来水来沙引起的对潼关的冲刷

水库汛期低水位持续时间要长，水位要低，坝前侵蚀基准面要低，而且要有有利的来水来沙条件，这样才能使潼关高程下降。在 1992 年 8 月、1996 年 7 月、1997 年 8 月三次洪水中，潼关高程曾分别降低 1.45 m、1.91 m、1.81 m。但是这种冲刷只是局部性的，没有根本改变潼关至古夺河段对潼关的局部侵蚀基准面的作用。由于洪水过去以后，潼关河床迅速回淤，汛后又恢复了原来的面貌，所以来水来沙引起对潼关河段的冲刷是有限的、短暂的。

2.2.3　建库后潼关高程变化及渭河下游冲淤演变

2.2.3.1　建库后渭河下游的淤积状况

根据考古查证[46,47]，建库前 2 500 年间，咸阳至西安一带，滩地只淤高约 1 m，华县附近滩地只淤高 3 m。说明建库前渭河下游河道是一条缓慢上升的微淤河道。建库后 1960 年 9 月—1998 年 10 月，据陕西省三门峡库区管理局统计[50]，渭河咸阳以下共淤积泥沙 13.3 197 亿 m^3，其中渭淤 10（华县）以下共淤积 8.8 205 亿 m^3，占总淤积量的 66.2%，渭河下游淤积量按河段和水库运用的不同时期列于表 2-5。

表 2-5　渭河下游淤积量及其分布　　　　　　　　　　　　单位：亿 m^3

河段	枢纽改建前（1960.6—1966.5）		一期改建时期（1966.5—1969.10）		二期改建时期（1969.10—1973.10）		全年控制运用期（1973.10—2000.10）				建库以来（1960.6—2000.10）	
							1973.10—2000.10		其中 1991.10—2000.10			
	冲淤量	占比/%	冲淤量	占比/%	冲淤量	占比/%	冲淤量	占比/%	冲淤量	占比/%	冲淤量	占比/%
渭拦～渭淤 1	0.190 8	8.9	0.214 3	3.1	−0.008	−0.7	0.169 6	5.6	0.053 8	2.0	0.565 9	4.2
渭淤 1～10	1.445 2	67.6	4.968 3	72.4	0.163 7	12.6	1.677 4	55.7	1.370 1	52.1	8.254 6	62.0
渭淤 10～26	0.568 3	26.6	1.647 7	23.9	1.138 1	87.4	0.837 8	27.8	1.019 8	38.8	4.191 9	31.5
渭淤 26～28	−0.062 4	−2.9	0.019 1	0.3	0.041 2	3.2	0.154 4	5.8	0.097 2	3.7	0.171 7	1.3
渭淤 28～37	−0.002 9	−0.1	0.017 2	0.3	−0.033	−2.5	0.154 4	5.1	0.088 6	3.4	0.135 6	1.0
合　计	2.139	100	6.866	100	1.301	100	3.013 0	100	2.629 5	100	13.319 7	100
备注	①截至 2000 年 10 月渭河下游累积淤积量为 13.3 197 亿 m^3　②"+"淤积；"−"冲刷。渭淤 10，华县；渭淤 26，临潼；渭淤 37，咸阳											

从以上情况不难看出：①三门峡水库建库以来，不但泥沙淤积逐渐增加，到 2000 年达 13.3 197 亿 m³，20 世纪 60 年代和 90 年代为淤积最严重的时期，70 年代和 80 年代淤积发展速度为比较缓慢的时期；②淤积逐渐向上游延伸。渭河下游泥沙淤积的重心逐渐向上游移动，水库枢纽二期改建前，淤积的重心在华县以下河段，而枢纽二期改建以来，淤积的重心发展到临潼以下河段，到目前为止，临潼以下河段的泥沙淤积量占渭河下游总淤积量的 97.6%；③1976 年起，随着潼关高程的逐渐抬高，渭河下游各河段的淤积量也相应地增加，其中 1983、1984 丰水丰沙年，河床虽有少量冲刷，但没有改变河道淤积逐渐增加的趋势。④1969—1976 年，潼关高程从 328.79 m 降到 326.66 m，渭河下游的累计淤积量还是没有下降的趋势，这是因为在渭河下游，绝大部分泥沙淤积在广阔的滩地上，形成全断面的淤积抬升，见图 2-9。如 1960 年 6 月—1996 年 9 月，临潼以下共淤积泥沙 12.52 亿 m³，其中滩地淤积量占 74%，而在河床随潼关高程下降而发生的主槽冲刷中，主槽冲刷比滩地淤积在数量上要小，不致影响总累积淤积量的增加，如图 2-10 所示。⑤渭河下游泥沙淤积的范围不断向上游延伸，水库枢纽改建前淤积的范围还在临潼以下河段，到目前为止，渭河下游泥沙淤积已发展到咸阳河段。

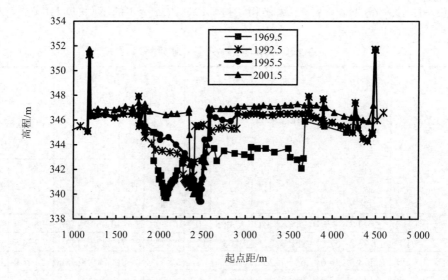

图 2-9　渭淤 17 断面主槽易位及滩地淤积变化图

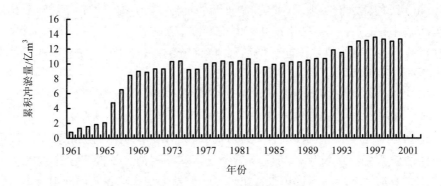

图 2-10　渭河下游 1961—2000 年累积淤积量

2.2.3.2　不同时期淤积特性分析

（1）三门峡水库运用初期分析

三门峡水库建成运用初期（1960.10—1964.10），由于水库蓄水位高，最高达 332.58 m（1961 年 2 月 9 日），回水超过潼关，加之黄河正处于丰水丰沙期，水库淤积严重，库区泥沙淤积达 44.22 亿 m^3，潼关以下淤积量占总淤积量的 82.7%。在 1962 年 4 月以后，水库虽降低水位运用，但由于枢纽泄洪能力不足，又遇丰水丰沙年份，库区淤积仍在发展，潼关高程持续上升。1969 年 10 月一期改建基本完成前，潼关高程由建库前的 323.47 m 上升到 328.40 m，较建库前抬升近 5 m，潼关以下库区累计淤积量达 9.4 亿 m^3，淤积向上发展影响到小北干流、渭河下游、北洛河下段，使渭河下游（华县站）主槽过洪能力由建库前 5 000 m^3/s 减小到 2 200 m^3/s。该时段（1960—1969 年）渭河下游总淤积量为 9.01 亿 m^3。

（2）改建后到"蓄清排浑"运用前河道冲淤变化

枢纽经 1967 年、1970 年两次改建基本完成后，降低库水位敞泄排沙，库区发生强烈冲刷，到 1973 年 10 月"蓄清排浑"运用前，潼关高程下降到 326.64 m，渭河下游淤积也得到控制，汇流区还冲刷 0.01 亿 m^3，华县站平滩流量稳定在 2 500 m^3/s 左右。1969 年 10 月—1973 年 10 月渭河下游淤积 1.3 亿 m^3，淤积重心位于泾河口以下附近即渭淤 10～26 断面间，占总淤积量的 87.5%，而渭拦断面处冲刷 0.7 亿 m^3。

（3）1973—1985 年河道冲淤特性分析

从 1973 年 10 月—1985 年 10 月，由于渭河来水来沙处于丰水平沙期，三门峡水库最高蓄水位控制在 323.99～325.95 m，潼关高程也基本稳定在 326.6～

327.6 m，三门峡水库实现了库区冲淤平衡的目标。特别是 1977 年泾河高含沙洪水揭河底冲刷之后，又多次出现 4 000～5 000 m³/s 的洪水，使渭河下游河槽拓宽，比降调整，华县站主槽过洪能力增加到 4 000 m³/s 左右，河床又在新的条件下塑造了新的冲淤平衡。

（4）1986 年以来渭河下游河道淤积分析

自 1986 年以来，三门峡水库非汛期蓄水位不断降低，高水位持续时间不断缩短，特别是"92·8"洪水以后，最高库水位基本上控制在 322 m 以下，但渭河下游河道淤积仍继续发展。河道萎缩严重，这和渭河上游的来水来沙变化有很大关系[51]。渭河下游河道近年来也出现了一些新的变化特点，如河道展宽，平滩流量下河道容积扩大，悬移质中值粒径有减小的趋势[52,53]。

2.2.3.3　建库后渭河下游淤积重心变化

水库枢纽改建前，渭河下游的泥沙淤积只发生在临潼（渭淤 26）以下河段，淤积的重心在华县（渭淤 10）以下河段，占该时期总淤积量的 74.7%；在第一期枢纽改建时期，虽然淤积的重心仍然在华县以下河段，但淤积的范围逐渐向上游延伸，临潼以上河段仍未发生淤积；第二期枢纽改建时期，形成了上下两段冲、中间淤的局面，淤积的重心也上移至临潼至华县河段，该河段淤积量占 87.4%，在水库全年控制运用期间，特别是进入 20 世纪 90 年代以来，出现了渭河下游全河段的淤积，其淤积的重心在临潼以下河段，占总淤积量的 92.8%。另外，从断面淤积部位上看，不但滩面逐渐淤积抬高，而且主槽也发生了严重的淤积，形成全断面的淤积抬升（见表 2-6、图 2-11）。从渭河口到渭淤 36 断面，均发生了淤积，其单位长度的淤积量从河口向上游逐渐衰减。

表 2-6　渭河下游临潼华县站典型年河床抬升情况

年份	全断面平均河床		滩面	
	临潼站	华县站	临潼站	华县站
	高程/m	高程/m	高程/m	高程/m
1965	355.58	337.04	356.32	337.00
1977	356.03	337.72	356.67	339.70
1981	356.13	338.73	356.90	340.10
1992	356.29	339.46	357.21	340.65
1996	356.18	339.95	357.21	340.80
2003	356.43	340.19	357.25	341.15

注：1965 年始刊印大断面资料。

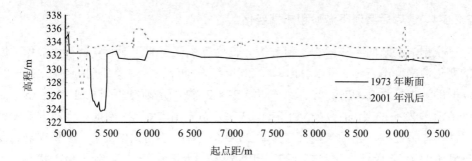

（a）渭淤 2 断面变化

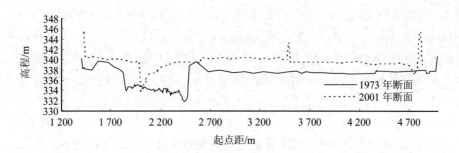

（b）渭淤 9 断面变化

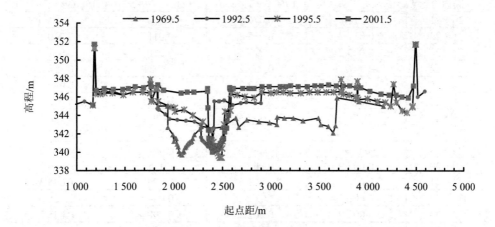

（c）渭淤 17 断面主槽易位及滩地淤积变化

图 2-11　渭淤断面高程

2.2.3.4 建库后渭河下游淤积末端变化

根据渭淤断面实测淤积资料分析。表 2-7 统计了渭河下游各个年代淤积发展的变化情况。由表 2-7 可以看出，在 20 世纪 60 年代末，在渭河下游渭淤 20～21 断面的淤积量为 0.027 亿 m³，到了渭淤 21～22 断面逐渐减小到 0.017 2 亿 m³，而到了渭淤 22～23 断面已减小到了 0.003 2 亿 m³，在渭淤 23 断面以上河道就发生了冲刷，很显然，淤积末端就在渭淤 23 断面左右；到了 1973 年，淤积末端就发展到了渭淤 26 断面上下，在 1973—1985 年，渭河下游基本上处于微淤状态，因此，淤积末端仍然在渭淤 26 断面；1985 年以后，渭河下游又一次处于平稳淤积抬升期，因此，到了 2000 年 11 月，渭河下游淤积末端已延伸到渭淤 34 断面（距咸阳铁路桥约 8 km），在渭淤 34 断面以上河段，河道仍处于自然冲淤变化状态。由以上分析可以看出渭河现在淤积末端应在渭淤 34 以上[54]。另外，曹如轩根据陕西省水利水电勘测设计院 1988 年和 1999 年两次大断面测量资料分析得出，渭河淤积末端位置在渭淤 36 断面以上的结论[55]。渭河下游近期的淤积末端变化情况列于表 2-8。从表 2-8 中看出，渭河下游近期随着河道的冲刷，特别是在临潼以上河段冲刷量较大，渭河下游的淤积末端逐渐向下游后退，2001 年在渭淤 34 断面，而 2010 年已后退到渭淤 27 断面，即高陵耿镇渭河大桥下游附近。

表 2-7 渭河下游各年代冲於变化情况　　　　　单位：亿 m³

断面号	1960.9—1969.10	1960.9—1973.10	1960.9—1985.10	1960.9—2000.10
20～21	0.027	0.076 9	0.064 5	0.121 6
21～22	0.017 2	0.015 2	0.011 3	0.060 1
22～23	0.003 2	0.027 8	0.030 7	0.062 2
23～24	−0.002 6	0.030 2	0.081	0.108 2
24～25	−0.014 2	0.013 8	0.06	0.090 6
25～26	−0.002 9	0.019 8	0.023	0.083 4
26～27	−0.001 9	−0.000 4	−0.000 7	0.048 1
27～28	−0.041 4	−0.001 7	0.064 8	0.123 6
28～29	−0.019 8	−0.007 3	0.002 6	0.015 2
29～30	0.007 9	0.006 5	−0.001	0.006 7
30～31	0.012 8	0.021 5	0.009 1	0.025 3
31～32	0.001 3	0.02	0.004 5	0.028 5
32～33	0.002 9	0.002 1	0.000 4	0.025 7
33～34	0.009 4	−0.018 1	0.000 2	0.014 5
34～35	0.003 6	−0.039 7	−0.018 3	−0.000 9
35～36	−0.001 0	−0.001 0	−0.003 2	0.022 8
36～37	−0.002 8	−0.002 8	−0.011	−0.002 2

表 2-8　渭河下游近期淤积末端变化表

年份	2001	2002	2003	2004	2005	2006	2007	2008	2009	2010
淤积末端所在渭淤断面	34	36	29	28	28	28	28	28	28	27
河道位置	咸阳长陵	咸阳东	西安兴东村	高陵船张村	船张村	船张村	船张村	船张村	船张村	临潼南王村

2.2.3.5　建库后渭河下游主槽冲淤变化

三门峡建库前，渭河下游的主槽过洪能力一般为 4 500～5 000 m³/s；三门峡建库后，随着潼关高程的抬高及渭河下游泥沙淤积的不断发展和淤积重心的不断向上延伸，其主槽过洪能力不断衰减，尤其是近些年来，潼关高程抬升和渭河下游泥沙淤积发展迅速，主槽过洪能力锐减，截至 1995 年，主槽过洪能力达到最小，华县河段仅为 800 m³/s，临潼河段主槽过洪能力也降至 3 520 m³/s，这是三门峡水库建库以来所未有的现象。由图 2-11 可以明显地看出渭河不同河段的淤积情况和主槽的萎缩情况，表 2-9 为渭淤典型断面典型年主槽过水面积统计表。由表 2-9 可知，1990 年以后，渭河各河段主槽萎缩的发展情况。表 2-10 为 1973 年和 2001 年主槽宽度及面积对比表，由表 2-10 可以看出，渭淤 2、渭淤 9、渭淤 17 断面 2001 年的主槽宽度与 1973 年相比分别减少了 35%、72.2%、49.7%，主槽面积分别减少了 42.76%、79.14%、84.15%，且主槽面积的减少大部分都是由贴边淤积引起的。

表 2-9　渭淤典型断面典型年主槽过水面积统计

年份	渭淤 2 面积/m²	渭淤 9 面积/m²	渭淤 17 面积/m²	渭淤 26 面积/m²	渭淤 32 面积/m²
1990（汛前）	2 539	3 542	1 505	2 225	632
1992（汛前）	2 294	3 165	1 345	1 700	565
1995（汛前）	881	1 769	1 342	1 630	523
1996（汛前）	752	1 102	893	1 541	626
1998（汛前）	939	997	936	1 607	730
2000（汛前）	905	1 567	1 108	1 722	749

表 2-10 1973 年和 2001 年渭淤 2、9、17 断面主槽宽度及面积对照

年份	渭淤 2			渭淤 9			渭淤 17		
	主槽宽/m	主槽面积/m²	断面面积/m²	主槽宽/m	主槽面积/m²	断面面积/m²	主槽宽/m	主槽面积/m²	断面面积/m²
1973	214	1 484	16 911	812	3 734	27 023	456	6 133	22 343
2001	139	539	9 676	226	779	18 659	229	972	10 594
淤积面积		945	7 235		2 955	8 364		5 161	11 749
2001 年最深点以下面积		78			109			1 065	
贴边淤积面积		867			2 846			4 096	

2.2.3.6 渭河下游的河势演变

任何一条河流的形成发展都要经历侵蚀、搬运和堆积过程。一般来说，一个完整的水系，上游河段以侵蚀为主，中游以搬运为主，下游以堆积为主。然而，随着地质的历史进程，由于新构造运动、气候变化、侵蚀基准面升降、河流自身调节等方面的影响，上述的一般规律又往往被破坏。搬运的河段会发生淤积，堆积的河段也会产生侵蚀。对一般河段来说，侵蚀、搬运和堆积的过程常常是交替出现的。

（1）渭河下游不同河段的河形

根据史料分析渭河历史时期就是一条迂回曲折、流浅沙深的河流，目前的河道形态，基本上继承了历史时期的河道特性。从咸阳到潼关可划分为三种河型和一个河口段。咸阳—泾河口段为分汊型，泾河口—赤水为弯曲型河道，赤水—三河口为曲流型，三河口—潼关为河口段，河型不太固定，有时顺直，有时喇叭状。

咸阳—泾河口段河道长 34 km，河身宽浅，多心滩。泾河口—赤水河道长 75 km，本河段包括大跨度弯曲和限制性弯曲两个亚类，其中喇叭庄、船北属于大跨度弯曲，它在平面外形上具有跨度长、弯曲半径大等特性，就渭河而言大跨度弯曲的跨度长 15～16 km，弯曲半径 5～6 km。交口—沙王村属于限制性曲流，其外形近似于曲流，单曲流严格受到岸壁的约束，约束的上端常近似直角拐弯，该河段的弯曲率 1.2。赤水—三河口河道长 89 km，该段河道弯曲率 1.6～1.7，较弯曲形河段的为大，跨度和弯曲半径较弯曲形河段的为小。

（2）河道的平面变形

历史上渭河是一条不太稳定的河流，在河流发育的过程中，有向北摆动的趋

势。渭河县志："渭河东西亘境百余里，率三十年一徙，或南或北相距十里余，两岸民田无论没于何者，空输上税，即淤而出者尽为皋，不堪耕种矣，终年负间至破产，苦哉"。华县志："同治后河道忽南忽北，田庐坟墓屡遭毁，往往肥沃反变沙卤"。又大荔县志所载："荔之南界，东西四五十里，渭水横亘，一蜿蜒辄八九里，一转圜二十里，崩陷之地每数十年或迁徙，淤沙茫茫数十顷、百余顷之多不能植谷。"以上记载均说明渭河南北有摆动，渭南以下河曲发育。二级阶地，从咸阳到西安，南岸阶面宽，北岸窄，表明主槽相对向北摆；西安以下河口，由于北岸泾河、洛河的三角洲发育，迫使河床相对向南摆动。一级阶地从咸阳到河口，南岸阶地分布宽广，北岸阶面狭窄，说明主河床相对北移。河漫滩西安以上南岸宽，北岸窄，河床向北摆，以下呈犬牙交错大致相等，说明弯曲的主河槽向左右两岸摆动的大致相等。

三门峡建库后，分汊段主槽变化多以侧移为主，一般多以北移为主，参见图2-12。泾河口以下河段在兴建三门峡水库的 15 年内多以自然裁弯为主（突变），1960—1975 年渭河下游河道摆动剧烈，赤水河口至陈村共发生了七次大的横向摆动（自然裁弯），参见图2-13。同属于弯曲形河道，从稳定性的意义上讲，建库前和建库后的 15 年应加以区别，建库前属于稳定性河道，建库后可称为摆动性的弯曲性河道，1976 年后渭河下游河道又发生了巨大的变化，但不再以河道的自然裁弯的形式出现，而是表现为河势的摆动，参见图2-14。赤水河河口处主流线向北移，至 1992 年詹刘险工完全脱溜，一弯变，弯弯变，引起整个河道系统的变化，1976—1996 年 20 年没有发生过一次自然裁弯。90 年代后由于河道内泥沙的淤积和河床的抬升，使原来的一些节点失去了控导河势的作用，顶冲点变化，引起主流和河槽的摆动，在一些河段出现"S"形河势或横河，"S"形河弯由 1992 年以前的两个增加到 6 个，造成河长增加[56]。

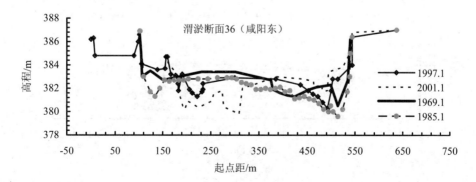

图 2-12　主槽发展变化

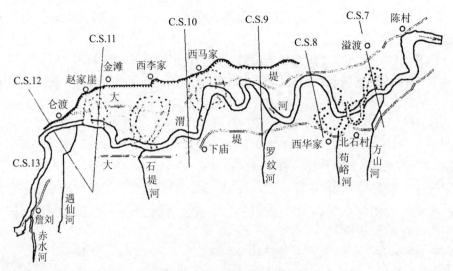

图 2-13　渭河下游河道自然裁弯

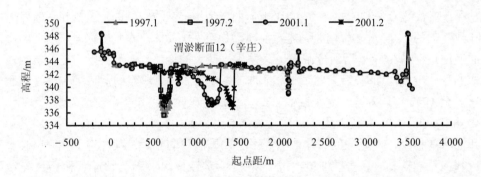

（a）主槽向南摆动

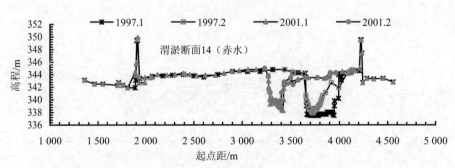

（b）主槽向北摆动

图 2-14　主槽摆动状况

2.2.4 渭河下游淤积引起的严重后果

（1）主河槽过洪能力锐减，河槽摆动加剧

三门峡建库前，渭河下游未设堤防，临潼、华县站其主槽过洪能力一般为5 000 m³/s 左右。建库后水库溯源淤积不断向上游延伸，滩面、主槽淤积萎缩，过洪能力不断降低，特别是进入 20 世纪 90 年代以来，渭河下游主槽过洪能力锐减，华县站 1995 年主槽最小过洪能力仅 800 m³/s，为三门峡建库以来的最小值。渭河下游临潼、华县各时期的过洪能力列于表 2-11。由于主槽过洪能力的锐减，在一般洪水情况下便出槽漫滩，从而加剧了渭河下游泥沙淤积的发展，同时也加剧了渭河下游河势的进一步恶化。

表 2-11　渭河下游历年主槽过洪能力　　　　　　　单位：m³/s

站名	建库前	1968年	1973年	1975年	1977年	1981年	1984年	1986年	1990年	1995年	1998年
临潼	5 000	4 850	4 300	4 250	4 370	4 670	4 300	3 920	3 600	3 520	3 200
华县	4 500～5 000	1 040	2 370	4 250	4 500	4 500	4 200	2 920	2 860	800	1 700

（2）同流量洪水水位不断抬升

随着渭河下游泥沙淤积的发展和主槽过洪能力的锐减，其同流量洪水水位不断抬升，渭河下游的洪水水位变化情况列于表 2-12，洪水水位变化见图 2-15。从表 2-12 中可以看出，三门峡水库建库以来，特别是 1992 年以来，渭河下游的同流量洪水水位抬升更加迅速。例如 1992 年和 1996 年渭河下游的洪峰流量相差不大，但 1996 年比 1992 年的洪水水位抬升较大，临潼站抬升 0.4 m 左右，华县站抬升 1.5 m 左右。华县站 1996 年 7 月洪水，华县最大流量 3 450 m³/s，洪水水位高达 342.24 m，是该站 1934 年建站以来的最高值。由于同流量洪水水位的急剧抬升，使渭河下游防洪工程的防御标准大大降低，加速了中小洪水灾害的发展。

表 2-12　渭河下游洪水水位变化

站名	距潼关河道里程/km	历年洪水水位/m（咸阳 Q=3 000 m³/s，华县 Q=5 000 m³/s）					近期洪水水位/m		
		1954.9	1968.8	1973.8	1981.9	1990.7	1992.8	1995.8	1996.7
吊桥	7.4	327.5	331.17	329.73	330.76	331.35	330.40	330.16	330.33
华阴	19.7	327.6	333.30	332.59	332.6	333.48	333.90	330.50	333.29

站名	距潼关河道里程/km	历年洪水水位/m（咸阳 Q=3 000 m³/s，华县 Q=5 000 m³/s）					近期洪水水位/m		
		1954.9	1968.8	1973.8	1981.9	1990.7	1992.8	1995.8	1996.7
陈村	51.2	333.7	336.46	337.64	336.61	336.68	337.53	337.41	338.59
华县	82.6	337.9	340.54	341.56	340.35	340.13	340.95	340.88	342.24
							Q=3 950	Q=1 450	Q=3 450
詹家	106.1	341.8	343.57	344.54	343.85	343.73	343.80	344.20	345.43
渭南	125.5	345.7	346.96	347.58	347.99	347.60	347.34	347.13	347.52
交口	141.0	348.6	349.27	350.24	350.22	349.66	350.04	349.85	351.02
临潼	164.7	355.92	355.92	356.53	357.17	356.66	357.38	345.46	357.79
道口	189.5	366.02	367.01	367.21	367.43	367.04	Q=4 150	Q=2 630	Q=4 170
咸阳	216.9	384.8	386.72	386.24	386.45	386.30			

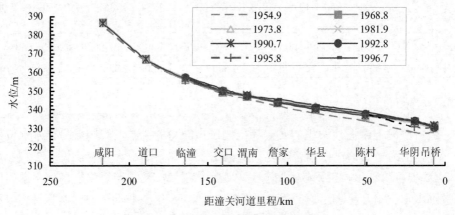

图 2-15   渭河下游洪水水位变化比较

（3）加剧了渭河洪水对南山支流的倒灌

随着渭河下游泥沙淤积的发展，滩面不断抬升，同流量洪水水位逐渐抬高，渭河在一般洪水情况下便全面倒灌南山支流。例如 1996 年，华县洪峰流量仅 3 450 m³/s，南山支流全面倒灌，倒灌情况列于表 2-13。由于渭河洪水经常倒灌南山支流，形成南山支流河口段的泥沙淤积，降低了南山支流的过洪能力。根据资料分析，除赤水河外，其余各条南山支流均达不到设计过洪能力，罗夫河的实际过洪能力仅为堤防设计过洪能力的 37.4%。由于潼关高程的抬升和渭河下游泥沙淤积的发展，当黄河出现洪水时，黄河洪水倒灌渭河，当渭河出现洪水时，渭河洪水倒灌南山支流，例如 1995 年，华县站洪峰流量仅 1 450 m³/s，渭河洪水倒灌南山支流达数公里，倒灌淤积十分严重。南山支流堤防本身质量差、隐患多，特别是进入 90 年代以来，经常决口成灾，南山支流的防洪形势十分严峻，如 2003 年 8—10 月渭河发生了 6 次洪峰过程，给陕西造成了巨大损失，据不完全统计，渭河下游造成干流河道工程 805 座坝垛出险，淹没耕地达 30 多万亩，受灾人口达 56.9 万人，经济损失惨重，陕西省为此付出了沉重的代价。

表 2-13　渭河"96·7"洪水倒灌南山支流情况

河名	尤河	赤水河	遇仙河	石堤河	罗纹河	方山河	罗夫河	柳叶河	长涧河
倒灌长度/km	1.6	3.5	3.0	5.2	3.5	4.6	6.3	5.5	5.7

（4）降低了渭河下游大堤防洪标准

三门峡建库前，渭河下游没有堤防工程。因兴建三门峡水库，为防御库区沿河洪水，推迟和减缓移民工作，经水电部批准在渭河下游兴建防护堤，堤防的防御标准为 50 年一遇设计洪水（当时 50 年一遇设计流量为 10 800 m^3/s）。随着渭河下游泥沙淤积的发展，同流量洪水水位不断抬升，致使下游防洪大堤的防洪能力相应下降。经对渭河下游防洪大堤的过洪能力进行分析计算可知，泾河口以下防洪大堤在考虑安全超高（1.0 m）的情况下，大堤的实际过洪能力为 7 600 m^3/s 左右，仅能达到设计标准的 70%，相当于 12 年一遇设计洪水，因此，为确保渭河下游的防洪安全，对渭河下游防洪大堤的加高培厚已迫在眉睫。

（5）加大河堤临背差，形成黄河流域第二大"悬河"

随着三门峡水库的建成和渭河下游防洪大堤的兴建，泥沙淤积的发展致使河床滩面逐年抬高，临背差逐年加大。到目前为止，在渭南至华阴河段，其临背差一般为 2～3 m，部分河段最大达 4 m 左右，在西安河段临背差为 1 m 左右。黄河下游为最大的"悬河"，目前渭河下游已成为黄河流域的第二大"悬河"。地上"悬河"的形成，一方面加重了库区淹没盐碱灾害，另一方面也大大加重了渭河下游防洪的负担。

2.2.5　渭河下游淤积的主要原因

（1）潼关高程抬高是渭河下游河道淤积的主要原因

潼关高程的抬高，相当于渭河下游的局部侵蚀基准面的抬高。渭河下游的淤积和冲刷与潼关高程的升降有密切的关系，文献[57,58]对此进行了详细的分析。王兆印等[59]也认为，一方面潼关高程的抬升引起渭河下游泥沙淤积；另一方面渭河来水来沙和河床淤积也影响潼关高程的发展变化，二者在一定程度上互为因果。

1）渭河下游各站与潼关站常水位的变化相互对应

图 2-16 为潼关站 1 000 m³/s 流量水位及渭河下游各站 200 m³/s 流量汛后水位历年变化过程，其特点是：①各站水位的变化与潼关水位的变化是密切对应的；1963—1969 年为抬高期；1969—1976 年随着三门峡工程二期改建的完成和投入运用，因库区冲刷而出现一个下降期；1976—1980 年有一个小的抬升期；1980—1985 年，由于来水来沙条件有利，又出现冲刷下降期；1985 年以后为缓慢抬升期。②上下游水位变化存在滞后期，如潼关在 1976 年起水位开始回升，陈村水位的回升则为 1977 年，陈村以上大致在 1978 年。③变化幅度上游逐渐减少，如潼关 1976—1985 年幅度为 1 m 左右的小起伏在陈村以上已不明显。

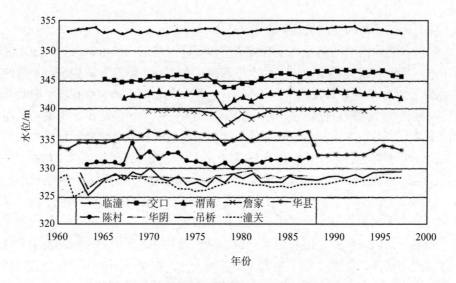

图 2-16　渭河下游同流量水位与潼关水位的变化

2）潼关水位与吊桥、华阴、华县水位呈线性变化

图 2-17 为吊桥、华阴 200 m³/s 流量水位与潼关 1 000 m³/s 流量水位的关系，它们呈线性关系。吊桥水位的变化与潼关高程的变化基本上是同等的，这是由于吊桥离潼关较近，潼关高程的升降对吊桥水位的变化具有直接的影响。在华阴水位与潼关水位的关系中，直线的斜率大于 45°，华阴水位的变化值比潼关水位的变化值还大一点，表明华阴水位的抬升，除受潼关高程的抬升影响外，还受北洛河及渭河中上游来沙淤积的影响。

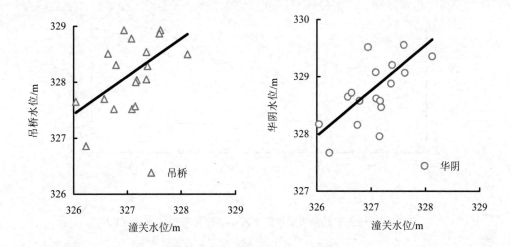

图 2-17　吊桥、华阴水位与潼关水位的关系

3）渭河下游淤积随潼关高程的上升而增加

潼关高程抬高 5 m，相当于渭河下游的侵蚀基准面抬高 5 m，对渭河下游的影响，可以从下列两方面得到反映：一是渭河下游各站的常水位变化与潼关 1 000 m³/s 水位的变化，相互密切对应，华阴、华县枯水位与潼关的枯水位都呈线性关系（见图 2-18）；二是渭河下游累计淤积量与潼关高程的关系充分说明了这一点（见图 2-19），图 2-19 中表明，渭河下游冲淤量与潼关高程升降同步，仅冲刷有滞后而已。

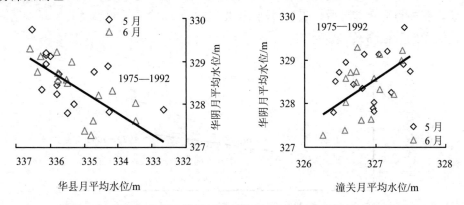

图 2-18　潼关、华阴、华县三站枯水期（5、6 月）月平均水位关系

图 2-19   渭河下淤累积淤积量与潼关高程关系（1974—2002）

　　另外，文献[59]点绘了渭河下游累积淤积量与三门峡水库全年控制运用以来潼关高程的相关关系图，见图 2-20。从图中可以明显看出，在整个运用期，渭河下游泥沙淤积量的变化与潼关高程的变化具有良好的线性关系。在 1973—1991 年，渭河下游累积淤积量与潼关高程的变化形成一条斜率较缓的趋势线；在 1992—2000 年，渭河下游累积淤积量与潼关高程变化形成一条斜率较陡趋势线，且相关关系较前者更好。这说明在三门峡水库控制运用的前期（1973—1991 年），随着潼关高程的抬升，渭河下游泥沙淤积相对较慢；而在 1992—2000 年，随着潼关高程的抬升，渭河下游泥沙淤积相对加快，且潼关高程与渭河下游泥沙淤积量关系更密切。即随着时间的推移，潼关高程对渭河下游泥沙淤积的影响越来越大，关系也越来越密切。图中点群有些分散，表明渭河下游河道的淤积除了受制于潼关高程变化以外，还受到其他因素的影响。

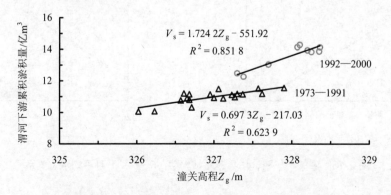

图 2-20   渭河下游累积淤积量与潼关高程的相关关系

根据已有资料分析，黄河小北干流淤积向下延伸，使潼关高程上升，多年平均上升值为 0.035 m[60]，渭河下游河道淤积达到一定程度以后也将向下游延伸，对潼关高程上升也起到一定作用。另外，渭河流域的水沙变化对渭河下游冲淤有一定影响，对渭河下游也起到一定的负面影响。

渭河下游华县站（距潼关 766 km）水位变化与潼关水位变化之间有密切的关系，见图 2-21。从图 2-21 可知潼关高程抬升和渭河下游河床抬升有很好的相关关系。

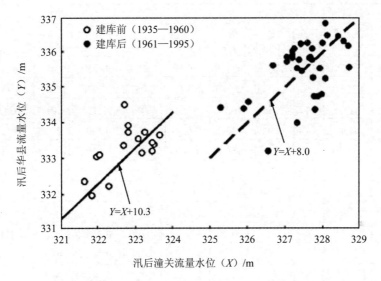

图 2-21　华县水位（200 m³/s 流量）和潼关高程的关系

从长期和平均看，华县水位几乎和潼关水位同步上升，华县抬高的数量和潼关几乎成 1∶1 的关系。

由此可见，潼关高程的变化对于渭河淤积抬高具有直接的影响，反过来，渭河淤积抬高又间接影响着潼关高程的变化。

（2）黄河对渭河下游水流的顶托与倒灌

黄河对渭河下游水流的顶托与倒灌是黄河、渭河交汇口的地理条件和黄河、渭河、北洛河水沙不同遭遇及潼关水位的影响造成的。渭河下游比降平缓（0.12‰），其下游受到潼关卡口及局部侵蚀基准面的影响。汛期当发生黄河洪水较大，而渭河、北洛河来水较小的情况，由于潼关水位较高，渭河来水常受黄河水流的顶托，甚至黄河水流倒灌入渭河。

在黄河水流形成对渭河来水的顶托时，渭河下游河道的流速因受顶托而减小，甚至流速为零，黄河的泥沙以异重流的形式潜入渭河下游。这时渭河来水来沙量少，而顶托往往发生在黄河干流的涨水期，在一场洪水中靠异重流自黄河进入渭河的泥沙一般也不会很多，所以黄河对渭河的顶托，在渭河下游一般不致出现严重的淤积。表 2-14 为三门峡建库以来渭河下游受黄河明显倒灌影响时河道冲淤情况。

表 2-14　渭河下游发生倒灌年份的汛期淤积情况

年份	华县（汛期）水量/亿m³	含沙量/(kg/m³)	状头（汛期）水量/亿m³	含沙量/(kg/m³)	潼关（汛期）水量/亿m³	含沙量/(kg/m³)	冲淤量/亿m³ 渭拦	渭淤1~10	渭淤10~26	渭淤26~37	渭淤1~37
1964	110.85	87.25	11.73	148.10	437.26	48.60	0.179 1	0.428 9	0.048 3	−0.103 1	0.314 1
1966	65.09	136.90	7.52	244.00	291.70	67.58	0.051 8	2.096	0.545	−0.087	2.554
1967	51.63	51.98	4.17	297.60	402.17	46.38	0.099 7	1.454	0.196 4	0.034 6	1.685
1971	15.28	94.40	3.18	300.00	134.26	80.50	0.063 2	0.220 5	0.201 5	0.023	0.399
1977	19.18	285.80	3.79	419.50	166.45	124.00	0.073 0	0.630 5	0.027 5	−0.031 1	0.626 9
1979	24.00	87.50	3.22	220.80	217.14	44.10	0.030 9	0.125 3	0.065 5	0.018 6	0.209 4
1981	82.50	40.30	5.08	58.20	338.67	31.16	−0.060 7	−0.003 1	0.107 9	0.007 5	0.097 3
1990	45.09	60.35	4.33	193.00	138.58	39.72	0.015 7	0.175 6	0.099 3	0.041 8	0.316 7
1992							−0.001 8	0.849 4	0.248 4	0.014	1.110
1994							0.015 4	0.504 8	0.281 4	0.042	0.843 6
1995							0.007 4	0.339	0.033 7	0.044 3	0.824 4

据资料统计可知，发生倒灌较多的年份是 1966 年、1977 年、1979 年，1966 年和 1979 年均发生两次较大的倒灌；1979 年发生了 2 次倒灌，这次倒灌时间仅持续 2 h 左右，渭河下游汛期共淤积 0.2 094 亿 m³，1977 年发生了 4 次倒灌，渭河下游汛前至汛后淤积 0.626 9 亿 m³，1969 年也发生了 2 次倒灌，但渭河下游淤积量达 2.554 亿 m³，这主要是渭河下游水少沙多造成的。倒灌的发生是有条件的，黄河对渭河的倒灌与渭河、洛河来水来沙有关，一般来说有 4 种组合：①倒灌发生在渭河大水大沙年，如 1966 年、1992 年；②倒灌时黄河、渭河、洛河水沙都不大，如 1979 年、1981 年。③倒灌与渭河高含沙洪水遭遇，如 1977 年；④倒灌与洛河高含沙洪水遭遇，如 1967 年、1995 年。另外，经资料分析发现，黄河对渭河的倒灌并不是都能在渭河下游造成大量淤积；只有在黄河高含沙洪水的倒灌才会在渭河下游产生较大的淤积，但是这些倒灌淤积都没有在渭河尾闾段造成严重淤堵的局面。

（3）北洛河来沙对渭河下游河道有重要的影响

在北洛河有高含沙洪水汇入而渭河来水较小时，在入渭口门附近常出现较长的淤积体，影响口门以上河段的淤积。如果北洛河洪水汇入渭河，渭河来水很小，又遇上黄河对渭河的顶托倒灌，则在北洛河口的严重淤堵，可以导致北洛河口以上局部河段堵塞淤死的局面。1967 年渭河尾闾在北洛河口以上 88 km 河段全部堵塞，渭河决口，洪水自二华夹槽下泄，华阴两侧成为泽国，这就是一个很好的例子。

（4）渭河来水来沙对渭河下游的影响

渭河水量主要来自咸阳以上干流，沙量则来自泾河张家山以上及渭河南河川以上地区。近年来，渭河水量大幅度减小，沙量也减小，但水量减小的幅度要比沙量减小的幅度大，造成含沙量增大。泾河来的洪水含沙量高、粒径较粗、洪峰流量较小，这些中小洪水进入渭河下游，常引起河道淤积，1994 年、1995 年洪水就是属于这种情况。雷文青[60]根据多年资料分析，渭河下游具有大水冲槽淤滩和小水淤槽的特征。如前所述，近期除 1996 年临潼站洪峰流量为 4 170 m³/s 外，其余各年的洪峰流量均较小，特别是 1994 年以来，泾河上游多出现局部暴雨，形成渭河下游多次出现以泾河来水为主的小水大沙洪水过程。从 1994—1995 年渭河临潼站的来水来沙情况（表 2-15），可以看出，渭河下游多次出现小水大沙过程，这必然造成主槽的严重淤积。根据实测淤积资料统计，1994 年汛期渭河下游淤积泥沙 0.843 6 亿 m³，1995 年汛期淤积泥沙 0.824 4 亿 m³，且大多淤在主槽内，从而形成渭河下游河床抬高，断面缩窄，过洪能力降低。例如，华县站下游的渭淤 9 断面，1993—1995 年主槽淤积了 71.6%。

表 2-15　1994.7—1995.8 渭河临潼站洪水情况

项目	1994 年						1995 年	
	7月8日 15:12	7月22日 8:00	7月28日 3:00	8月7日 12:00	8月12日 10:00	9月2日 3:30		
流量/ (m³/s)	2 460	310	1 120	810	1 790	836	750	2 630
含沙量/ (kg/m³)	819	386	859	725	704	858	771	667

渭河咸阳以上是渭河下游水量的主要供应源，咸阳以上来水量与渭河下游累计淤积量有多大关系？若咸阳以上渭河水量较丰，是否有利于渭河下游的冲刷？反之，若咸阳以上渭河水量偏枯，则是否容易引起渭河下游的淤积？文献[60]对

此进行了研究，点绘了渭河下游累积淤积量与咸阳站年来水量的相关关系图，见图 2-22。在 1973—1988 年，咸阳站年水量与渭河下游累积淤积量关系一般，且趋势线较缓；而在 1989—1999 年，咸阳站年水量与渭河下游累积淤积量则具有良好的线性关系，且趋势线较陡。这说明了在 20 世纪 80 年代后期，渭河咸阳以上水量减少对渭河下游淤积的加剧起着不可忽视的作用。也说明了咸阳以上渭河水量较丰，则有利于渭河下游的冲刷；反之，若咸阳以上渭河水量偏枯，则容易引起渭河下游的淤积，同时文献[40]也指出，潼关高程与渭河下游累计淤积量的关系最为密切，而与渭河上游来水量的关系次之。

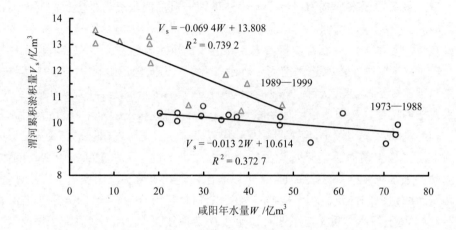

图 2-22　咸阳年水量与渭河下游累积淤积量的关系

对于近期（20 世纪 90 年代以来）渭河下游淤积的主要影响因素是潼关高程还是不利的水沙条件，目前尚处于争论之中，主要有两种观点：一种观点是潼关高程是主要影响因素，其次是不利的水沙条件，不利的水沙条件只不过加重了淤积的发展[58-61]；另一种观点是不利的水沙条件是主要因素，潼关高程居于其次，潼关高程只不过加重了淤积的发展[8,21]。本节通过前述分析认为潼关高程始终是影响渭河下游淤积的主要因素，其他因素均处于次要地位。

2.3　本章小结

本章以实测资料理论分析为基础，结合以往的研究成果，对三门峡建库前、后的潼关高程的变化，建库前、后渭河下游的演变，建库前、后潼关高程和渭河下游河道淤积之间的影响关系，潼关高程抬升的原因，以及渭河淤积重心的转移及渭河下游淤积的主要原因等进行了分析和讨论。资料分析表明：①建库前黄河潼关河段河床处于相对冲淤平衡的微淤状态，渭河下游主槽处于动态冲淤平衡状态，滩地处于微淤状态；②建库后，渭河下游河道发生严重淤积，主要是由于潼关高程的抬升造成的，而潼关高程的抬升主要是由于三门峡水库的不合理运用造成的；③三门峡水库 1974 年以来采用蓄清排浑全年控制运用方式，非汛期蓄水位高且历时长，回水影响到没有富余挟沙能力的河段。汛期控制水位运用，水位降落幅度不够，达不到溯源冲刷要求的比降，汛期中低水位历时短，不能通过冲刷保持年内冲淤平衡，造成古夺以上产生累积性淤积体，这是造成潼关高程居高不下的主要原因，近期（20 世纪 90 年代以后）不利的水沙条件加剧了潼关河床的抬升速度和渭河下游的淤积。因此，降低潼关高程可以极大地改善渭河下游河道的淤积状况。④随着时间的推移渭河下游淤积重心已移至临潼和华县之间，淤积末端也延伸至咸阳铁路桥附近。一些河段淤积的形式也发生了很大变化，由建库前的淤滩发展到现在的全断面淤积，主槽淤积严重，过水面积大大减少。⑤历史上就有秦岭抬升，渭河北移的演变；三门峡建库后，咸阳至泾河口段仍然以北移为主，泾河口以下河段在建库后的前 15 年以自然裁弯为主发展，1976 年后以河势的摆动为演变趋势。

3 渭河来水来沙变化特征

渭河流域水沙异源，西北多沙，东南多水。全年水、沙量集中于汛期，汛期又集中于几次洪水过程。70 年代以来，渭河水沙发生了较大变化，水沙量不断减少，但水量减少幅度大于沙量，而且较小流量级输沙百分比增加。1986—2001 年，渭河发生大洪水较少，洪水量也较小，但高含沙洪水仍然存在，而且含沙量增加，输沙量也很大，特别是以泾河来水为主时，常出现高含沙水流。

3.1 水沙来源及区域分配

华县站汇流面积为 10.65 万 km²，其中咸阳以上 4.68 万 km²，支流泾河为 4.54 万 km²，控制站张家山以上汇流面积为 4.32 万 km²。咸阳、张家山至华县区间（简称咸、张、华区间）为 1.65 万 km²。咸阳和张家山汇流面积接近，表 3-1 为 1961—2001 年多年平均水量、年沙量统计，表 3-1 表明咸阳水量为临潼水量的 60.26%，张家山水量为临潼水量的 21.03%，咸阳沙量为临潼沙量的 34.01%，张家山沙量为临潼沙量的 64.29%。由此可以看出渭河 60%的径流来自咸阳以上，64%的泥沙来自张家山以上，水沙异源。

表 3-1 1961—2001 年水量、沙量统计平均

1961—2001 年统计平均					
咸阳		张家山		临潼	
水量/亿 m³	沙量/亿 t	水量/亿 m³	沙量/亿 t	水量/亿 m³	沙量/亿 t
40.487 6	1.117 1	14.129 2	2.111 8	67.190 1	3.284 8

渭河的汇流可分为 5 个区段：①渭河上游北道以上；②渭河北道—林家村区段；③渭河林家村—咸阳区段；④泾河张家山以上；⑤咸阳、张家山至华县区间。渭河北道—咸阳河段为渭河的主要产流区，尤其是林家村—咸阳河段基本上是清水；北道以上和张家山以上为渭河的泥沙来源区；咸、张、华区间为南山支流汇入区，是渭河下游宝贵的清水来源区。泾河张家山以上的水沙按来源可分为：雨

落坪以上，杨家坪以上和雨落坪、杨家坪至张家山区间。各区段汇流面积分别占张家山以上流域面积的 44%、33%、23%。按 1956—1969 年统计，各区段径流所占的比例分别为 23%、45%、32%；泥沙来量所占的比例分别为 49%、34%、17%。反映了泾河径流主要来自杨家坪以上及雨落坪、杨家坪至张家山区间，泥沙主要来自雨落坪以上的马莲河[62]。

3.2　20 世纪 60—90 年代水沙变化对比

3.2.1　临潼、华县站水沙变化及对比

由表 3-2 可知 60 年代丰水丰沙，70 年代沙量适中、水量偏少，80 年代水量适中而沙量偏少，90 年代（1991—2000 年）水沙均偏少，水量偏少得更多些。如果用"前期"（1961—1970 年）作为对比基础，70—90 年代年均减水量临潼站分别为 40.5 亿 m³、18 亿 m³、57.2 亿 m³，汛期年均减水量分别为 17.7 亿 m³、5.3 亿 m³、32.1 亿 m³，华县站 70—90 年代年均减水量分别为 44.5 亿 m³、18.6 亿 m³、60.6 亿 m³，汛期年均减水量分别为 19.67 亿 m³、4.22 亿 m³、33.9 亿 m³；各年代临潼站年均减沙量分别是 1.31 亿 t、2.68 亿 t、2.52 亿 t，汛期年均减沙量分别是 0.98 亿 m³、2.53 亿 m³、2.33 亿 m³，华县站年均减沙量分别是 1.49 亿 t、2.12 亿 t、2.26 亿 t，汛期年均减沙量分别是 1.16 亿 t、2.01 亿 t、2.13 亿 t。各年代临潼站的减水比例分别为 41.7%、18.5%、59%，减沙比例分别为 26.8%、54.9%、52%，临潼站 90 年代的减水减沙比例都比较大，但减水比例大于减沙比例，各年代减沙大都集中在汛期。从图 3-1、图 3-2 能够比较明显地看出自 1961—2001 年的水沙变化趋势。

表 3-2　临潼、华县 60—90 年代水量沙量统计表

时段	临潼				华县			
	水量/ 亿 m³	沙量/ 亿 t	汛期水量/ 亿 m³	汛期沙量/ 亿 t	水量/ 亿 m³	沙量/ 亿 t	汛期水量/ 亿 m³	汛期沙量/ 亿 t
1961—1970	970.47	48.77	537.69	43.55	1 001.1	48.78	558.34	43.61
1971—1980	565.77	35.71	361.21	33.72	556.11	33.90	●361.61	32.05
1981—1990	790.48	22.02	484.97	18.30	815.29	27.55	516.17	23.55
1991—2000	398.53	23.59	216.54	20.27	395.03	26.17	219.31	22.3

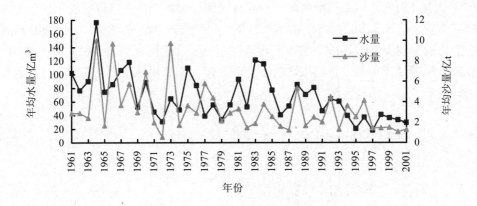

图 3-1 临潼站水、沙量变化趋势

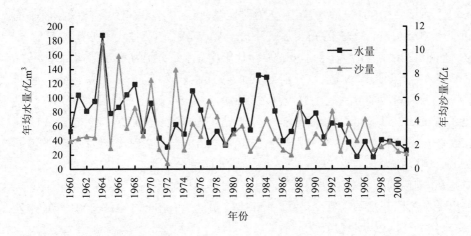

图 3-2 华县站水、沙量变化趋势

3.2.2 分级流量变化

3.2.2.1 90 年代中小流量出现天数增加，大流量出现天数减少

统计华县站各级流量出现天数可以看出，1961—2000 年 50～200 m³/s 流量级出现天数最多，远超出其他流量级；1971—1980 年和 1991—2000 年小于 50 m³/s 流量出现天数较多，与 1961—1970 年相比，小于 50 m³/s 的天数大为增加，而小于 200 m³/s 的天数 90 年代最多，大于 200 m³/s 流量级的天数为各年代的最小值，

这也是 90 年代减水最多的原因。1 000～2 000 m³/s 的天数与 60 年代相比各年代均有所减少，90 年代减少的幅度最大，平均每年只有 2.1 次，同样大于 2 000 m³/s 的日平均流量出现的天数各年代都比较少，60 年代也只有 43 次，而 90 年代仅有 5 次，见表 3-3。

表 3-3 华县站各流量级出现天数的年代统计　　　　　　　　单位：d

流量/（m³/s）	60 年代	70 年代	80 年代	90 年代
<50	289	1 400	713	1 450
50～200	1 687	1 422	1 563	1 637
200～500	1 080	569	910	404
500～1 000	402	170	313	136
1 000～2 000	151	66	118	21
>2 000	43	26	35	5

3.2.2.2　90 年代中枯水水量占全年水量的百分比增加

与各流量级出现天数相对应，华县站水量在各流量级的百分比也有一定变化，尤以 90 年代变化明显。主要表现为小于 200 m³/s、500 m³/s 流量对应的水量在年水量中的百分比增大，而大于 1 000 m³/s 流量对应的水量在年水量中的百分比减小，其中 1 000～2 000 m³/s 流量级减小最多，仅占年水量的 5%。经统计分析大于 2 000 m³/s 流量的出现的年份中 60 年代有 8 年，70 年代有 7 年，80 年代有 8 年，而 90 年代仅有 3 年（1992 年、1993 年、1996 年），因此 90 年代大于 2 000 m³/s 流量的水量仅占 90 年代总水量的 0.03%，远小于其他年份所占比例（见表 3-4）。

表 3-4 华县站分级流量水量统计

分级流量/（m³/s）	60 年代		70 年代		80 年代		90 年代	
	水量/亿 m³	占总水量/%	水量/亿 m³	占总水量/%	水量/亿 m³	占总水量/%	水量/亿 m³	占总水量/%
≤200	183.15	0.18	161.81	0.29	167.49	0.21	179.93	0.46
≤500	478.16	0.48	311.50	0.56	407.86	0.50	284.21	0.72
≤1 000	719.32	0.72	415.69	0.75	595.49	0.73	361.62	0.92
≤2 000	892.56	0.89	489.23	0.88	730.48	0.90	384.10	0.97
>2 000	108.61	0.11	66.88	0.12	84.82	0.10	10.94	0.03
总水量	1 001.1	1.00	556.11	1.00	815.29	1.00	395.03	1.00

3.2.3   分级沙量的变化

由表 3-5 可知，华县站沙量主要集中在 1960—1970 年、1971—1980 年、1981—1990 年大于 800 m³/s 的流量级上，而 1991—2001 年沙量主要集中在小于 800 m³/s 的流量级上，这主要是由于 1991—2001 年大流量级流量的水量偏少，小流量级的水量偏多，并且出现了小水带大沙的现象。

表 3-5   华县站分级沙量年代统计

分级流量/ (m³/s)	1960—1970		1971—1980		1981—1990		1991—2001	
	沙量/亿 t	占总量/%	沙量/亿 t	占总量/%	沙量/亿 t	占总量/%	沙量/亿 t	占总量/%
<100	5.35	0.01	7.18	0.02	1.98	0.01	9.64	0.04
<400	90.55	0.18	65.28	0.19	51.42	0.19	80.14	0.29
<600	151.07	0.30	105.47	0.31	91.12	0.33	134.39	0.49
<800	209.43	0.41	149.19	0.44	124.1	0.45	176.02	0.64
<1 000	249.78	0.49	187.14	0.55	147.4	0.54	208.73	0.76
<1 200	301.16	0.59	212.19	0.63	179.3	0.65	222.76	0.81
<1 400	320.70	0.63	220.71	0.65	190.1	0.69	235.73	0.86
<1 600	345.38	0.68	251.27	0.74	196.6	0.71	241.84	0.88
<1 800	360.91	0.71	252.45	0.74	214.9	0.78	247.78	0.90
<2 000	379.53	0.74	253.02	0.75	226.2	0.82	247.78	0.90
<2 200	396.72	0.78	265.41	0.78	236.8	0.86	256.17	0.93
<2 400	406.02	0.79	279.36	0.82	244.7	0.89	256.17	0.93
<2 600	435.68	0.85	289.05	0.85	255.7	0.93	256.17	0.93
<2 800	453.62	0.89	291.05	0.86	258.9	0.94	256.88	0.94
<3 000	456.60	0.89	295.19	0.87	265.4	0.96	274.60	1.00
<3 500	471.97	0.92	297.92	0.88	267.7	0.97	274.60	1.00
<4 000	477.14	0.93	326.15	0.96	270.9	0.98	274.60	1.00
>4 000	34.19	0.07	12.82	0.04	4.60	0.02	0.00	0.00
<10 000	511.32	1.00	338.97	1.00	275.5	1.00	274.60	1.00

3.3   近期水沙变化

1994 年以来，渭河下游来水来沙发生了很大变化，水沙量与多年平均相比均有减少，但水量减少的幅度较大，沙量减少的幅度较小。由表 3-6 可知，华县站最大水量的年份为 1998 年（40.82 亿 m³），也只是多年平均值的 60.23%，而 1997 年的来水量仅有 16.828 亿 m³，是多年平均值的 1/4，为历史上水量的最小值。华县站最大沙量的年份为 1996 年的 4.183 亿 t，大于多年平均值 3.334 亿 t，为多年平均值的 125.5%，最小沙量的年份是 2001 年，也占到多年平均的 38%。1994—2001 年均为枯水年，8 年水量平均值为 31.37 亿 m³，只占多年平均的 46.28%，8 年沙量平均值为 2.369 亿 t，占到多年平均的 71%，可见水量与多年平均相比的减少量大于沙量。主要原因为汛期水量大量减少，由表 3-6 可以看出 8 年平均汛期水量接近于非汛期水量，只占 8 年平均水量的 57.8%。且 1994 年、1997 年汛期水量均小于非汛期水量，1997 年汛期水量只占多年平均汛期水量的 14.89%。而 8 年平均的汛期沙量较大，占到 8 年平均沙量的 90.2%。研究表明[63]，2003 年以来，渭河下游河道的冲淤变化受来水含沙量较低和大量采沙等方面的影响，总体以冲刷为主；汛期冲淤现象有所变化，多数年份非汛期和汛期均表现为冲刷。

表 3-6　华县站近年来水沙统计

运用年度	水量/亿 m³			沙量/亿 t		
	全年	汛期	非汛期	全年	汛期	非汛期
1994	37.452	16.809	19.812	3.825	3.566	0.240
1995	17.508	11.421	10.941	2.379	2.365	0.040
1996	38.211	22.897	8.758	4.183	4.034	0.090
1997	16.828	6.061	17.602	1.648	1.610	0.098
1998	40.820	26.697	13.328	1.871	1.136	0.734
1999	38.447	23.217	13.968	2.266	2.178	0.087
2000	35.537	22.394	10.201	1.490	0.942	0.537
2001	26.157	15.769	12.546	1.289	1.268	0.026
1994—2001 年平均	31.370	18.158	13.395	2.369	2.138	0.232
1960—2001 年平均	67.777	40.680	27.168	3.334	2.980	0.355

3.4　洪水水沙变化

3.4.1　大流量级洪水变化

近十多年来，渭河下游洪峰流量大于 3 000 m³/s 的洪水不多。1985—2000 年的 15 年内，华县站共发生 3 000 m³/s 以上的洪水 5 次，而在 1961—1972 年及 1973—1984 年，则分别为 7 次及 17 次。值得注意的是，小于 1 500 m³/s 的小洪水，在 1973—1984 年共发生 24 次，占该时段洪峰次数的 34.8%，1991—2000 年则发生 28 次，占该时段洪峰次数的 70%（表 3-7）[18]。总之，近 10 多年来大流量级洪水明显减少。

表 3-7　华县站不同时段各级洪峰发生的次数

时段/年	流量级/（m³/s）						
	>4 000	3 500～4 000	3 000～3 500	2 500～3 000	2 000～2 500	1 500～2 000	<1 500
1961—1972	4	2	1	3	7	8	14
1973—1984	8	4	5	5	7	16	24
1985—1990		1	2	5		6	11
1991—2000	2			2	1	7	28

3.4.2　高含沙小洪水变化

1973—1984 年大于 300 kg/m³ 含沙量的洪水共发生 15 次（表 3-8），占该时期洪水总数的 32%，而 1991—2000 年大于 300 kg/m³ 含沙量的洪水 26 次，占同期洪水总数的 63.4%。高含沙的小洪水发生的次数也增加了，1973—1984 年，洪峰流量小于 1 500 m³/s，沙峰大于 300 kg/m³ 含沙量的洪水发生 8 次，1991—2000 年同样的洪水发生了 22 次，不少洪水的洪峰流量在 1 000 m³/s 以下。可见，近年来高含沙小洪水已明显增多。

表 3-8　华县站不同时段各级沙峰发生的次数

时段/年	含沙量级/（kg/m³）						
	>600	500～600	400～500	300～400	200～300	100～200	<100
1961—1972	7	4	7	3	2	11	40
1973—1984	7	3	5		10	13	10
1985—1990		2	2	3	1	6	14
1991—2000	8	5	5	8	1	7	7

3.5　本章小结

（1）渭河下游水沙异源，在 1961—2001 年，经实测数据统计分析，60%的水量来自渭河咸阳以上，64%的沙量来自张家山以上。

（2）60—90 年代渭河下游水沙都有变化，70—90 年代与 60 年代相比水量沙量均有减少，但 90 年代减少的幅度最大，水量的减少幅度大于沙量。进入 90 年代以后，中小流量级出现的天数增加，大流量级出现的天数减少，中枯水水量占全年水量的百分比增加。

（3）1985 年以来大流量级洪水明显减少，高含沙小洪水明显增多。

4 渭河下游河道淤积萎缩对洪水水位的影响

4.1 渭河下游水位变化概况

4.1.1 常水位变化情况

　　水位是防洪工作和水利工程最为重要的参考指标,也是河道变化的直接反映。对于渭河这样一条多泥沙河流来说,流量不是决定水位的唯一因素,河道的冲淤变化对水位的变化同样有较大的影响。三门峡水库建库后,渭河下游常水位和洪水水位都发生了巨大变化。表 4-1 为一些典型年份汛后的常水位统计表,从表中可以看出渭河下游不同河段常水位的变化情况。小流量常水位能够直接体现河道主槽的冲淤变化情况,三门峡水库建库后,渭河下游的河道主槽冲淤随三门峡水库的两次改建和不同的运用方式,发生了很大变化,因此,渭河下游的小流量常水位也随其发生相应的变化。表 4-1 显示进入 90 年代以来,华县以下河道小流量常水位有明显抬升现象。

表 4-1　渭河下游不同年份常水位变化

站名	距潼关河道里程/km	历年常水位/m (泾河口以上 Q =150 m³/s, 泾河口以下 Q =200 m³/s)							
		1968.12	1973.11	1981.11	1990.11	1992.11	1995.9	1996.11	2000.10
吊桥	7.4	329.11	327.81	327.88	328.50	328.31	329.47	329.23	328.80
华阴	19.7		332.59	328.30	329.82	328.93	331.40	330.09	330.08
陈村	51.2	333.06	331.40	331.03	332.84	332.01	335.40	332.81	330.21
华县	82.6	336.31	336.14	335.66	336.82	336.07	337.85	336.16	337.07
詹家	106.1		340.18	339.44	340.39	339.94			
渭南	125.5	342.72	342.96	342.83	343.81	342.59	342.91	341.92	343.02
交口	141.0	345.44	345.94	345.63	347.00	346.68	346.08	345.61	345.78
临潼	164.7	353.34	353.62	353.57	354.19	353.52	353.29	353.00	353.28
道口	189.5	365.36	365.15	365.42	365.21	365.07	365.70	365.78	
咸阳	216.9	384.80	383.81	384.36	384.47	384.23	384.81	384.77	382.92

4.1.2 洪水水位变化情况

渭河下游的洪水水位变化情况见表 2-12，从表 2-12 中可以看出建库后同流量级洪水水位明显高出建库前的洪水水位，截至 1996 年华阴站同流量级洪水水位高出 1954 年洪水水位 5.67 m，陈村站高出 1954 年洪水水位 4.89 m，华县站 3 450 m³/s 的洪水水位高出 1954 年 5 000 m³/s 洪水水位 4.34 m。另外从图 4-1 可以更直观地反映出洪水水位的变化情况，1973 年后，70、80、90 年代及 2003 年同流量级水位是逐年代抬升的。

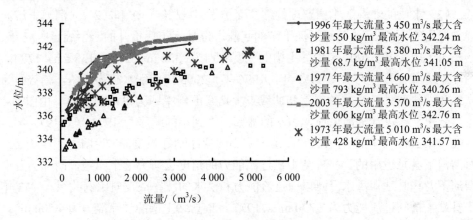

图 4-1 华县站水位流量关系

4.2 渭河洪水水位抬升的影响因素

4.2.1 河床高程抬升对洪水水位的影响

三门峡水库建库后，渭河下游河道的断面形态发生了很大变化，河床全断面抬升，滩地也发生了大量淤积，由表 2-8 可知临潼站的平均河床高程 2003 年比 1965 年抬升 0.85 m，华县站抬升 3.15 m；滩地临潼站抬升 0.93 m，华县站抬升 4.15 m。因此河床高程抬升是渭河下游洪水水位抬升的主要原因之一。

1965 年临潼站流量 3 390 m³/s 洪水水位 355.03 m，2003 年临潼站第一次洪峰流量为 3 200 m³/s 洪水水位 357.8 m，高出 1965 年洪水水位 2.77 m；华县站 1965 年流量为 3 200 m³/s 洪水水位 337.48 m，2003 年华县站第二次洪峰流量为 3 570 m³/s 洪水水位 342.76 m，高出 1965 年洪水水位 5.28 m，由此可知同流量级别洪水水位的抬升幅度远大于河床和滩面高程的抬升幅度，说明渭河下游洪水水位的抬升不单纯是由床面的抬升引起的，还受其他因素的影响。

4.2.2   河道主槽变化对洪水水位的影响

4.2.2.1   洪水漫滩以前河道主槽过洪能力降低对洪水涨率的影响

渭河下游河段和黄河下游河段极为相似，河道主槽都发生了大量淤积，因此洪水特性也就大同小异，只是黄河的水量大些。黄河水利委员会张晓华等[64]对黄河下游洪水水位研究结果表明"（1）前期河道状况直接决定着洪水起涨水位的高低。（2）水位的涨率随主槽宽度的缩窄而增大。"结论（1）和（2）对渭河下游同样是适用的，由图4-1可见渭河下游的起涨水位是逐年代抬升的，经统计1977年、1973年、1996年、2003年华县主槽的宽度分别为：326 m、238 m、138.5 m、179 m。图4-2只画出了1973年、1977年、1996年、2003年的涨水趋势线图，趋势线为直线和曲线两种，直线的斜率和曲线点上切线的斜率即为洪水的涨率。由图 4-2可以看出，在洪水漫滩以前，洪水的涨率由大到小的顺序为1973年、1977年、1996年、2003年，而主槽的宽度由大到小的次序刚好相反，这说明上述结论（2）对渭河下游是适用的。另外从主槽过流能力的角度去研究这个问题，同样会发现渭河下游华县站在洪水漫滩以前过流能力和洪水的涨率成反向比例关系，1973年华县站主槽的过流能力为2 370 m³/s，1977年华县站主槽的过流能力为4 500 m³/s，1996 年华县站主槽的过流能力为 1 550 m³/s，2003年华县站主槽的过流能力为1 200 m³/s，如对这几年的过流能力按大到小的年份作一排序为：1977＞1973＞1996＞2003；再对图4-2两条直线和两条曲线上切点以前的斜率作一排序为1977＜1973＜1996＜2003，这说明在洪水漫滩以前随河道主槽过流能力降低洪水涨率增大，这就证明了上述成反向比例关系的论点。

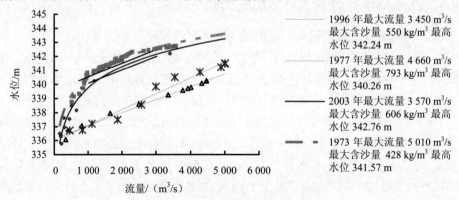

图 4-2   华县站典型年份的涨水趋势线

4.2.2.2　中等流量级洪水漫滩对洪水水位影响

（1）漫滩水流的特性

渭河下游河道主槽沿程不同河段都发生了萎缩，由于河道主槽的萎缩，使平滩流量减少，当流量超过平滩流量后就发生了洪水漫滩的现象，洪水漫滩后，洪水特性发生了很大的变化，主要表现在以下几个方面。

1）洪水流速发生了变化。

①横向流速发生了变化

洪水完全在主槽里流动时，随着主槽内水位的增长，主槽内的流速增大，但当洪水漫滩后，流速反而大幅度的减少，见图4-3。

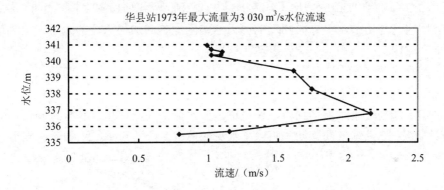

图4-3　华县站漫滩水流流速随水位变化图

为什么会发生这种现象呢？早在1947年Γ.B.热烈兹那可夫在模型试验中就研究了这一现象。水流漫滩后，因滩槽流速的不同而在滩槽水流交界面上产生了动量交换。滩地水流因得到从流速较高的主槽传来的动量流速会增加，主槽水流因受流速较慢的滩地制约损失部分能量，流速要降低。Ⅱ.Ⅱ.史丙齐重视了因滩槽动量交换引起沿横断面方向流速重新分布的问题，针对有无动量交换的两种情况，分别测量了滩槽流速的横向分布和漫滩后各级水位时，滩槽平均流速随水位的变化，其中一种实测资料如图4-4所示。图中明显看到通过剪力传递使流速重新分布，造成滩地流速增加，主槽流速降低现象。谢汉祥[65]认为滩槽横向流速所造成的重新分布是滩槽流速不同产生动量交换的结果，通过剪力传递产生流速梯度概念出发，利用数学分析的手段分析了上述现象的原因，推导了式（4-1）、式（4-2）滩地主槽方程如下

$$\frac{\gamma u_f^2}{c_f^2 h_f} - \frac{\mathrm{d}\tau_f}{\mathrm{d}z} = \gamma J \qquad (4\text{-}1)$$

$$\frac{\gamma u_m^2}{c_m^2 h_m} - \frac{\mathrm{d}\tau_m}{\mathrm{d}z} = \gamma J \qquad (4\text{-}2)$$

式中，c_f、c_m——滩地和主槽的谢才系数；

u_f、u_m、h_f、h_m、τ_f、τ_m——滩地和主槽的流速、水深和底部剪应力。

式（4-1）、式（4-2）的物理意义是明确的：没有动量交换时，$\mathrm{d}\tau_f/\mathrm{d}z=0$，$\mathrm{d}\tau_m/\mathrm{d}z=0$ 既为一般计算平均流速的曼宁-谢才公式，有了动量交换，产生剪力传递后，对滩地增加了 $-\mathrm{d}\tau_f/\mathrm{d}z$ 项相应增加了水流的推力，故流速要增加。对主槽增加了 $-\mathrm{d}\tau_m/\mathrm{d}z$ 项，因它是与主槽水流方向相反的剪力，实际上是增加了水流的阻力，故流速要降低，滩槽交换的相互影响就表现在这里。

②垂线流速发生变化

a. 垂线平均流速减小

由于滩地较小水流的加入，在主槽两股水流之间会产生具有垂直旋转轴的旋涡，并向主槽纵轴方向移动，阻碍了水流的前进，漫滩后垂线平均流速减小。

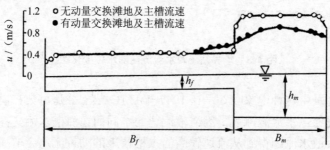

图 4-4　漫滩水流横向流速分布

b. 垂线流速分布变化

吉祖稳与胡春宏[37,38]对复式河道进行了研究，他们将复式河道划分为 4 个区：主槽平衡区、滩槽交互区、滩地平衡区和边壁区，在主槽平衡区和滩地平衡区内流线垂向分布大致相同，最大流速位于水面，由于该区内的水流基本不受滩槽动量交换的影响，因此该区的流速分布可用式（4-3）表示，而在滩槽交互区，最大流速不在位于水表面，而是水面以下某一深度近似于"D"型分布（见图 4-5）。

$$\frac{u}{u_*} = a \lg \frac{yu_*}{\gamma} + b \qquad\qquad （4\text{-}3）$$

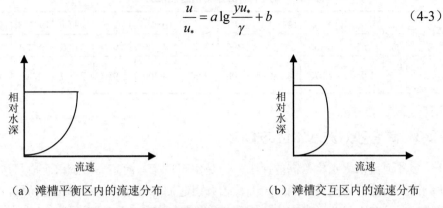

（a）滩槽平衡区内的流速分布　　　　　　（b）滩槽交互区内的流速分布

图 4-5　滩槽平衡区与交互区内的流速分布

2）比降、糙率变化

比降：漫滩洪水由于主槽要克服滩地水流产生的附加阻力，使得水流动能减小，反映水流能坡的比降明显减小一个 ΔI 值，同级别流量要比不漫滩洪水的比降小[65,66]。

糙率是反映综合因素的一个量值，写成函数形式，即：$n=f$（流态、岸壁、河床组成、河床平面形态等）。单式河槽断面，高水部分糙率基本稳定，但洪水漫滩后，断面变为复式断面，槽滩流速差异较大，主槽糙率明显加大，1958 年 107 测次流量主槽糙率为 0.021，漫滩后 108、109 测次主槽糙率分别增大为 0.024 和 0.026。黑龙江省水文部门在研究漫滩后洪水流量计算工作中，分析了 25 个测站资料，发现有 13 个测站主槽的槽率漫滩后增大 25%～30%，有的甚至超过 30%。

（2）渭河下游洪水漫滩对洪水水位的影响

对于渭河下游来说，同流量级的洪水在主槽萎缩以前完全在主槽里流动，而主槽萎缩以后就漫出滩外，表 4-2 为渭河下游临潼和华县站主槽过洪能力变化情况，从表中可以看出，与以前相比现在的渭河主槽中等流量级的洪水就漫出滩外。由于渭河上游主槽没有发生淤积萎缩，主槽过洪能力较大，且水流比降较大，对于同一流量的洪水在渭河上游完全在主槽里流动且流速较大，在渭河下游就漫出滩外，由以上漫滩水流的特性可知，水流漫滩后水流能坡比降变小，主槽糙率变大，因此断面平均流速变小。由于上游的流速大、下游的流速小，势必会发生壅水现象，从而导致下游洪水水位升高。说明主槽萎缩导致较小流量级洪水漫滩是洪水水位抬升的又一原因。

表 4-2　渭河下游历年主槽过洪能力　　　　　　　　　单位：m³/s

站名	建库前	1968 年	1973 年	1975 年	1977 年	1981 年	1984 年	1986 年	1990 年	1995 年	1998 年
临潼	5 000	4 850	4 300	4 250	4 370	4 670	4 300	3 920	3 600	3 520	3 200
华县	4 500~5 000	1 040	2 370	4 250	4 500	4 500	4 200	2 920	2 860	800	1 700

4.2.3　高含沙对洪水水位的影响

多沙河流洪水水位抬高的原因：一是由于河床与河底高程淤积而抬升，二是河流横断面缩窄而抬升，由河床高程抬升引起的水位抬高的原因显而易见，对于河流断面缩窄引起的洪水水位的抬升，文献[66, 67]对此有较详细的论述。

冲积性河流在来水来沙的长期作用下，河道的边界条件与来水来沙基本上形成了相对均衡的关系。河道冲刷与淤积是来水来沙或河道边界条件变化引起的，来水来沙的改变或大范围的边界条件变化会引起河道长距离、大范围的冲刷与淤积，而局部边界条件的改变则会造成局部河道的冲淤变化，河道冲淤变化又对洪水水位的变化起着非常重要的作用。

渭河下游水沙异源，由于泾河的含沙量较高，因此渭河下游经常发生高含沙洪水现象，初始河床边界条件和来水来沙条件不同，高含沙洪水造床规律也不相同。非漫滩高含沙洪水和漫滩高含沙洪水的造床作用具有明显的差别。由于其在不同的情况下对河床的塑造规律不同，因此其对洪水水位影响的表现形式也就不尽相同。

4.2.3.1　非漫滩高含沙洪水对洪水水位的影响过程

非漫滩高含沙洪水近壁流区受河岸边壁阻力影响较大，流速较小，因而水流挟沙能力较小，不能挟带高含沙量随水流下行。据 Hinze 的水槽试验[36]和黄科院的物理模型试验均发现，槽壁附近相对于其他流区有更多的不同尺度的涡漩，撒纸花时，纸花易在此处逗留、打旋或贴壁停滞。此处流速变幅较大，并有反向流速存在。正因为如此，边流区大量的泥沙不断在两岸边壁（坡）处沉积，河槽水面宽度逐渐减小，边坡坡度变陡，河槽变得相对窄深，出现水位抬升现象；继而由于窄深河槽的逐渐形成，水流流速增强，单宽流量集中，因而水流挟沙能力有所增强，河槽出现冲刷，水位相应降低；河床冲刷下切后，河槽变得更加窄深，床面粗化，水流与河槽变得不相适应，浑水水流挟沙能力降低，于是床面冲刷停止，淤积增加，水位抬高。也就是说，河床与水流始终处于一个互相调整适应的辩证发展过程中。非漫滩高含沙洪水造床的主要特点是，滩唇高程变化不大，边壁发生贴边淤积，水面淤窄后使深泓处河床下切，最终形成窄深河槽。因此非漫滩的高含沙洪水水位的高低是和其造床作用密不可分的，当河槽淤积时，水位升高，当河槽冲刷时，水位降低。水位只是河槽冲淤的表现形式。最终水位的高低取决于河槽的冲淤程度。1986 年以后渭河下游枯水枯沙，特别是 20 世纪 90 年代频发的高含沙小洪水是渭河下游主槽形成贴边淤积的重要原因，也是渭河下游主槽淤积萎缩洪水水位升高的主要原因之一。

4.2.3.2　漫滩高含沙洪水对洪水水位的影响过程

与低含沙洪水相比，漫滩高含沙洪水对河道冲淤的影响就稍微复杂了一些。在一般情况下，挟沙洪水漫滩后由于滩地糙率大、水深小、流速较小，水流挟沙力很低，滩地发生严重淤积；而主槽由于水流集中且阻力较小，流速和挟沙力均较大，所以发生冲刷。在一个洪峰过程中，含沙量及粒径沿垂线的分布是变化的，当流量上涨时，若含沙量相对较小，泥沙粒径较细，含沙量及粒径沿垂线的分布较不均匀，由于水流比降增大，流速及紊动强度均较大，主槽的挟沙力增高，便发生冲刷，此时进入滩地水流的含沙量及粒径虽也相对较小、较细，但由于滩地阻力大，流速减小，而挟沙力与流速的高次方成正比，所以水流的挟沙能力锐减，因而滩地发生严重淤积；随着洪峰上涨，含沙量及粒径变大，沿垂线的分布也趋于均匀，这时，主槽水流由于单宽流量、比降和流速均很大，挟沙力更高，加上水流黏滞性增大，泥沙沉速降低，表现出高含沙水流挟沙力特别高的特性，所以主槽强烈冲刷，断面也随之向窄深方向发展，此时漫流进入滩地的水流，其含沙量及粒径均相对较大，由于挟沙力依然很低，淤积更加严重，淤积厚度沿横向逐渐减小，在滩槽交界处淤积厚度最大，形成滩唇，使滩槽高差加大形成窄深河槽。因为渭河下游来沙很细，华县站极细细沙小于 0.01 mm 占 34.5%，0.05 mm 以下的粉土和黏土含量占 88%，这就为漫滩洪水提供了丰富的细泥沙来源。渭河下游中下段比降又小，又受到潼关卡口引起的黄河水流顶托倒灌影响，这就保证了上滩泥沙的充分淤积。根据实测资料统计，建库前滩地淤积物 d_{50} 沿程变化大，粒径较粗，d_{50} 平均粒径为 0.095 mm；建库后，各段面的 d_{50} 沿程变化较小，粒径细，平均为 0.035 mm。极细泥沙含量百分比，建库前比较少，平均只有 4%，建库后各断面平均 20.3%，含量增加。0.05 mm 以下的泥沙含量百分数建库前平均为 63%，建库后平均达 80%。滩地淤积物的细颗粒增多，黏性大，无疑地增加滩地的抗冲稳定性，使漫滩洪水不容易切滩，同时也增加了河岸的稳定性，从而能约束水流，保持窄深河槽[68]。

　　高含沙洪水水位的高低取决于洪水流量的大小和滩槽的淤积。过水面积减小，过水能力降低而引起的水位的异常升高，这种水位异常升高在高含沙水流中的作用很强，有时超过由于流量增加引起的水位升高。由于水位的升高使高含沙洪水漫滩的程度进一步加大，滩槽的水沙作用加强，而水沙交换引起的淤积又使水位有进一步升高的趋势。

　　渭河下游由于近年来河道主槽萎缩，使中等流量级的高含沙洪水易于漫滩，加之主槽过洪能力的减弱，导致主槽与滩地淤积加剧，这是渭河下游洪水水位抬升的又一重要原因。

4.3　本章小结

　　（1）三门峡水库建库以来，渭河下游河道较建库前发生了很大变化，河道淤积萎缩严重，洪水水位、常水位较建库前均有较大抬升。

　　（2）渭河下游河道前期淤积萎缩决定了其起涨洪水水位较高，在洪水漫滩以前，洪水的涨率随河道主槽过洪面积的减小而增大。

　　（3）洪水漫滩后，洪水特性发生了很大的变化，主要表现在：①全断面流速较洪水漫滩以前有大幅度的减小，主要原因是滩槽动量交换使滩地流速增大，主槽流速减小，滩槽动量交换的结果使断面平均流速减小。②流速分布发生了变化，最大流速不再位于水面部位，而是下移了一定的深度。③洪水水位比降减小，主槽的糙率增大。因此，河道主槽萎缩引起的渭河下游中小流量洪水漫滩是洪水水位升高的重要原因之一。

　　（4）主槽宽度缩窄，断面过洪能力减小，洪水水位抬升也是如今渭河下游洪水水位抬升的又一原因。

　　（5）渭河下游非漫滩高含沙洪水致使渭河下游产生贴边淤积，形成窄深断面，导致洪水水位升高。漫滩高含沙洪水较高水位的形成主要是由于滩槽的大量淤积所形成窄深河道断面，导致洪水水位抬升。

5 渭河下游河道淤积萎缩对洪水传播时间的影响

洪水在河道中的传播问题非常复杂，洪水传播时间不仅与水沙条件有关，而且与河道条件密不可分。同一流量级的洪水在河道主槽中和漫出滩外所受的阻力是不同的，因此洪水的传播时间是不同的。不同流量级的洪水在同一主槽中流动的传播时间也有很大的差异。洪水在河道中演进一方面受河道条件的制约作用，另一方面洪水又对河道有塑造作用，正是水流与河道之间的相互作用决定了洪水在河道中传播问题的复杂性。

5.1 三门峡建库后渭河下游洪水传播时间的变化概况

渭河下游河道状况随三门峡建库和两次改建及不同的运用方式而发生了很大变化，因此其河道中的洪水演进特性也发生了很大的变化。经统计，1965—1989年华县站共出现大于 2 000 m³/s 洪水 33 次，临潼至华县最长传播时间 18.5 h，平均传播时间 11.8 h。20 世纪 90 年代华县站共出现大于 1 500 m³/s 洪水 7 次，临潼至华县最长传播时间 33 h，平均传播时间 17.3 h，2003 年洪水前三次洪峰平均传播时间 34.9 h，其中第一次洪峰传播时间长达 52.3 h。图 5-1 为 1961 年以来临潼至华县年最大洪峰的传播时间变化过程图。从图 5-1 中可以看出自 1973 年以来，临潼至华县的洪水传播时间有延长的趋势。

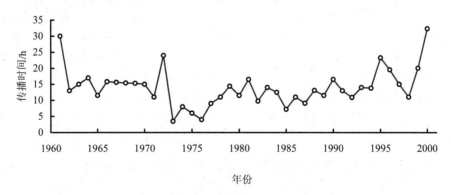

图 5-1 临潼至华县河道洪水传播时间变化过程

5.2 渭河下游洪水传播时间影响因素

5.2.1 断面过水能力对洪水传播历时的影响

河道的过流能力与过水断面面积和河道比降成正比例关系。三门峡水库建库以后，由于溯源淤积的发展使渭河下游河道比降变缓导致水流比降减小，图 5-2 为临潼至华县、华县至华阴、华县至陈村的 200 m³/s 水位比降年代变化图（因为小流量的常水位最能反映河道比降变化情况），由图可知渭河下游的河道比降随着年代的发展变得越来越缓。由前述可知，渭河下游河槽的宽度与过水面积随着年代的发展也变得较小，因此河道过水能力较历史年份变小。某一河段的河道主槽的过洪能力减弱，这一河段的洪水传播时间就一定延长吗？针对这个问题，笔者点绘了 1968—2000 年华县站河道主槽的过洪能力与临潼至华县洪水传播时间的关系图（图 5-3）。从图中点群发展的趋势可以看出，随着河道过洪能力减弱，洪水传播时间延长。通过线性回归，笔者发现华县站河道的主槽过洪能力每减小 1 000 m³/s，临潼到华县的洪水传播时间就延长大约 2 h。而渭河下游淤积是造成河道主槽断面过洪能力减弱的主要原因，也是渭河下游洪水传播时间延长的主要原因（图 5-4）。图 5-4 显示了临潼至华县洪水传播时间与渭河下游淤积发展的一致性，说明渭河下游河道淤积引起主槽过洪能力降低是如今渭河下游洪水传播时间延长的主要原因。

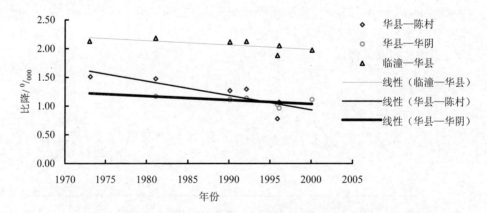

图 5-2　渭河下游不同河段 200 m³/s 流量级水面比降变化

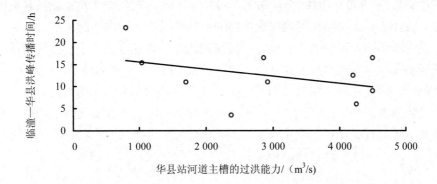

图 5-3　河道主槽的过洪能力与洪水传播时间的关系

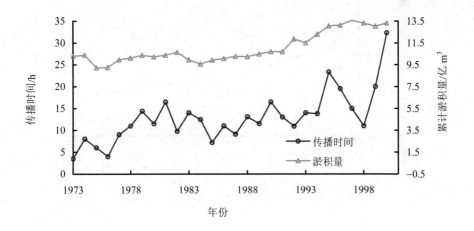

图 5-4　渭河下游累计淤积量与临潼—华县洪水传播之间的关系

5.2.2　断面平均流速对洪水传播时间的影响

有关资料研究表明，对于断面规则、非复式断面的河道，洪水传播速度ω与断面流速V的关系可表示为：

$$\omega = AV \tag{5-1}$$

式中，A——河槽形态对洪水的传播特性的影响。

文献[64]通过实测资料点绘了黄河下游河道不同河段的洪水传播时间与洪峰传播时间的关系，渭河下游与黄河下游类似，同样也存在成正比例函数关系。通过统计华县站 1970—1998 年、临潼站 1970—1986 年历年最大洪水流量对应的断面平均流速，并点绘断面平均流速与临潼—华县洪水传播时间的关系（图 5-5），分析说明断面平均流速的大小能够间接反映洪水传播速度的大小。河流断面的平均流速不仅与一定的水沙条件有关，而且与河道比降、河床床沙组成、河床形态、滩地植被、河岸形态、河槽形态及河中的建筑物等因素有关。明渠均匀流中常用的流速公式为式（5-2），公式中水流比降 J 与糙率 n 为影响流速大小的最为直接的参数，因此有必要对糙率 n 和水流比降 J 对洪水传播时间的影响进行研究。

$$V = \frac{1}{n} R^{\frac{2}{3}} J^{\frac{1}{2}}$$
（5-2）

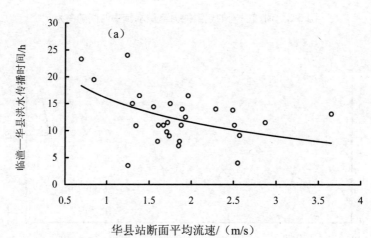

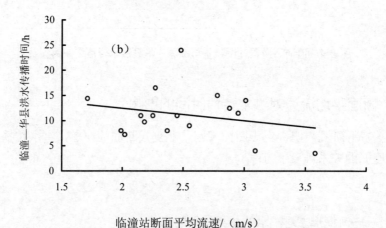

图 5-5　断面平均流速与洪水传播时间的关系

5.2.3　河道糙率对洪水传播时间的影响

本节利用本书第 8 章中的数学模型模拟分析糙率对洪水传播时间的影响。首先把糙率分为滩地糙率和主槽糙率，然后，保持一个不变，改变另一个值的大小，接着运行程序，得出洪水传播时间。计算分析表明，渭河下游滩地糙率对 2003 年洪水传播时间的影响很大（图 5-6），而主槽的糙率对 2003 年洪水影响相对较小（见图 5-7）。由图 5-6 可知，随着滩地的糙率增大，洪水传播时间延长，滩地糙率每增大 0.01，临潼到华县的洪水传播时间将延长 3.46 h。而图 5-7 则显示了主槽糙率对洪水传播时间没有影响，图 5-7 显示的和实际情况显然不符，原因是在本书的数学模型计算过程中，时间步长以小时计，由于主槽的糙率对洪水的影响相对较小，对洪水传播时间的影响只是在图中没有显示出来而已。

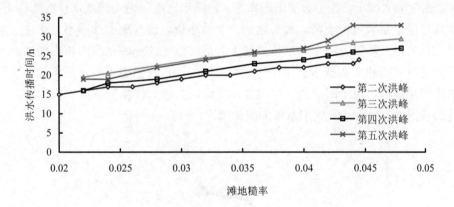

图 5-6　2003 年滩地糙率与洪水传播时间的关系

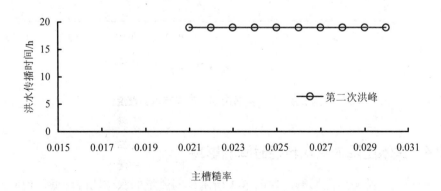

图 5-7　2003 年主槽糙率与洪水传播时间的关系

文献[64]对洪水传播时间变化模式进行了讨论，对洪水随着其流量的变化，传播速度的变化过程描述为：洪水在主槽中运行，水位较低时，断面平均流速较小，随着水位的增加，断面平均流速逐渐变大，洪水传播速度变快，到达平滩水位时，洪峰传播速度最快。洪水漫滩后，断面平均流速开始降低，洪峰传播速度开始变慢，随着漫滩程度的不断增加，洪水传播速度变得越来越慢，当达到全断面过流时，洪水传播速度变得最慢，洪水传播时间变得最长。随着漫滩流量的进一步加大，断面平均流速又开始变大，洪水传播时间又开始缩短。

文献[64]研究了水沙条件对河道糙率的影响，得出图 5-8 所示水力因素的影响。在低水位时，首先，床面存在大量沙纹、沙鳞及沙垄；其次，低水河槽的蜿蜒曲折；另外，河工建筑物相对来说比较突出，阻力就显得特别大。水位渐次上升以后，沙垄虽然相应加高，不过由于波长同时加大的缘故，沙垄的形态更见缓和，密度大大减小，加上大溜渐归中泓，河槽形态的阻力不像低水位时那样重要，这就使曼宁系数很快下降，最后达到一个最小值。这时床面沙垄不复存在，水流磨阻损失以沙粒阻力为主。水位继续上升后，沙坡的形成使阻力再度增加，不过因为这时流线和床面基本上相平行，由此增加的形状阻力不多，当水位再度升高水流漫滩以后，由于湿周的迅速增加，平均阻力加大使曼宁系数 n 再度加大，于是出现图 5-8 中所示的曼宁系数的变化情况。

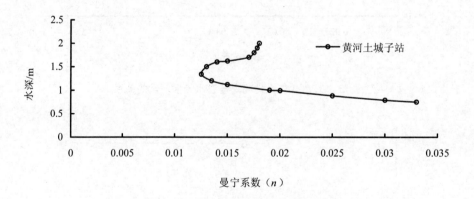

图 5-8   曼宁系数因水位不同而异的情况

5.2.4   洪水比降对洪水传播时间的影响

受渭河下游淤积的影响，如图 5-2 所示，同流量的水位比降降低，说明河道随着淤积发展，河道比降变缓，由于河道比降变缓，同样会导致洪水传播时间的延长，图 5-9 为临潼至华县段 200 m³/s 水位比降与该段洪水传播时间的关系，很明显，随着该河段河道比降的变小，洪水传播时间却在延长。主要原因是河道比降变缓导致洪水水位比降变缓，从而导致洪水传播时间的延长，图 5-10（a）、（b）、（c）为 1981 年、1996 年和 2003 年临潼至华县、耿镇至临潼同一时间的洪水比降变化过程图，图中很直观地反映出洪水比降的变化情况，临潼至华县段 1981 年洪水比降大部分时间在 4‰ 以上，而在 2003 年全部时间的洪水比降位于 4‰ 以下，并且大部分洪水比降位于 3.5‰ 以下。由式（5-2）可知流速与水流比降的 1/2 次方成正比，因此比降减小，洪水传播时间延长。

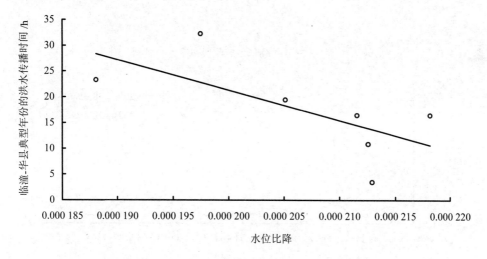

图 5-9　200 m³/s 水位比降与洪水传播时间的关系

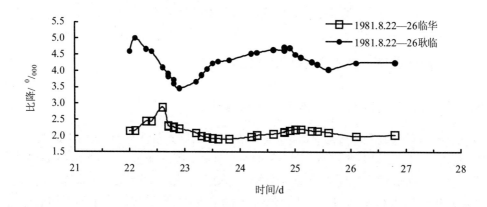

（a）1981 年 8 月 22—26 日临华、耿临段洪水水位比降变化过程

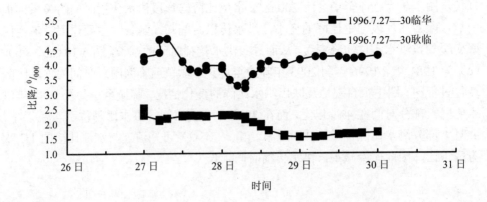

（b）1996 年 7 月 27—30 日临华、耿临段洪水水位比降变化过程

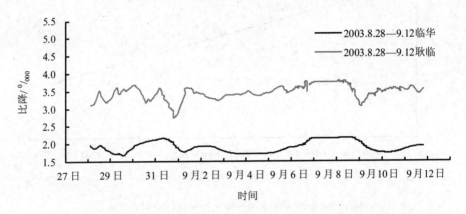

（c）2003 年 8 月 28 日—9 月 12 日临华、耿临段洪水水位比降变化过程

图 5-10　临华、耿临段洪水水位比降变化

5.2.5　含沙量对洪水传播时间的影响

5.2.5.1　含沙量对水流流动结构影响的实验研究

含沙量对水流流动结构的影响，不仅与水流的周界条件有十分密切的关系，而且与水流条件、含沙量的多少、含沙量的级配有关。1975 年范诺尼（V.A.Vanoni）[69] 进行了水槽实验得出如图 5-11 所示结果。范诺尼在槽宽、水深、比降都相同的条件下，进行清水和浑水（悬移质含沙量 15.8 kg/m³）实验得出浑水的平均流速比清水大的结果。最近，陈立[70]应用 MicroADV 研究了不同粒径的泥沙颗粒在不同

水力条件下对水流流动结构的影响。实验发现：挟沙水流流动结构的变化不仅与颗粒的大小密切相关，而且与水流流动条件有关，颗粒对水流结构的影响随着水力条件的变化而改变；在强水流条件下，不论粗、中、细泥沙都不改变主流区的流速分布及紊动强度；在中等强度水流条件下，粗、中、细三种颗粒的加入都使流速大于相同条件的清水水流，而其紊动强度则较清水水流低；在弱水流条件下，三种颗粒的加入都不改变水流的流速分布，但粗颗粒使水流紊动强度显著增大，而中、细颗粒基本不改变其紊动强度。以上研究都是在较低含沙量（最大15.8 kg/m³）的情况下进行的研究，当含沙量在几百公斤甚至上千公斤的情况下，水流流动结构又怎样呢？文献[71]实验研究结果见表 5-1，表 5-1 中的数据表明，在槽底比降 J 水深 H 及表面流速相同的情况下，含沙量越高断面平均流速越大，有效雷诺数越小，和范诺尼实验在低含沙量的情况相同。然而对含沙量进一步升高的情况，含沙量对水流流动结构的影响，目前这方面的研究还较少。

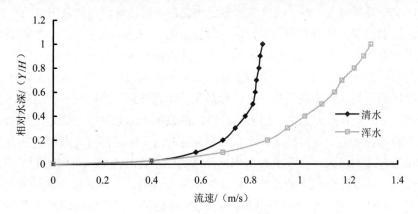

图 5-11 清水水流与浑水水流流速分布对比

表 5-1 含沙浓度对稳动的影响

$S/$（kg/m³）	$J/‰$	$H/$cm	$U_b/$（cm/s）	$U_{pj}/$（cm/s）	R_{em}	$\delta_{pj}/$（cm/s）	σ_{pj}/u_*
486.829	4.0	9.6	114.06	75.6	5914	3.72	0.61
396.183	4.0	9.9	114.06	74.0	8176	5.84	0.94
87.048	1.0	13.3	98.93	74.1	65001	3.72	0.74
33.471	1.0	13.4	96.95	70.90	255105	3.16	0.87

注：S 为含沙量；J 为比降；H 为水深；U_b 为表面流速；U_{pj} 为平均流速；R_{em} 为有效雷诺数；σ_{pj} 为垂线平均流速；u_* 为磨阻流速。

5.2.5.2 高含沙洪水的两种流态及其对洪水传播时间的影响

（1）高含沙水流两种流态四种流动现象

高含沙水流常出现的两种流态：一种流态是高强度的流态，比降大，流速高，雷诺数和弗汝德数都比较大，水流汹涌，大尺度与小尺度的紊动都得到比较充分的发展，这种流态习惯上称之为紊流流态。另一种流态，即不同于一般的紊流，也不同于一般的滞性流。比降小、流速低、水流十分平稳，有时水面呈现厚仅几毫米至一二厘米的清水，波平浪静，清水下面为浓稠的泥浆，文献[70]称之为濡流。四种流动现象为：一是上述的紊流现象，这种流动现象与一般的低含沙水流没有明显的差别；二是上述称之为濡流的紊动减弱与层流现象；三是流动不稳定现象。文献[71]对水槽实验出现的阵流现象（流动不稳现象）描述如下：水流流量在屈指可数的每秒几升之间变化，阵流波峰的时间间隔在几十秒到几分钟不等，往往是间隔数分钟后，产生一系列阵流。每一次阵流现象发生之前，可以看到流体靠下部有一层浓度较大的浑水出现，从水槽两侧看，似乎没有了泥沙运动，从水槽流动的水面看，水流似乎停滞下来，泥沙似乎已经淤积下来。从水槽两侧和上方看，随着上游进口来流向前发展，这一浆河的水深沿程不断增大，靠近水槽进口处，水位增加较快，靠近水槽尾部一侧水位雍高较慢。水位雍高到一定程度后，浆河突然被破坏，一个阵流变产生了。一旦阵流来临，原来已经停止的浆河一部分又被冲刷运动起来。阵流头部的波形在水槽上游时较小，不太明显，随着向下游的推进逐渐增高加大，到达水槽尾部时达到最大，在阵流冲入水槽尾部的回水管时，可以听到嘭的一声巨响。如此循环，造成阵流的不断发生。四是流动停滞现象，在高含沙水流达到饱和后，如果稍稍降低水流流速，常常可以看到靠近床面的某一厚度内的泥沙几乎停滞下来的现象，进一步降低流量，则可能出现浆河现象。

（2）高含沙水流的水流阻力

当水流流态为紊流时，高含沙水流的阻力系数接近清水水流而略小，当水流流态为层流时，则与清水水流相当，如图 5-12 所示，该图为黄河水利科学研究院实验成果。图中横坐标的有效黏滞系数表达式为式（5-3），宾汉体层流阻力系数表达式为式（5-4），它与一般清水的关系式在形式上完全一致，然而层流状态的完全重合与紊流状态点群位于曲线 B 之下，并不意味着高含沙水流的阻力损失与清水的相等或较小，根据黄河水利科学研究院的试验，τ_B 与含沙量的 5.4 次方成正比；η 也随含沙量的增加而大幅度增加，因此有效黏滞系数 μ_e 远较清水为大。在单宽流量 $q=Uh$ 相同的情况下，高含沙水流的雷诺数 Re_h 远较清水为小，由图可见，阻力系数 f 也远较清水为大。输送高含沙水流要求较大比降的原因即在于此[72-75]。

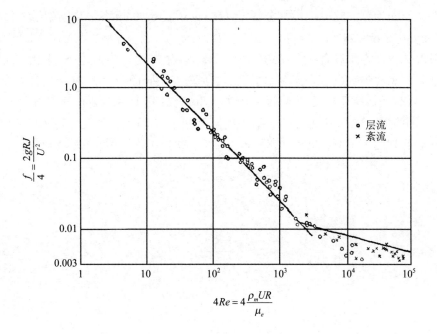

图 5-12 f 与 $\dfrac{\rho_m UR}{\mu_e}$ 的关系

$$\mu_e = \eta(1 + \frac{1}{2}\frac{\tau_B h}{\eta U})\tag{5-3}$$

$$f = \frac{24}{\dfrac{\rho_m Uh}{\eta(1 + \dfrac{1}{2}\dfrac{\tau_B h}{\eta U})}} = \frac{24}{\dfrac{\rho_m Uh}{\mu_e}} = \frac{24}{Re_h}\tag{5-4}$$

（3）渭河下游的高含沙洪水与传播时间的关系

渭河下游萎缩前，河槽有较大的调节泥沙的能力，高含沙洪水传播的速度也较快，特别遇有利的水沙年份，高含沙洪水演进得更快，如 1973 年 8、9 月份发生的一场临潼站洪峰流量 6 050 m³/s，最大含沙量 495 kg/m³，华县站洪峰流量 5 010 m³/s，最大含沙量 428 kg/m³ 的洪水，从临潼至华县的传播时间才用了 3.5 h，为三门峡建库以来历年最大洪水，洪水传播时间的最小值，该次洪水传播如此之快，除因水量较大之外，和高含沙洪水的流态也有很大关系。

文献[73]通常把 τ_B=0.49 Pa 作为牛顿流体与宾汉流体的分界标准。根据文献[74]的经验公式（5-5）、式（5-6）、式（5-7）、式（5-8）及 1973 年 8 月的月平均悬移质颗粒级配计算的临潼站最大含沙量 495 kg/m³ 的 τ_B=0.39 Pa，华县站最大含沙量 428 kg/m³ 的 τ_B=0.47 Pa。显然，1973 年的这场洪水属于牛顿流体的紊流流态，与一般的低含沙洪水没有什么差别，只是含沙量较高罢了。由前述研究的结果可知，含沙量较高的牛顿流体水流有助于洪水的演进，另外 1973 年的河道主槽过洪能力也很大，况且临潼至华县的河段在 1972 年和 1973 年 6 月以前该河段发生了冲刷（冲刷 0.03 亿 m³），为该场洪水创造了较为有利的行洪条件，因此，有利的河道边界条件加上 1973 年这场高含沙洪水的自身性质，决定了这场洪水的演进速度较快。

$$\tau_B = 9.8 \times 10^{-2} \exp(B\varepsilon + 1.5) \tag{5-5}$$

$$B = 0.85$$

$$\varepsilon = \frac{S_V - S_{V_0}}{S_{V_m}} \tag{5-6}$$

$$S_{V0} = 1.26 S_{V_m}{}^{3.2} \tag{5-7}$$

$$S_{V_m} = 0.92 - 0.21 \lg \sum \frac{p_i}{d_i} \tag{5-8}$$

式中，τ_B——宾汉极限切应力；

　　　B、ε ——系数；

　　　S_v——固体体积比浓度；

　　　S_{v_m}——极限浓度；

　　　S_{v_0}——牛顿体转变为非牛顿体的极限浓度；

　　　d_i、P_i——某一粒径级的平均直径及其相应重量的百分比。

文献[74]引用了张浩与伍增海的确定自两相流转化为一相均质浆液临界含沙量公式（5-9），公式中 S_c 为临界含沙量，D_{50} 以毫米计，Δp 为大于 0.007 mm 的泥沙所占百分数。根据 1977 年 7 月月平均含沙量级配用公式（5-9）可以算出临潼和华县站临界含沙量分别为 755 kg/m³ 和 679 kg/m³。

$$S_c = 390(D_{50} \Delta p_1)^{0.61} \tag{5-9}$$

1977 年 7 月 7 日的这场洪水临潼站最大含沙量 695 kg/m³，华县站最大含沙量 795 kg/m³，说明本次洪水在传播的过程中，已经由两相流转变为一相流。本次洪水从华县到临潼的传播时间是 9 h，远远长于 1973 年的洪水，本次洪水临潼流量 5 550 kg/m³、华县流量 4 470 kg/m³，流量级别和 1973 年洪水相当，本次洪水发生以前，1975 年 6 月 14 日—1977 年 5 月 18 日这段时间内该河段均发生了冲刷（冲刷量为 0.528 8 亿 m³），河道主槽的过洪能力也大大提高，临潼站提高了 300 m³/s，华县站提高了 2 130 m³/s。可见河道边界条件对于行洪比 1973 年还有利，为什么行洪比 1973 年还慢呢？原因在于高含沙洪水的流态与 1973 年不同，濡流流态的洪水在流动的过程中所受阻力较大，断面平均流速比同等条件下的牛顿流体为小，所以本次洪水较 1973 年洪水演进要慢。

　　高含沙洪水受边界条件的影响最大。三门峡建库后，渭河下游河道不仅主槽过洪能力减弱，河道比降也大大减缓，因此对于渭河下游高含沙洪水的输送也大大受阻，图 5-13 为 1973 年后历年最大洪水含沙量大于 400 kg/m³ 的临潼至华县洪水传播历时图。由图 5-13 可知 20 世纪 70 年代以后高含沙洪水传播历时开始延长，特别是 90 年代以后延长幅度大大增加。主要原因在于：由于主槽过洪能力减弱，导致高含沙洪水漫滩，开始漫滩时，滩地上的水深较小，滩地的边壁剪切力小于流体的宾汉剪切力，漫滩的高含沙洪水便停滞下来，随着流量的不断增大，水深开始增加边壁剪切力，$\gamma_m Rh$ 开始增大，当边壁剪切力大于高含沙洪水的静态极限剪力时，滩地高含沙洪水又开始流动，因此在天然河流中，上述现象都能看到，由于滩地的水流较漫，牵制着主槽的水流。加上河道比降较以前更缓，已达不到以前高含沙水流输送所要求的比降。以致高含沙洪水走走停停，甚至出现浆河现象。因此渭河下游的河道淤积萎缩使河道主槽的过洪能力减弱，河道比降变缓是渭河下游高含沙洪水演进时间大幅度延长且出现洪水传播异常现象的主要原因。

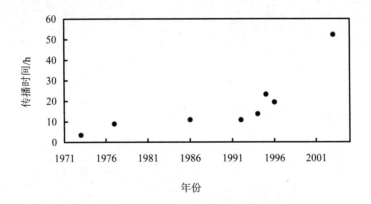

图 5-13　渭河下游高含沙洪水的传播趋势

5.3 本章小结

（1）三门峡建库后，渭河下游洪水传播时间较建库前有所延长，且近年来有进一步延长的趋势。

（2）三门峡建库后，渭河下游河道淤积导致主槽过洪能力减弱是渭河下游洪水演进时间延长的直接原因。

（3）河道断面的平均流速与洪水传播历时有直接关系，河道断面平均流速大，则洪水传播速度快，河道断面平均流速小，则洪水传播速度慢，渭河下游由于河道淤积使河道断面平均流速大大降低，因此洪水演进变得越来越慢。

（4）曼宁系数 n 的大小，是河道糙率大小的数值体现，在曼宁流速公式中，它与流速成反比，在 2003 年洪水中，滩地糙率对洪水演进的影响较大，主槽糙率对洪水演进的影响较小。

（5）含沙量对洪水演进的影响不仅与水流强度有关，而且与含沙量的大小有关，在水流成牛顿流体的状态下，挟带泥沙的水流比相同边界条件下的清水水流更有助于洪水的演进。高含沙水流不仅与其流态有关系，更受到边界条件的制约。渭河下游河道 1973 年后洪水演进越来越慢，主槽过洪能力减弱，河道比降变缓是其主要原因。

6 渭河下游河道淤积萎缩对洪峰变形的影响

洪水波变形的问题通常是指洪水波的展平和扭曲，在实际的研究工作中，常常以洪峰的变化来代表洪水波的变形，通常包括洪峰的坦化即洪峰流量的沿程削减和洪峰峰形变化两部分。针对渭河下游来说，不但有广阔的滩地、较多的支流，而且高含沙洪水频繁发生，河床演变迅速，众多的因素造成了渭河下游洪峰演变的复杂性。

6.1 建库后渭河下游洪峰削减概况

据统计，1965—1989 年华县站共出现大于 2 000 m^3/s 洪水 33 次，临潼至华县河段最大削峰率 51.1%，平均削峰率 12.6%；20 世纪 90 年代华县站共出现大于 1 500 m^3/s 洪水 7 次，最大削峰率 41.2%，平均削峰率 14.8%。2003 年洪水期间临潼至华县河段前三次洪峰平均削峰率 41.2%[74]，其中第一次洪峰过程中削峰率高达 53.1%，为历史之最。渭河下游临潼至华县年最大洪水洪峰削峰率随年份的发展情况见图 6-1。

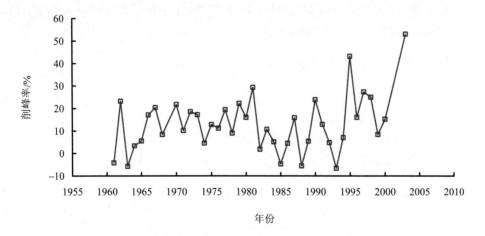

图 6-1 渭河下游洪峰削峰率随年代的发展变化

图 6-1 点群削峰率大小差别很大，主要原因与渭河下游洪水来源有关，因为渭河下游支流较多，如果渭河下游支流汇入渭河的水量较多，则洪峰削减较小，甚至洪峰削峰率呈现负值（洪峰流量增加），如 1961 年、1963 年、1985 年、1988年、1993 年最大洪水洪峰削峰率均呈负值。如果渭河下游来水主要是由渭河上游（咸阳以上）而来，则洪峰削减相对较大（见表 6-1）。从图 6-1 点群的发展趋势来看，近年来渭河下游洪峰削峰率呈上升趋势。

表 6-1   渭河上游来水为主的洪峰削峰率

流量 年份	咸阳流量/ （m³/s）	临潼流量/ （m³/s）	华县流量/ （m³/s）	削峰率/%
1962	4 020	4 610	3 540	23.21
1966	4 290	6 250	5 180	17.12
1970	5 050	5 520	4 320	21.74
1981	6 210	7 610	5 380	29.30
1990	4 030	4 270	3 250	23.89
1998	1 590	2 160	1 620	25.00

6.2   不同时段的削峰特点

根据图 6-1 的洪峰削峰率的变化，可以把渭河下游的洪峰削减分为两个时段，一是 1960—1985 年，二是 1985—2003 年。

6.2.1   1960—1985 年洪峰的削减特点

1960—1985 年洪峰的削减特点，从图 6-1 似乎变化不明显，从图中可以看出洪峰削峰率有升有降，似乎没有任何规律可循，但是把图 6-1 削峰率小于零的点群去掉，再把渭河下游河道主槽的过洪能力画在图上，结合不同年份的洪水流量大小，就可以看出 1960—1985 年洪峰削峰的变化规律（见图 6-2）。

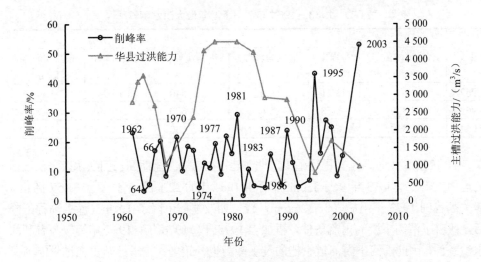

图 6-2 主槽过洪能力与洪峰削峰率的发展关系图

  图中洪水削峰率点群的发展与河道过洪能力基本上呈现出反比的趋势，河道过洪能力增大，则削峰率减少；河道过洪能力减少时，则削峰率又开始增大。三门峡水库建库初期，水库发生十分严重的淤积，1960 年 9 月—1964 年 10 月在 335 m 以下的库容淤积损失 32.17 亿 m^3，占原库容的 50.3%，潼关站 1 000 m^3/s 的水位出现于 1962 年 3 月抬高 4.31 m。渭河下游出现固定的拦门沙，渭河下游的排洪能力迅速降低，1962 年、1963 年、1964 年华县主槽的过洪能力分别为 2 800 m^3/s、3 370 m^3/s、3 546 m^3/s。1960 年建库后采取的是蓄水拦沙运用方式，由于淤积较为严重，在 1962 年 3 月被迫改为滞洪排沙低水位运用，因此，在这 3 年期间华县主槽过洪能力也发生了相应的变化。在这几年期间，渭河下游淤积主要发生在渭淤 1～10，因此 1963 年、1964 年的华县至华阴的平均削峰率也比临潼至华县的大（见表 6-2）。三门峡水库在 1964 年 10 月开始改建，1967 年、1968 年投入使用，在三门峡改建期间，渭河下游发生了大量的泥沙淤积，因此，河道主槽的过洪能力也相应降低，至 1968 年华县站主槽的过洪能力降至 1 040 m^3/s，随着过洪能力的减少，洪峰的削峰率又开始增加（见图 6-2）。第一期改建完成后，由于泻流能力增大，对减缓库区的淤积有一定的作用，但泻流排沙能力仍不足。

表 6-2　1963—1964 年渭河下游年最大洪水削峰率

年月	临潼—华县			华县—华阴		
	临潼洪峰流量/（m³/s）	削峰率/%	最大含沙量/（kg/m³）	华县洪峰流量/（m³/s）	削峰率/%	最大含沙量/（kg/m³）
1962.7	4 610	23.21	654	3 540	16.34	654
1963.5	4 320	−5.78	59	4 570	16.19	59.8
1964.9	5 310	3.38	93.2	5 130	25.73	250.81

在 1970 年 1 月开始又进行了第二期改建，在二期改建期间三门峡水库采取敞泄的运用方式，至 1973 年 9 月 330 m 库容由 1964 年的 22.1 亿 m³ 恢复到 32.57 亿 m³。潼关高程到 1973 年汛后降低 326.6 m，较二期改建前下降了 1.8 m。潼关高程下降后，改善了渭河下游的出流条件，再加上 1975 年、1976 年、1977 年等较为有利的水沙条件，因此渭河下游河道主槽的过洪能力也开始增大，华县站主槽过洪能力又恢复到建库前的水平（4 500 m³/s）。因此除了 1977 年、1979 年、1980 年、1981 年洪峰削峰率较大外，1969—1985 年临潼到华县洪峰的削峰率总的趋势呈递减的趋势。1977 年、1981 年洪峰削峰率较大的原因是洪峰流量较大（分别为 5 550 m³/s，7 610 m³/s），1979 年洪峰削峰较大是由于 1979 年的这场洪水是高含沙小洪水（临潼流量 926 m³/s，含沙量 554 kg/m³；华县流量 720 m³/s，含沙量 532 kg/m³）使渭河下游主槽发生淤积（渭淤 1～10 淤积 0.125 3 亿 m³，渭淤 10～26 淤积 0.0 655 亿 m³）相应的洪峰削峰率较大外，同时由于这场高含沙小洪水的作用导致 1980 年最大洪峰削峰率较大。华县到华阴的削峰率也出现了同样的现象（见表 6-3）。

表 6-3　1975—1985 年渭河下游洪峰削峰率

年月	临潼—华县			华县—华阴		
	临潼洪峰流量/（m³/s）	削峰率/%	最大含沙量/（kg/m³）	华县洪峰流量/（m³/s）	削峰率/%	最大含沙量/（kg/m³）
1975.7	2 760	11.59	32.6	2 440	4.09	69.3
1976.8	4 730	11.2	121	4 200	4.28	117
1977.7	5 550	19.45	695	4 700	10.51	795
1978.7	2 770	9.02	191	2 520	3.96	235
1980.7	4 490	16.03	331	3 770	33.67	204
1981.8	7 610	29.3	95.5	5 380	28.8	68.7
1982.8	1 650	1.81	339	1 620	1.85	227
1983.9	4 660	10.72	38.3	4 160	4.08	58.7
1984.9	4 110	5.11	50.6	3 900	2.56	25
1985.9	2 540	−4.72	54.4	2 660	−1.13	81.1

6.2.2　1985—2003年洪峰的削减特点

1985年以来渭河下游淤积不断加剧,特别是进入90年代以来,渭河下游枯水枯沙,但水量的减少量大于沙量,这就形成小水带大沙的局面。因此,高含沙小洪水的频繁发生,特别是1994年以来形势更为严峻,1995年华县主槽的过洪能力仅为800 m³/s,主要原因是1995年极为不利的水沙条件所致。1995年6、7月间近一个月华县流量不足 1 m³/s,紧接着来了一场高含沙小洪水(临潼流量2 640 m³/s,含沙量627 kg/m³;华县流量1 500 m³/s,含沙量716 kg/m³),由于这场洪水水流强度太弱,高含沙小洪水的静态极限剪应力导致边壁形成整体停滞层使河槽宽度骤然大幅度缩窄。因此,本次洪水的削峰率也达到了43.18%。由于1995的河道过洪能力太小,导致1996年的高含沙洪水有2/3场次的漫滩,因此相应的洪峰削峰率也很大。1995年以后,除了1999年的水量较小(临潼年最大流量1 430 m³/s,华县站1 310 m³/s)外,1995—2000年临潼至华县的年最大洪峰的削峰率均很大(见表6-4)。总之,1985年以后随着渭河下游河道主槽的萎缩加剧,其洪峰的削峰率也急剧上升。

表6-4　1995—2000年临潼—华县的削峰率

年月	临潼—华县			
	临潼洪峰流量/（m³/s）	华县洪峰流量/（m³/s）	最大含沙量/（kg/m³）	削峰率/%
1995.8	2 640	1 500	716	43.18
1996.7	4 170	3 500	591	16.06
1997.8	1 500	1 090	827	27.33
1998.8	2 160	1 620	308	25.00
1999.7	1 430	1 310	631	8.39
2000.10	2 230	1 890	42.7	15.24

6.3　渭河下游洪峰削峰率的影响因素

6.3.1　水沙条件及河道主槽变化对洪峰削峰率的影响

由前述分析可知,渭河下游洪峰的削峰率与河道的边界条件密切相关。从图6-1 中可知洪峰的削峰率和三门峡水库的兴建与两次改建及其不同运用方式关系密切,因为在不同历史时期,渭河下游河道在发生着不同的变化。洪水前,河道的平滩流量反映了河道的过洪能力，如果平滩流量一定，在含沙量不是很高的来水情况下，洪水流量小于平滩流量时，洪水在主槽中运行，即使洪水有坦化，洪峰流量的削减也较小，如表 6-3 所示。1975—1985 年渭河下游河道平滩流量较大，临潼和华县的平滩流量都在 4 000 m³/s 以上，因此对于含沙量小于 200 kg，水量小于 4 500 m³/s 的洪峰的削峰率都很小，最大也没有超过 12%。一旦洪峰流量超过平滩流量，洪水发生漫滩，削减率即随洪峰流量的增大而增大。在河道不同历史时期，河道主槽的平滩流量的差别也很大，因此不能单纯从流量的大小来判断洪峰削峰率的大小。为了研究洪峰削峰率的影响因素，笔者点绘了临潼至华县的洪峰流量与洪峰削峰率的关系，见图 6-3，发现图 6-3 点群成两个方向发展。一个方向是随洪峰流量增大洪峰的削峰率也增大，但洪峰削峰率随洪峰流量增长的幅度较小。一个方向是随洪峰流量增大，洪峰削峰率增大的幅度较大。流量增大，削峰率相对增幅较小的一支是滩地滞水作用所致。另一支随流量的增大，削峰率的增长幅度较大则和高含沙洪水的特性有关。正如 1995 年洪水一样，高含沙洪水在河槽边壁形成贴边淤积，或由于水流较弱，在滩地或主槽边壁形成停滞层，导致洪峰流量大量降低。因此，渭河下游洪峰削峰率的变化是洪峰流量、含沙量与河床边界条件综合作用的结果，其中任何一个因素发生变化，洪峰的削峰率都会发生相应的改变，特别是高含沙洪水对河道边界的变化更为敏感。

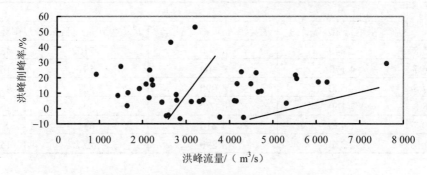

图 6-3　1960—2000 年临潼洪峰流量与临潼—华县洪峰削峰率的关系

表 6-5 为 1960—2003 年含沙量大于 500 kg/m³ 的历年最大洪水削峰率的情况。从表中可以看出，除了 1992 年、1994 年两年外，其余年份的削峰率都很大。1992 年高含沙洪水由于其平均流速较大（华县站平均流速为 2.29 m/s），因此挟沙力也大，况且该年的平滩流量（临潼 3 700 m³/s、华县 2 640 m³/s）相对较大，因此本次洪水的漫滩流量相对较小，滩地滞蓄的流量较小，由于这两方面的原因，所以本次洪水的削峰率较小。1994 年的高含沙洪水，虽然断面平均流速较低（华县站

平均流速只有 0.69 m/s），但由于 1993 年和 1994 年的初期洪水均冲刷了本河段（1992 年 9 月 8 日—1994 年 5 月 22 日共计冲刷 0.204 5 亿 m³），为本次高含沙洪水塑造了较为有利的条件，且本次洪水流量小于且接近平滩流量，有利于高含沙洪水的输送，另外，从本次洪水进出口的含沙量来看，含沙量也没有太大的变化，因此这些有利的条件决定了本次洪水的削峰率较小。进入 20 世纪 90 年代以后，渭河下游主槽萎缩严重，即洪水边界条件发生了较大的变化，从而相应洪水的削峰率也发生了较大变化，如图 6-1 所示，只有 90 年代的两场高含沙洪水的削峰率远远超出了往年洪水的削峰率。而这两年的河道主槽过洪能力（1995 年为 800 m³/s，2003 年为 980 m³/s）也远远小于其他年份的河道过洪能力。去掉图 6-3 中 90 年代以后点群后成为图 6-4，由图 6-4 可以看出，由高含沙作用引起的洪峰削峰的规律已不太明显。同样 1990 年以前华县—华阴洪峰流量和洪峰削峰率的关系也说明了同样的问题（见图 6-5），这表明河道边界变化对高含沙洪水洪峰流量削峰率的影响程度。

表 6-5　高含沙洪水的削峰率

年份	临潼—华县				
	临潼洪峰流量/（m³/s）	华县洪峰流量/（m³/s）	临潼含沙量/（kg/m³）	华县含沙量/（kg/m³）	削峰率/%
1962	4 610	3 540	654	24.4	23.21
1966	6 250	5 180	688	636	17.12
1977	5 550	4 470	695	795	19.46
1979	926	720	554	532	22.24
1992	4 150	3 950	517	528	4.81
1994	2 150	2 000	785	765	6.98
1995	2 640	1 500	627	716	43.18
1996	4 170	3 500	591	565	16.06
1997	1 500	1 090	827	749	27.33
2003	3 200	1 500	588	606	53

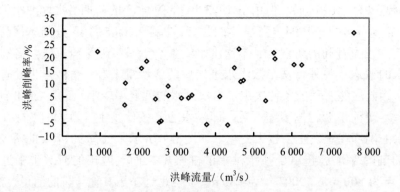

图 6-4   1960—1990 年临潼洪峰流量与临潼—华县洪峰削峰率的关系

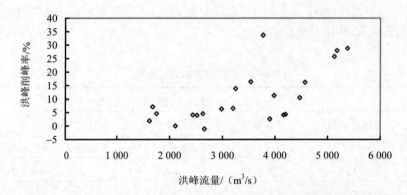

图 6-5   1960—1990 年华县洪峰流量与华县—华阴洪峰削峰率的关系

6.3.2   人类活动、干支流大堤决口对削峰率的影响

（1）滩区大量高秆作物以及道路、生产堤阻碍行洪

由于渭河具有广阔且平整的滩地，因此当地农民在渭河滩区大量种植了玉米、高粱、向日葵等高秆作物，且洪水多发生在汛期，此时正是高秆作物长成的季节，作物高度一般在 2 m 左右。当地农民为种植作物的方便，在滩区修建了大量通向滩地的道路或生产堤。高秆作物及道路、生产堤的存在使得漫滩洪水向下游运动的阻力加大、糙率增加，漫滩洪水流速大大减小，退水过程缓慢，滩区洪水滞留时间延长，使得洪峰削峰率加大。

（2）干流决口，支流洪水倒灌，南山支流部分大堤决口，加大了洪水削峰率

渭河下游自从三门峡建库后，洪灾频频，特别是 1995 年以后洪水灾害几乎是

每年都有发生。1996年渭河水倒灌南山支流，方山河、罗纹河、柳叶河决口，1998年罗夫河、柳叶河、长涧河决口，1999年罗夫河两次决口，2000年渭河大堤及方山河决口，2003年渭河下游尤河、石堤河、方山河、罗纹河等支流大堤决口，由于河道主槽的过流面积较小，中等流量的洪水已使得干流的水位较高，并高出支流水位。从而频频发生干流倒灌支流的现象。因此干流倒灌支流和干支流决口也是近年来渭河下游洪水削峰较大的原因之一。

6.4 渭河下游洪峰削减规律研究

为研究河道条件对洪峰削峰率的影响，笔者点绘了洪峰的削峰率与进口（上游）洪峰流量与河道出口（出口）平滩流量比值（Q/Q_P）的关系（图 6-6）。由图可见，随着 Q/Q_P 比值的增大，洪峰削峰率增大，对于相同流量不同主槽的过洪能力，其 Q/Q_P 的比值也不同，Q_P 值越大 Q/Q_P 的比值越小，洪峰削峰率越小，Q_P 值越小 Q/Q_P 值越大，洪峰的削峰率也越大，因此该图能够很好地反映出河道条件对洪峰削峰率的影响。根据图 6-6 的线性回归，可以得到临潼至华县的洪峰削峰率存在如式（6-1）的线性关系，如果已知临潼的流量和华县的平滩流量可以求出华县的流量，再根据水位流量关系可以求出华县的水位。同理可以点绘出华县—华阴的洪峰削减程度与河道条件的关系图（图 6-7），并得到线性关系式（6-2）。这样根据洪峰削峰率和河道条件关系，就可以对下游的洪峰流量与洪峰水位作预报。

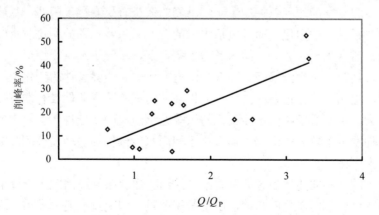

图 6-6 临潼—华县河段削峰程度与河道条件的关系

$$\frac{Q_{临潼} - Q_{华县}}{Q_{临潼}} = 13.06 \frac{Q_{临潼}}{Q_{华县平滩}} - 1.78 \tag{6-1}$$

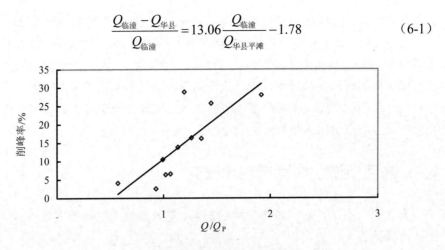

图 6-7　华县—华阴河段削峰程度与河道条件的关系

$$\frac{Q_{华县} - Q_{华阴}}{Q_{华县}} = 22.34 \frac{Q_{华县}}{Q_{华县平滩}} - 11.739 \tag{6-2}$$

6.5　渭河下游洪峰峰形变化特点

洪峰峰形的变化是洪水变形的一个重要特征，反映了洪水量的沿程消耗与某一河道断面的洪水持续时间的大小。洪水波的传递由于受到洪峰流量的大小、含沙量的多少和复杂的边界条件的影响，洪峰的演进有快有慢，因此，洪峰峰形的变化不仅包括洪峰的坦化，而且包括洪峰的合并。水沙条件的变化对洪峰有着重要的影响，通常来说，在一定的河道边界条件下，漫滩洪水洪峰峰形的变化较不漫滩的大，高含沙洪水洪峰峰形较低含沙量变化大。边界条件的变化在洪峰峰形的变化中，也起着十分重要的作用，如果某一河道的边界条件没有发生变化或者说变化不大，那么对于相同水沙条件的洪峰在该河段的变形规律也基本相同，如果边界条件发生了较大的变化，那么对于相同水沙条件的洪峰在该河段的变形也会发生较大变化。

渭河下游在不同的历史时期有着不同的河道边界条件，因此洪峰峰形也发生着不同的变化，三门峡建库初期，由于淤积严重，河道过洪能力较小，因此洪水稍大一点，洪水就发生了漫滩现象，此时洪峰的削峰率较大，峰形也变得矮胖，见图 6-8。当洪水流量小于平滩流量时，洪水完全在主槽中运行，洪峰的削减很小，洪峰的变形也很小（参见图 6-9、图 6-10）。随着三门峡水库的两次改建和改建期间敞泄运用方式的进行，加上 20 世纪 70 年代较为有利的水沙条件，1975—1985 年渭河下游河道主槽的过洪能力较大，基本和建库前相当，与 1962 年相比，同为 4 000 m³/s 上下的洪水，在不同的历史时期，洪峰变形的情况就大不一样（参见图 6-8、图 6-11）。主要原因在于 1983 年的河道主槽拓宽了，相同流量级的洪水在 1962 年漫出了滩外，而在 1983 年完全在河道主槽运行，因此，就会带来不一样的结果。1985 年以后，特别是进入 20 世纪 90 年代以后，渭河下游经常遭遇不利的水沙条件，河道主槽进一步萎缩，1985 年以后，河道过洪能力又恢复到三门峡水库改建以前的水平，临潼主槽过洪能力不足 4 000 m³/s，华县主槽过洪能力不足 3 000 m³/s。图 6-12 为 1990 年临潼至华县、华阴的洪峰变形情况。本次洪峰坦化严重，流量级别和 1983 年的相同，洪峰的变形也较大，峰形变得异常矮胖。

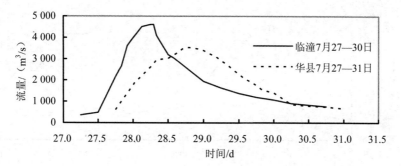

图 6-8　1962 年临潼—华县洪峰的变形

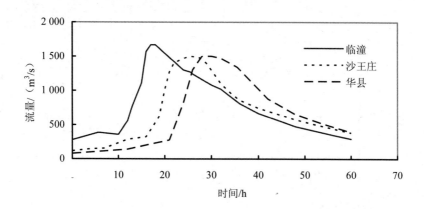

图 6-9　1971 年 6 月 29 日—7 月 1 日临潼、沙王庄、华县洪峰变形

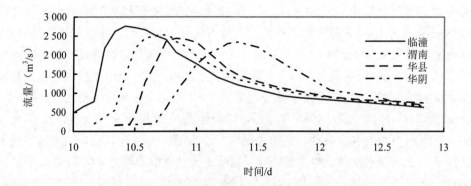

图 6-10   1975 年 7 月临潼—华阴洪峰沿程变形情况

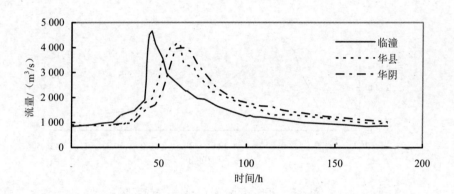

图 6-11   1983 年 9 月 25 日—10 月 5 日临潼—华阴洪峰沿程变形情况

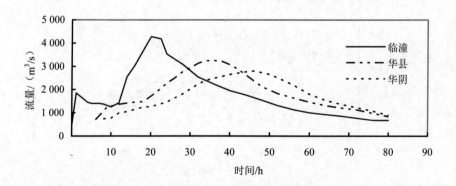

图 6-12   1990 年 7 月 6 日—9 日临潼—华阴洪峰沿程变形情况

　　渭河下游河道主槽经过 90 年代的淤积，河道主槽萎缩异常严重，至 2003 年河道主槽的过洪能力已不足 1 200 m³/s，河道比降也发生了较大的变化，洪水的传播时间越来越长。因此，2003 年不但洪水的削峰率变大，而且发生了洪峰的合并现象（见图 6-13）。经过对渭河下游不同年份的河道主槽发展变化情况的分析，可以得出如下结论，渭河下游近年来洪峰变形较大的原因是渭河下游河道主槽萎缩的结果。

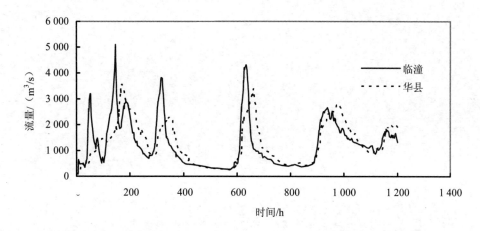

图 6-13　2003 年 8 月 25 日—10 月 14 日临潼—华阴洪峰沿程变形情况

6.6　本章小结

　　（1）三门峡水库建库以后，随着年代的发展，渭河下游洪峰的削减率呈现出逐年代变大的趋势。洪峰削峰率的历史变化过程和三门峡水库的兴建和两次改建及不同的运行方式有着不可分割的联系。在不同的历史时段，渭河下游洪峰的削峰率有着不同的特点。但洪峰削峰的变化总规律是河道主槽拓宽了，洪峰削峰减少；河道主槽萎缩了，洪峰削峰率就增加。

　　（2）洪峰削峰率同时受到水沙条件及边界条件的共同作用，高含沙洪水对河道边界条件反应较为敏感，在不利的边界下，高含沙洪水的削峰率较大，这是由高含沙洪水的特性决定的。人类活动和倒灌支流及干流决口也是近年来削峰率增加的因素之一。

　　（3）渭河下游洪峰的削峰率与进出口的河道主槽的过洪能力存在着线性关系，根据其线性关系，可以进行下游的洪水流量与洪水水位预报。

（4）渭河下游的洪峰变形也和其河道主槽的发展变化过程密切相关，近年来渭河下游河道主槽萎缩严重，洪峰变形较大。

（5）渭河下游的淤积萎缩是渭河下游近年来洪峰削峰率和洪峰变形较大的主要原因。

7 2003 年洪水特性分析

2003 年 8—10 月，渭河下游发生了多年来少有的长历时、大洪量、高水位洪水。本次洪水给渭河下游两岸咸阳、西安、渭南三市 12 个县（市、区）人民群众造成严重灾害，受灾人口达 56.25 万人，迁移人口 29.22 万人，总受灾面积达 137.8 万亩，成灾面积 122.34 万亩，绝收面积 121.96 万亩；倒塌房屋 18.72 万间；损坏水利设施 6 503 座、抽水站 17 座、桥涵 17 座、公路 158 条 558 km、输电线路 296 km，造成危漏校舍 195 所，20 个乡镇卫生院被淹，182 所学校 4.9 万名学生无法入学上课，直接经济损失高达 29 亿元。受灾以华县、华阴市最为严重，仅决口洪水淹没面积达 30.2 万亩，淹没水深最大达 4 m，受灾人口达 35.19 万人，总直接经济损失达 23.21 亿元。

7.1 2003 年洪水过程与特征

7.1.1 2003 年洪水过程

2003 年渭河下游共发生 6 次洪水，6 次洪水过程如下：

第一次洪水主要来自泾河流域，张家山站 8 月 26 日 23 时出现的 4 010 m³/s 的洪峰流量，汇入渭河后在 27 日 13 时临潼站出现 3 200 m³/s 的洪峰流量，29 日 17 时华县站出现 1 500 m³/s 的洪峰流量，31 日 10 时汇入黄河在潼关站出现 3 150 m³/s 的洪峰流量。

第二次洪水主要来自渭河中上游流域，林家村站于 8 月 29 日 17 时出现 1 360 m³/s 洪峰流量，在中游各支流汇入后，8 月 30 日 21 时咸阳站形成 5 430 m³/s 的洪峰流量，8 月 31 日 10 时临潼站出现 5 100 m³/s 的洪峰流量，9 月 1 日 10 时华县站出现 3 570 m³/s 的洪峰流量，9 月 3 日 6 时汇入黄河，潼关站出现 2 500 m³/s 的洪峰流量。

第三次洪水主要来自渭河中游流域，9 月 6 日 9 时魏家堡站出现 1 410 m³/s 的洪峰流量，在支流南山支流叠加后，6 日 22 时咸阳站形成了 3 700 m³/s 的洪峰流量，7 日 12 时，临潼站出现 3 820 m³/s 的洪峰流量，8 日 18 时华县站洪峰流量 2 290 m³/s。9 月 10 时汇入黄河，潼关站出现 3 120 m³/s 的洪峰流量。

第四次洪水主要来自中下游秦岭北麓,魏家堡站 9 月 20 日 0 时出现 1 370 m³/s 的洪峰流量,沣河、霸河、决河分别以最大的洪峰流量汇入,20 日 6 时咸阳站出现 3 820 m³/s 的洪峰流量,20 日 6 时临潼洪峰流量为 4 320 m³/s,21 日 21 时华县洪峰流量为 3 400 m³/s,22 日 17 时汇入黄河潼关站形成 3 540 m³/s 的洪峰流量。

第五次洪水主要来自于渭河下游南北两岸,10 月 2 日咸阳站出现 1 630 m³/s 洪峰流量,10 月 3 日临潼站出现洪峰流量为 2 660 m³/s,10 月 5 日 7 时华县站出现 2 810 m³/s 的洪峰流量,10 月 6 日 0 时汇入黄河在潼关站形成 3 700 m³/s 的洪峰流量。

第六次洪水主要来自渭河下游两岸支流,10 月 12 日渭河下游临潼站出现了 1 790 m³/s 的洪峰流量,13 日 7 时华县站出现了 2 010 m³/s 的洪峰流量,14 日零时汇入黄河在潼关站形成 3 370 m³/s 的洪峰流量。

7.1.2　2003 年洪水特征

受渭河下游河道边界条件影响,2003 年洪水在演进中呈现出四大特点。

一是洪峰水位历史最高。华县站洪峰流量仅 3 570 m³/s,属渭河下游中常洪水,但洪峰水位达历史新高,其水位高达 342.76 m,比该站 1996 年流量 3 500 m³/s 时的历史最高水位 342.25 m 高出 0.51 m,比 1933 年以来最大流量 7 660 m³/s 对应水位高出 3.95 m,具有"小流量、高水位"的显著特点。2003 年临潼站流量 5 100 m³/s 洪峰水位高达 358.34 m,比该站 1981 年流量 7 610 m³/s 洪水历史最高水位高出 0.31 m。咸阳站流量 5 340 m³/s 洪峰水位 387.86 m,比该站 1981 年洪峰流量 6 210 m³/s 时的历史最高水位 387.38 m 高出 0.48 m,临潼、咸阳站均出现了历史最高水位。

二是洪水持续时间长。以前三次洪峰为例,由于受河床、比降、断面等的影响,临潼洪峰到达华县后,峰形由 3 个演变成了 2 个。1 号、2 号洪峰相差 93.5 h,且 2 号洪峰为复式峰,相差 68 h,到了华县站后,1 号、2 号演变成很胖的孤峰,持续时间为 242 h。3 号洪水过程也持续 190 h。华县站 1、2、3 号洪峰总历时持续 432 h,比 1954 年渭河洪水历时超出 330 h。

三是洪量大。渭河华县站 6 次洪水过程洪量多达 60.16 亿 m³,占到多年平均(1960—2000 年)径流量的 86.9%,比 1954 年多 47.56 亿 m³,比 1981 年多出 6.55 亿 m³。

四是洪水演进速度慢,洪峰削峰显著。以前 3 次洪峰为例,临潼至潼关河段长 157 km,1、2、3 号洪峰比正常洪峰演进时间超出 25～75 h,三次洪峰平均传播时间长达 69 h,1 号洪峰从临潼至华县传播时间长达 52.3 h,洪峰削峰率达 53.1%。前三次洪峰的削峰率都在 30%以上。

7.2　2003 年洪水特性分析

7.2.1　高水位原因分析

7.2.1.1　河道前期淤积萎缩对洪水水位的影响

　　三门峡建库前的 2 500 年间，渭河下游河道是一条缓慢上升的微淤或基本平衡的河道[1]。三门峡建库后，渭河下游遭受了大量的泥沙淤积，渭河下游河道萎缩严重。渭河下游河道萎缩前，河槽有较大调节泥沙的能力，高含沙小洪水等不利水沙条件产生的泥沙淤积可暂时储存在河槽中，待大水时就可将淤在河槽中的泥沙冲走，这就体现出动态的冲淤平衡。河槽萎缩后，调节泥沙的能力锐减，中常洪水即漫滩，水流漫滩，流速减小，就不能将淤在河槽中的泥沙冲走，打破了以前的动态平衡关系。每遇含沙量较高的洪水便发生淤积，使渭河下游形成恶性循环。图 4-1 显示了 1977 年同流量水位最低，2003 年同流量水位最高，因为 1977 年高含沙洪水中，渭河下游发生揭河底冲刷，主槽过洪能力增大，造成同流量水位降低。这场洪水把渭淤 28 断面（泾河口）以下，渭淤 11 断面以上，除渭淤 14 断面深槽高程未冲至建库前深槽高程外，其余各断面冲刷后的深槽均低于 1960 年三门峡建库前的深槽，潼关河床最深点冲低 3.5 m（见表 7-1）[26]，可见这场高含沙洪水有着巨大的输沙能力。本场洪水有如此强的冲刷效果，原因有三个：第一个原因是潼关高程降低。1977 年汛前潼关高程 327.37 m，较 1973 年汛前低 0.76 m，使排洪顺畅不受阻。第二个原因是渭河主槽过洪能力有明显扩大。1973 年的主槽过洪能力 2 370 m³/s，1975 年已扩大到 4 250 m³/s，1975 年汛后潼关高程 326.04 m，较 1973 年汛后降低 0.56 m，这就为渭河的溯源冲刷创造了条件。1976 年渭河溯源冲刷已发展到华县以上，渭河主槽的过洪能力维持在 4 000～4 500 m³/s，这既减小了漫滩水量，又增大了主槽水流的冲刷能力。第三个原因是泾河、渭河高含沙洪水相接。临潼站泾渭洪峰时距仅 6 h，使华县站洪水过程演变为肥胖的单峰，大于 1 000 m³/s 的流量历时达到 50 h，含沙量大于 300 kg/m³ 的沙峰历时超过 60 h，1977 年 7 月 7 日洪水上中下三个边界条件都有利于高含沙洪水巨大输沙能力的发挥，因而产生了这样大的冲刷效果。

　　2003 年 8 月下旬以后发生的渭河洪水就不具备上述条件。第一，潼关高程已抬高至 328.78 m，较 1977 年抬升了 1.41 m，使排洪受阻。第二，华县站主槽过洪能力大大减少。从表 4-3 可看出截至 2000 年华县主槽过洪能力已经由建库前

5 000 m³/s 减至 1 200 m³/s，临潼站由建库前 5 000 m³/s 减至 3 300 m³/s。第三，由于前期淤积，河道比降变缓，临潼至华县的比降已由 1981 年的 2‰ 以上降至 2‰ 以下。因为渭河下游行洪条件的改变，带来的后果也就截然不同，高含沙洪水较大的输沙能力非但没有体现，洪水过后反而发生了大量淤积。正是由于高含沙洪水的反作用，导致主槽进一步萎缩，从图 7-1 可以看出第一次洪水的涨水阶段曲线拐点流量为 980 m³/s，落水阶段曲线的拐点为 916 m³/s，说明河槽的平滩流量（主槽过洪能力）减少了 64 m³/s。正是由于渭河下游这种持续淤积的发展导致主槽的进一步萎缩，至 2003 年汛前渭河主槽的过洪能力已不足 1 200 m³/s。由前述可知：①前期的河道状况决定着洪水起涨水位的高低；②在洪水漫滩以前，主槽的过洪能力与洪水的涨率成反比的关系；③与非漫滩洪水相比，漫滩洪水具有断面平均流速变小、水流能坡变小、主槽糙率变大的特性；④滩地糙率对洪水的影响较大，滩地糙率增大，洪水水位升高；⑤河道缩窄洪水水位升高。2003 年汛前，渭河下游河道具有如下特征：①主槽过洪能力较小；②主槽宽度缩窄；③全断面的河床高程抬升；④滩地受高秆作物和生产堤影响，糙率变大。由于 2003 年河道具备影响洪水水位升高的 4 个特点，加上本次洪水的普遍漫滩，这些不利因素决定了本次洪水水位的普遍抬升。

表 7-1　1977 年渭河下游高含沙揭河底冲刷深变化　　　　　　　单位：m

高程冲深	潼关	渭淤1	渭淤2	渭淤3	渭淤4	渭淤5	渭淤6	渭淤7	渭淤8	渭淤9	渭淤10	渭淤11	渭淤12	渭淤13	渭淤14
①60.4	320.6	323.8	321.4	324.0	324.5	325.5	326.9	326.9	329.3	329.7	331.1	333.2	334.6	333.5	335.8
②77.5	324.1	322.5	326.2	323.5	327.4	326.5	327.7	330.3	331.2	333.2	334.1	335.7	335.3	334.8	337.8
③77.7	320.6	321.0	323.2	321.2	324.4	324.6	326.6	327.8	329.5	330.9	331.6	332.7	334.4	335.2	336.9
③-①	0.0	-2.8	1.8	-2.8	-0.1	-0.9	-0.3	0.9	0.2	1.2	0.5	-0.5	-0.2	-0.3	1.1
③-②	-3.5	-1.5	-3.0	-2.3	-3.0	-1.9	-1.1	-2.5	-1.7	-2.3	-2.5	-3.0	-0.9	0.4	-0.9

高程冲深	渭淤15	渭淤16	渭淤17	渭淤18	渭淤19	渭淤20	渭淤21	渭淤22	渭淤23	渭淤24	渭淤25	渭淤26	渭淤27	渭淤28
①60.4	337.3	337.3		339.8	341.3	342.1	343	344.6						
②77.5	338.4	339.2	339.6	336.9	340.9	342.7	340.7	344.4	346.2	348.4	348.6	352.7	354.2	357
③77.7	336.2	336.3	339.1	334.6	340.9	341.3	340.3	343.7	343.6	348	347.4	351.8	354	359.7
③-①	-1.1	-1		-5.2	-0.4	-0.8	-2.7	-0.9						
③-②	-2.2	-2.9	-0.5	-2.3	0	-1.4	-0.4	-0.7	-2.6	-0.4	-1.2	-0.9	-0.2	2.7

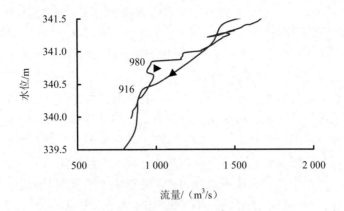

图 7-1　2003 年第一次洪峰流量水位关系

7.2.1.2　高含沙对洪水水位的影响

本次洪水第二次洪峰水水位明显高于第一、第三次洪峰水水位，临潼站分别高出 0.54 m 和 0.39 m，华县站分别高出 1.44 m 和 1.06 m。临潼站第二次洪峰流量分别高出第一、第三次洪峰流量值为 1 900 m³/s 和 1 200 m³/s，华县站第二次洪峰流量分别高出第一、第三次洪峰流量值 2 070 m³/s 和 1 230 m³/s，两站流量涨幅差别不大，但水位涨幅差别较大是这次洪水的显著特征（见表 7-2）。

表 7-2　2003 年汛期洪水前三次洪峰流量水位表

项目 测站	第一次洪峰		第二次洪峰		第三次洪峰	
	流量/（m³/s）	水位/m	流量/（m³/s）	水位/m	流量/（m³/s）	水位/m
临潼	3 200	357.8	5100	358.34	3820	357.95
华县	1 500	341.32	3570	342.76	2270	341.7

2003 年汛期，渭河下游第一次洪峰为高含沙洪水，临潼站第一次洪峰平均含沙量为 340 kg/m³，最大含沙量 588 kg/m³。华县站第一次洪峰平均含沙量 334 kg/m³，最大含沙量 606 kg/m³。临潼站第二次洪峰高水位的形成，主要由于第二次洪峰流量的增大和第一次洪峰过后的河床淤积造成的[因为第一、第二次洪峰之间时间间隔（115 h）较长（见图 7-2），有充分的淤积时间]。华县站第二次洪峰高水位的形成，除以上所述高水位整体抬升的原因外，主要由于 1 号高含沙漫滩洪水造成的。1985 年后，潼关高程复又抬升，临潼以下比降减缓，导致水流强

度减弱。1994 年以后频发的高含沙小洪水造成贴边淤积，河槽发生萎缩，主槽过洪能力减小。1985 年华县主槽过洪能力已降至 2 920 m³/s，1995 年达到最小值，为 800 m³/s，2000 年为 1 200 m³/s，2003 年为 980 m³/s（由 1 号洪峰的流量水位关系分析得出）。由于主槽过洪能力减小，导致 1 号高含沙洪水漫滩，漫滩后滩槽水力学特性的不同必然引起流速的急剧下降，特别是漫滩水深不大的高含沙水流，其流型具有触变性，应力应变关系与时间有关，当水流强度低于一定值时，高含沙水流会整体停滞形成不动层，甚至以阵流、间隙流形式流动。由于 1 号洪峰的含沙量较高，且在华县站的流量不大，高含沙洪水漫滩后形成的水深较小，由于滩面上的剪切力小于其静态极限剪应力 τ_B，便形成了整体的不动层，又由于华县站 2 号洪峰与 1 号洪峰相隔时间较短（见图 7-2），漫滩的 1 号高含沙洪水还没有来得及完全淤积，2 号洪峰就在 1 号洪峰上面流过，此时如果 2 号洪峰仍为高含沙洪水，滩面上边壁剪切力将随着滩面水深的增加而增加，当滩面剪切力大于 1 号洪峰泥浆的静态极限剪应力 τ_B 时，滩面上停滞的浆液又开始流动见图 7-3，图 7-3 为黄河水利科学研究院研究高含沙水流由停滞到重新运动现象示意图，这样 1、2 号洪峰重叠在一起流量将会沿程增大，然而 2 号洪峰的含沙量很低且由于 1 号洪峰的黏性较大，1、2 号洪峰互不掺混，2 号洪峰便在 1 号洪峰上面流过，而不会出现像图 7-3 那样的重新流动现象，于是形成了 2 号洪峰较高的水位。因为临潼的河槽过洪能力较大，华县的过洪能力较小，1 号洪峰在临潼站在主槽内运行，到华县站就漫出滩外，并在滩面上发生整体停滞现象，当 2 号洪峰到达时，便出现了洪峰重叠现象，因此华县水位涨幅比临潼大。

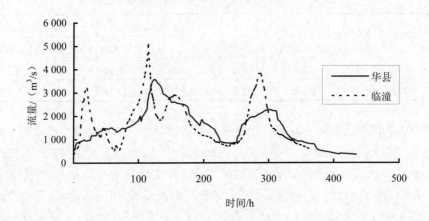

图 7-2　临潼、华县洪峰过程

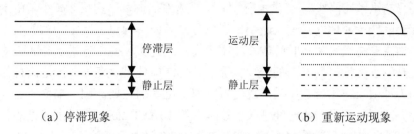

（a）停滞现象　　　　　　　　　（b）重新运动现象

图 7-3　高含沙水流由停滞到重新运动的现象

7.2.2　洪峰演进历时较长的原因

历史资料统计表明，临潼到华县距离 82.2 km，1995 年以前历史平均传播历时 11～16 h，1995 年以后，由于受潼关高程的持续抬升影响，渭河下游淤积严重，洪水传播时间达 20 h，2003 年汛期前 5 次洪峰的传播历时为 24～52.3 h，普遍长于往年。尤其是第一次洪峰传播时间长达 52.3 h，是 1977 年 7 月 7 日洪峰传播时间（9 h）的近 6 倍，是 1981 年 8 月 9 日同流量级洪水传播时间（11 h）的近 5 倍，对于同一河段同一流量级洪水传播时间的巨大差异确属渭河洪水传播的特有现象。

7.2.2.1　河道前期淤积萎缩对洪水传播时间的影响

渭河下游洪水传播时间至 2003 年已大为延长，并达到历史之最，主要原因在于：①河道主槽淤积萎缩，过洪能力降低。第 5 章研究结果表明，河道主槽过洪能力与洪水传播时间成反比例关系，河道过洪能力大，则洪水传播时间短，河道过洪能力小，则洪水传播时间长。以上研究结果表明，2003 年华县主槽过洪能力已不足 1 200 m³/s，因此，目前渭河下游河道过洪能力降低是渭河下游洪水传播时间延长最主要的原因之一。②同流量级洪水的平均流速减小。多年来渭河下游河床持续淤积致使河道主槽萎缩、过洪能力降低，从而导致 2003 年汛期洪水的普遍漫滩，洪水漫滩后河道过流面积增大，降低了断面平均流速致使行洪速度减慢。图 7-4 为华县站 1958 年、1996 年洪水过程中断面平均流速 V 与流量 Q 的关系，由图 7-4 可以看出流量为 3 000 m³/s 时，1958 年流速为 V=2.7 m³/s，1996 年流速仅为 V=0.9 m³/s，而华县站主槽的平滩流量在 1958 年为 5 000 m³/s，1996 年仅为 1 550 m³/s，对于 3 000 m³/s 流量的洪水在临潼以下河段 1958 年完全在主槽内流动，1996 年就漫出滩外，由此可见，洪水漫滩后对断面平均流速的影响巨大，这主要由于洪水漫滩后滩地水流的流速远小于主槽水流的流速，漫滩水流经过滩槽动量交换从而使主槽的水力要素发生了变化[72]，主要表现在：a. 同流量级洪水要比不漫滩的洪水比降小。b. 洪水漫滩后主槽糙率加大，平均流速减小。由于主槽平均流速降低，滩地的流速又较小，所以导致断面平均流速减小，由前述可知，断面平均流速与洪水传播时间成反向比例关系。所以，2003 年洪水断面平均流速较小也是洪水传播时间延长的重要原因之一。③滩地糙率变大。滩地高秆作物的种植和为种植农作物修建的生产堤是增大滩地糙率的主要原因。如前所述，滩地糙率增大，导致洪水传播时间延长。在本书第 10 章中 2003 年洪水演进的数学模拟中，发现当滩地的糙率达到 0.445 时，2003 年 2 号洪峰水位刚好达到 342.76 m，而洪水的传播时间也刚好达到 24 h，这和实际情况完全吻合。说明在这次洪水传播中，滩地对洪水传播阻碍作用较大。④洪水比降变缓。渭河下游河道比降变缓（见表 7-3），导致洪水比降变缓，也是洪水传播时间延长的重要原因之一。

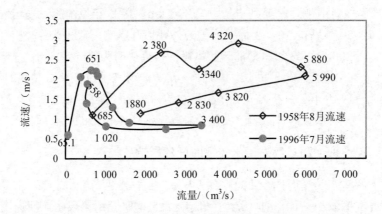

图 7-4   流量、流速关系

表 7-3   渭河下游临潼—华县河段河道纵比降变化情况

项目 年份	洪水水位比降 （3 000 m³/s）/‰	常水位比降 （2 000 m³/s）/‰	滩面比降/ ‰	全断面平均河 比降/‰
1965	2.32	2.28	2.50	2.40
1977	2.17	2.34	2.19	3.37
1981	2.11	2.27	2.17	2.25
1992	2.13	2.28	2.14	2.17
1996	1.95	2.16	2.12	2.10
2003	1.94		2.08	2.10

7.2.2.2   高含沙对洪水传播时间的影响

由第 4 章可知高含沙水流存在两种流态：一是属于牛顿流体的紊流流态，二是属于宾汉流体的濡流流态，但无论属于哪种流态的高含沙水流都需要有利的河道边界条件才能保证高含沙水流的输送，在不利的边界条件下，两种流态的高含沙水流都要发生淤积，这是这两种流态的高含沙水流的共性，但是它们之间也有区别，在不利的边界条件下，牛顿流体的高含沙洪水会发生大量的淤积，但不会发生整体停滞现象，而作为濡流流体的高含沙洪水，不但会发生流动较慢的现象，还会发生整体停滞现象。

1977 年 7 月 7 日高含沙洪水演进较快，主要原因在于当时的河床具备了洪水演进较为有利的条件且发生了揭河底冲刷现象，并为以后的洪水演进创造了更为有利的河道断面形状和比降条件，1977 年 8 月 7 日发生的一场华县站流量为 1 450 m³/s，最高含沙量为 806 kg/m³ 的高含沙洪水从临潼传播到华县仅用 5 h 就是上述河道洪水演进有利条件的见证。2003 年汛期洪水第一次洪峰为高含沙洪水，平均含沙量都在 300 kg/m³ 以上，漫滩后的高含沙洪水几乎整体停滞在滩面上（水槽实验和本次洪水现象也证明了这一点），从而牵制了主槽的水流运动使断面平均流速达到有史以来的最小值。主要原因在于现有河床的萎缩主槽、较缓的河道比降等不利的行洪条件使本来具有巨大冲刷能力的高含沙洪水停滞不前。2003 年汛期的 2 号洪峰从临潼传播至华县历时 24 h，较 1 号洪峰的 52.3 h 短，是因为 2 号洪峰的流量较大，含沙量较小，和前文所述的漫滩高含沙水流特性不同，水流在滩面的流速相对较大，漫滩水流对主槽水流的牵制作用相对较小，从而断面平均流速较 1 号洪峰为大，所以 2 号洪峰的传播时间小于 1 号洪峰。第三、第四次洪峰由于水量小于 2 号洪峰，滩地水深比 2 号洪峰小，因此滩地对其阻碍作用相对较大，传播时间长于 2 号洪峰。经前几次洪峰持续冲刷主槽过水面积增大，有助于水流的流动（见图 7-5），加上第五、第六次洪峰流量较小大部分水流在河道主槽中流动，因此其流动速度较快，传播时间较短。

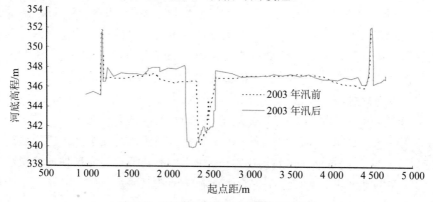

图 7-5 2003 年汛前汛后渭淤 17 断面

7.2.3 洪峰变形的原因

表 7-4 是 2003 年 6 次洪峰的削峰情况。表 7-4 显示了 2003 年洪水的传播时间不但达历史之最，洪峰的削峰率也创历史之最，特别是第一次洪峰的削峰率达到 53.1%，流量由临潼到华县减少了一半以上，是历史上同流量级洪水（1965 年临潼流量 3 390 m^3/s，削峰率 5.6%；1974 年临潼流量 3 300 m^3/s，削峰率 4.54%；1986 年流量 3 120 m^3/s，削峰率 4.48%）统计平均（削峰率 4.87%）的 10 倍以上，可以说洪水削峰率的增大是惊人的。

表 7-4 2003 年洪水削峰率情况表

洪峰	站名	流量/（m^3/s）	削峰率/%	传播时间/h
第一次洪峰	临潼	3 200	53.1	52.3
	华县	1 500		
第二次洪峰	临潼	5 100	30	25.0
	华县	3 570		
第三次洪峰	临潼	3 820	40.6	27.3
	华县	2 270		
第四次洪峰	临潼	4 320	21.3	27.5
	华县	3 400		
第五次洪峰	临潼	2 660	5.3	18.5
	华县	2 520		
第六次洪峰	临潼	1 790	—	14
	华县	2 010		

在前述的河道条件对洪峰削峰率影响的讨论中可知，在某一河道传播的洪水的削峰率同时受到水量的大小、含沙量的多少和边界条件的影响，在河道边界条件没有发生较大变化的情况下，通常来说，水量越大洪峰的削峰率越大。在相同的洪峰流量级别下，河道主槽过洪能力越小，洪峰的削峰率越大。在不利的河道边界条件下，高含沙洪水的削峰率要比低含沙量洪水削峰率大得多。2003 年洪水第一次洪峰含沙量较高，但是洪峰的流量不是很大，如果这场洪水发生在 20 世纪 70—80 年代，就不会造成这么大的灾害，因为那时河道条件对高含沙洪水的输送较为有利，那时像第一次洪峰这么大流量的高含沙洪水，完全在主槽里运行，而在 2003 年这么大流量的洪水就漫出滩外，由于不利的河道边界条件使这次洪水流动较慢，在滩地几乎完全停滞下来，因此在滩地滞蓄的水量较大，这是造成第一次洪峰传播时间较长，洪峰削峰率较大的主要原因。

2003 年第二次洪峰洪水流量较大，临潼站 5 100 m³/s，是 1981 年以来的最大洪水，接近 3 年一遇洪水，华县站最大流量 3 570 m³/s，接近两年一遇洪水，由于本次洪水流量较大，加上与第一次洪峰重合使得水位较高，全部南山支流倒灌。本次洪峰历时较长，华县南山支流倒灌历时长达 300 多 h，倒灌最大水深达 2.7 m。如此严重的倒灌使隐患众多的南山支流堤防不堪重负，造成尤孟支堤、罗纹河东堤、方山河西堤、石堤河东堤等多处堤防先后出现决口，由于本次洪峰的大量漫滩，且倒灌南山支流，加上支流决口流失的水量，造成了 2 号洪峰的削峰较大，并发生较大的变形。受滩地蓄水与支流决口的影响，第三、第四次洪峰削峰率也较大，第三次洪峰削峰率达到 40%，第四次洪峰削峰率为 21.3%。第五、第六次洪峰主要来自于渭河下游两岸支流，且流量较小，大部分在主槽内流动，因此其削峰较小。且第六次洪峰由临潼至华县流量增加，因此，削峰问题表现得不太明显。

7.3 本章小结

（1）三门峡水库建库后，河道发生大量淤积萎缩，主槽过洪能力减少、河道比降变缓是这次洪水水位整体抬升、洪水演进较慢、洪峰削峰率较大的根本原因。

（2）2003 年洪水第一次洪峰为高含沙洪水，虽然流量不大，但是由于主槽过洪能力较小，高含沙洪水漫滩，漫滩后高含沙洪水在滩面演进较慢，由于其较大的极限剪应力的存在，使得第二次洪水在第一次洪水水面上流过，造成洪峰的重叠是第二次洪峰水位较高涨幅较大的主要原因。

（3）第一次洪峰含沙量较高，漫滩后行洪极慢，甚至完全停滞，这是第一次洪峰传播时间较长、削峰率较大的原因所在。

（4）由于滩地高秆作物和生产堤的阻碍作用，导致滩地糙率变大，因此洪水漫滩后，所受阻力变大，行洪减慢，水位升高。由于水量大、水位高、历时长导致支堤决口、水量流失。滩地的滞水作用、主流倒灌支流和支流决口水量流失使 2003 年第二、第三、第四次洪峰削峰较大。滩地比降变缓和其较大的阻碍作用是第二、第三、第四次洪峰传播时间较长的主要原因。

8 渭河下游泥沙冲淤数学模型的建立

8.1 泥沙冲淤数学模型概述

泥沙数学模型是建立在水动力学、泥沙运动力学和河床演变学三大基本理论体系上，通过数值计算方法来模拟和预测水流泥沙运动及河床变形的[76,77]。作为预报水沙运动和河床冲淤的重要工具，早在 20 世纪 50 年代初，国内外已有一些学者开始研究和使用一维泥沙冲淤数学模型[78]。近几十年来，随着计算机技术、计算方法和泥沙科学的发展，以及实测资料精度的提高，泥沙数学模型的研究取得了长足的进展，并成为研究工程泥沙问题的重要工具之一。

泥沙数学模型按照所模拟的水沙运动在空间上的变化情况，可分为一维（1D）、二维（2D）和三维（3D）模型。若依据其模拟的水沙运动在时间上的变化情况可分为恒定流和非恒定流模型；若依据其模拟的泥沙运动状态的不同可分为仅模拟悬移质运动的悬移质模型、仅模拟推移质运动的推移质模型及同时模拟悬移质和推移质运动的全沙模型。一维泥沙数学模型适用于研究长时期长河段的水流泥沙运动和河床演变问题，研究较早，应用广泛，比较成熟，已经可以部分替代物理模型试验。二维和三维泥沙数学模型适合于研究短距离的水沙运动及河床变形问题，由于泥沙数学模型的进步依赖于泥沙运动基本理论的发展，在二维、三维模型中采用的挟沙力、恢复饱和系数等公式或参数主要还是由一维模型推而广之。二维和三维泥沙数学模型由于结构复杂、节点多、计算工作量大，目前只适用于短河段或局部的河床演变问题。近年来，准二维、平面二维泥沙数学模型，尤其是平面二维泥沙数学模型用来解决泥沙运动和河床变形在平面上的分布问题，也得到了迅速发展，建立了为数众多的平面二维泥沙数学模型。目前平面二维泥沙数学模型已逐步应用到工程实践之中，但模型的精度还不高，还必须辅以一定的物理模型试验或相关的现场实测资料为基础。由于泥沙基本理论在应用于三维泥沙模型时还存在很多悬而未决难题，有许多问题有待进一步研究，这些问题目前还难以突破，致使三维泥沙数学模型发展比较缓慢。总体上来说，国内外学者对一维泥沙数学模型研究得较多，应用得也比较广泛，对二维、三维泥沙数学模型的研究起步较晚，但发展得很快，现有的模型也不少[78-88]。

国内对泥沙数学模型的研究和应用最早可追溯到 20 世纪 50 年代后期，与发展较早的某些国家相比虽稍迟，但随着我国江河治理工程的大规模展开，泥沙数学模型的研究应用发展较快，目前已有很多种类的泥沙数学模型应用于生产实践中。国内在工程泥沙研究中所面临的问题与西方国家略有差异。一般来说，欧美国家河道中中粗颗粒泥沙较多，属沙质推移质范畴，因而在这方面的研究也很深入，国际上也有一些流行的计算公式。例如早期的 Einstein 公式、Bagnold 公式和 Meyer-Peter 公式[76]，近期的 VanRijn 公式和杨志达公式[82,88]等。而我国所面临悬移质细颗粒泥沙的输移问题比较多，按西方国家对泥沙的划分应属于黏性沙范畴。对于悬移质泥沙的计算西方国家的模型大多会归结到求解河床底部的含沙量和悬沙沿垂线分布，而我国在悬沙模型中一般会用到断面平均的挟沙力和泥沙的恢复饱和系数。对比这两种方法，根据以往计算经验，我国的计算方法在对于实际的工程问题有较强的适应性和较好的精度。目前，国内外各种类型的泥沙数学模型已经很多，谢鉴衡、魏良琰对 1987 年以前国内外河流泥沙数学模型的研究状况进行了回顾[89]，S. Fan 对美国的 12 个泥沙数学模型进行了综述[90]，李义天对 1992 年以前国内外二维和三维泥沙数学模型的研究进展进行了论述[91]，杨国录对 1993 年以前国内外颇具特色的一维和二维水沙数学模型进行了全面回顾和总结[92]，ASCE 对国外可估算河宽变化的泥沙数学模型作了评述[93]。一维泥沙数学模型，国外比较有影响的如 HEC-6 模型、FLUVIAL-12 模型、GSTARS 模型、STREAM2 模型、WIDTH 模型以及其他一些模型[94-97]。国内的一维泥沙数学模型也很多，可分为各有特点的三类：一是以水文相关分析为基础的模型[98]；二是以水动力学和泥沙运动力学为基础的模型[99-105]；三是介于上述两类之间的模型，以张启舜模型为代表[107-109]。

尽管目前各种泥沙数学模型已经很多，但其理论基础不外乎水流泥沙四大控制方程，即水流连续方程，水流运动方程，泥沙连续方程和河床变形方程，其主要区别在于求解方程时，各家采用的数值计算方法、水流挟沙力计算方法、动床阻力计算方法、横断面概化方法和床沙级配调整计算方法等有所不同。一维泥沙数学模型由于研究较早且成熟可靠，被广泛应用于实际工程当中。

综上所述，一维恒定流泥沙数学模型目前发展较为完善，并且已经大量地应用于实际。现有的一维非恒定流泥沙数学模型中，水流计算基本都是采用有限差分法求解明渠非恒定流的圣•维南方程组[110]；泥沙计算则大多采用基于恒定均匀流假设条件下的含沙量沿程变化方程，或采用显式差分法求解河床变形方程（或泥沙连续方程）；水流挟沙力、河床阻力等的计算多采用基于恒定均匀流假设条件下的公式。就非恒定流泥沙输移的基本理论而言，非恒定情况下水流挟沙力、动床阻力、不同粒径组泥沙之间的相互影响、不平衡输沙的规律等问题，目前还处于理论探索阶段。加之天然河道非恒定流水沙运动特性十分复杂，目前一维非恒定流模型能有效用于实际的还不多见，还需要大量的实测资料检验，许多问题还有待继续深入研究和完善，以便逐步取代恒定流模型，但目前在实际工程中用恒定流模型的居多，因此本书采用一维恒定流非均匀不平衡输沙模型。

8.2　泥沙数学模型中相关问题的分析与讨论

前已述及，泥沙数学模型种类繁多，适用对象和适用范围又各不相同，针对性较强，但是它们作为预报水沙运动和河床冲淤的重要工具，其理论基础不外乎水流泥沙四大控制方程，即水流连续方程、水流运动方程、泥沙连续方程和河床变形方程，所不同的是各类模型中对一些相关问题的处理有许多不同之处。下面对泥沙数学模型中这些相关问题及本次所建数学模型中这些问题是如何处理的一并进行分析与讨论。

8.2.1　断面概化

天然河道断面形态各式各样，直接用原始断面进行计算有许多难以克服的困难，因此有必要对原始断面进行概化。断面概化的合理与否对水力计算及河床变形计算影响很大，这主要由于河床变形的速度小于水流变化，概化后的断面作为河床变形计算的初始条件，不像水力计算初始条件在最初几个时间步长内会很快消失，地形的误差会在长时间内影响泥沙计算结果，甚至导致计算的失败，所以概化后的断面应尽可能地符合实际情况。

本书所研究的河段包括渭河下游咸阳—渭拦（入黄口）、黄河小北干流龙门—潼关河段，但是龙门—潼关河段冲淤变幅大、横向分布极不均匀，这种分布不均匀性对水流的整体结构和输沙能力的影响是相当突出的。例如，小北干流河道断面形态的特点是，一般中、小流量时，水流在主槽内流动，河道的冲淤均发生在主槽内；大流量时，水流漫滩，主槽中水流的流速和水深较大，相应的水流挟沙力也较大，而滩地上的水流流速和水深较小，其挟沙力也较小；当发生高含沙洪水时，常常出现滩淤槽冲，断面变得较为窄深，有利于过流和泥沙输送。因此，主槽和滩地的水力特性有较大差异，冲淤往往朝不同方向发展，如果这种不均匀性在模型中得不到反映，冲淤在断面上按均匀分布处理，修改后的断面可能与实际情况正好相反，整体模拟的结果就很难与实际相符。为模拟这一特性，就有必要将河道断面划分成主槽和滩地两部分。另一方面，小北干流断面形态极复杂多变，主槽摆动频繁，流路散乱，岔道众多，断面上往往呈现多个主槽，如果直接沿用这种极复杂的实际断面进行泥沙冲淤计算，那么势必带来一系列无法解决的难题，必须将实际的复杂断面形态概化成较为简单的如一槽二滩的形式，如图 8-1 所示。

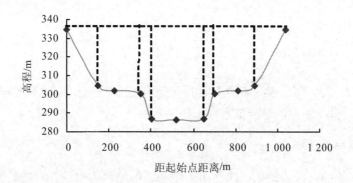

图 8-1　典型横断面概化示意

8.2.2　水面线计算中的若干问题

8.2.2.1　动量修正系数 α_e 的计算

动量修正系数 α_e 的计算，假定同一断面各子断面的能坡相同，则各子断面流量叠加等于断面的总流量，经换算后为：

$$\alpha_{ei} = \left[\sum \left(\frac{K_{k,j}}{A_{i,j}} \right)^2 K_{i,j} \right] \Big/ \left[\left(\frac{K_i}{A_i} \right)^2 K_i \right] \tag{8-1}$$

式中，α_{ei} ——第 i 断面的动量修正系数；

　　　K_i、A_i ——第 i 断面的流量模数和过水断面面积；

　　　j ——第 i 断面的子断面下标。

局部水头损失只计断面扩大或缩小时的能量损失，断面扩大时，取 $\xi_i = -0.5$；断面缩小时，取 $\xi_i = 0.2$。

子断面的流量模数与全断面流量模数之间的关系如下：

$$K_i = \sum_j K_{i,j} \tag{8-2}$$

式中，$K_{i,j}$ —— i 断面上第 j 子断面的流量模数。

假设各断面的水力坡度与全断面平均水力坡度相等，则子断面流量模数可用下式计算

$$K_{i,j} = A_{i,j} C_{i,j} \sqrt{R_{i,j}}, \qquad C_{i,j} = \frac{1}{n_i} R_{i,j}^{\frac{1}{6}} \qquad (8\text{-}3)$$

即

$$K_{i,j} = \frac{1}{n_i} A_{i,j} R_{i,j}^{\frac{2}{3}} \qquad (8\text{-}4)$$

式中，$A_{i,j}$、$C_{i,j}$、$R_{i,j}$ ——第 i 断面上第 j 子断面的过水面积、谢才系数和水力半径；

$\quad\quad n_i$ ——第 i 断面的综合糙率。

8.2.2.2　糙率的计算

冲积河流的河床为动床，床面阻力主要由沙粒阻力组成，它随着河道冲淤在不断地发生变化。当河道发生淤积时，床沙细化，床面阻力减小；反之，当河道发生冲刷时，床沙粗化，床面阻力增大。因此，本模型对河床阻力随着河道冲淤不断变化这一特点进行了初步考虑，模型中采用文献[111]中介绍的计算方法计算糙率，即用计算时段内的平均冲淤强度对糙率进行修正。如果河道呈淤积趋势，则糙率将减小；反之，如果河道呈冲刷趋势，则糙率将会有所增加。n_i^0-Q 为初始时刻第 i 河段糙率与流量的关系，假设 t 时刻第 i 河段的糙率与流量关系为 n_i^t-Q，若经过 Δt 时间后，该河段的冲淤量为 ΔV_i，则该河段 $t+\Delta t$ 时刻的糙率 $n_i^{t+\Delta t}$ 为

$$n_i^{t+\Delta t} = n_i^t - C_n \frac{\Delta V_i}{\Delta t} \qquad (8\text{-}5)$$

式中，C_n ——一个经验系数，可在计算中根据计算结果的情况进行调整；

$\quad\quad \Delta V_i$ ——冲淤量，亿 m^3，冲刷时河床粗化取负值，淤积时河床细化取正值。

Δt 单位为 d。在实际计算中，对 $n_i^{t+\Delta t}$ 的变化范围应有所限制，一般在 $0.5\,n_i^0$ 到 $1.5\,n_i^0$ 之间，即

$$n_i^{t+\Delta t} = \begin{cases} 0.5 n_i^{t=0}, & n_i^{t+\Delta t} < 0.5 n_i^{t=0} \\ 1.5 n_i^{t=0}, & n_i^{t+\Delta t} > 1.5 n_i^{t=0} \end{cases} \qquad (8\text{-}6)$$

式中，$n_i^{t=0}$ ——计算初始第 i 河段的综合糙率，需通过实测资料率定得出。

8.2.3　泥沙计算中的若干问题

前已述及，模型采用非耦合解法求解，因此求解水流方程求出各断面水力要

素后，就可以进行泥沙计算。

8.2.3.1　非均匀沙的沉速计算

在大量的生产实践中，人们发现一定浓度的含沙量和不同的颗粒级配对泥沙的沉速影响非常大，在计算泥沙沉速时必须考虑含沙量和颗粒组成的影响。含沙量对沉速的影响主要反映在含沙水流的黏滞性上，含沙量越高，黏滞性越大，沉速越小；在其他条件相同的情况下，浑水黏滞性将随含沙量的增加而增加。非均匀沙（分粒径组泥沙）的沉速计算公式是以单颗粒泥沙在清水中的沉速计算公式为基础，通过两次修正得到的。首先，考虑到泥沙的存在对泥沙悬浮液介质容重和黏滞性的影响，将单颗粒泥沙在清水中的沉速公式中的容重和黏滞系数换成浑水的容重和黏滞系数，即得单颗粒泥沙在浑水中的沉速公式。其次，考虑到群体泥沙沉降时颗粒间的相互阻尼作用，还需对单颗粒泥沙在浑水中的沉速公式作二次修正，从而得到均匀沙（或某粒径组泥沙）在浑水中的沉速公式。

由于渭河含沙量高，计算沉速时必须考虑含沙量和颗粒组成的影响，一般在水流挟沙力公式计算中必须对沉速进行修正，目前常用的沉速修正计算方法主要有两种：

第一种为里查森和扎基[112]公式：

$$\frac{\omega_k}{\omega_{k0}} = (1 - S_V)^m \tag{8-7}$$

式中，m ——待定指数，王兆印、钱宁根据实测资料求得 $m=7$。

第二种为清华大学水利系费祥俊[113]公式：

$$S_{Vm} = 0.92 - 0.21\lg\sum_{k=1}^{N_s}\frac{P_k}{d_k} \tag{8-8}$$

$$C_\mu = 1 + 2.0(\frac{S_V}{S_{Vm}})^{0.3}(1 - \frac{S_V}{S_{Vm}})^4 \tag{8-9}$$

$$\mu_m = \mu_0(1 - C_\mu\frac{S_V}{S_{Vm}})^{-2.5} \tag{8-10}$$

$$\omega_k = \frac{\sqrt{10.99D^3 + 36(\frac{\mu_m}{\rho_m})^2} - 6\frac{\mu_m}{\rho_m}}{d_k} \tag{8-11}$$

式中，ω_k、ω_{k0}——第 k 粒径组泥沙颗粒在浑水和清水中的沉速；

　　　　d_k——第 k 粒径组泥沙颗粒平均粒径；

　　　　P_k——某一粒径级相应的重量百分比；

　　　　C_μ——对浓度的修正系数；

　　　　μ_m、μ_0——泥沙悬液及同温度清水的黏滞系数；

　　　　S_V、S_{Vm}——固体体积比浓度及其极限浓度；

　　　　ρ_m——浑水密度。

从式（8-7）和式（8-11）对比可以看出：前者仅考虑含沙浓度的影响，后者考虑了全沙浓度与粒径的影响。根据黄河、渭河实测资料分析结果，悬移质级配随着含沙量增加而逐渐变粗，细颗粒泥沙作用远大于粗颗粒泥沙的作用。众所周知，泥沙颗粒在不同流区的沉速规律是不一样的，当泥沙颗粒较细，处于层流区和过渡区，其沉速与流体的黏滞系数有关；当泥沙粒径较粗，在紊流区则与黏滞系数无关。由此可知，第二种沉速修正方法比较符合黄河、渭河的实际情况。

　　模型中采用费祥俊的浑水黏度计算公式（8-10）计算浑水黏度，然后分不同流区计算各粒径组沉速。

当泥沙沉降处于层流区时（粒径判数 $\phi_m < 1.544$）时，采用斯托克斯公式计算沉速

$$\omega_{mk} = \frac{\gamma_s - \gamma_m}{18\mu_m} d_k^2 (1 - S_V)^{4.91} \tag{8-12}$$

当泥沙沉降处于过渡区时，采用沙玉清公式计算沉速：

$$\omega_{mk} = S_{am} v_m^{\frac{1}{3}} \left(\frac{\gamma_s - \gamma_m}{\gamma_m}\right)^{\frac{1}{3}} g^{\frac{1}{3}} (1 - S_V)^{4.91} \tag{8-13}$$

$$S_{am} = \exp(2.0303\sqrt{39 - (\lg\varphi_m - 5.777)^2} - 3.665) \tag{8-14}$$

$$\phi_m = \frac{1}{6}\left(g\frac{\gamma_s - \gamma_m}{\gamma_m}\right)^{1/3} v^{-2/3} d_k \tag{8-15}$$

式中，ω_{mk}——第 k 粒径组泥沙在浑水中的沉速；

　　　　v_m——浑水的运动黏滞系数；

　　　　S_{am}、ϕ_m——沉速判数和粒径判数；

　　　　其余符号同前。

非均匀沙群体沉速采用下式计算

$$\omega_m = \sum_{k=1}^{N_s} P_k \omega_{mk} \tag{8-16}$$

式中，ω_m——非均匀沙在浑水中的平均沉速；

　　　　P_k——第 k 粒径组泥沙占全沙的重量百分比；

　　　　ω_{mk} 意义同前。

8.2.3.2　水流挟沙力的计算

　　水流挟沙力是河流动力学中非常重要的一个概念，根据河流动力学原理，水流挟沙力的概念只适用于床沙质。

　　张红武对全沙水流挟沙力公式进行了研究[114]，钟德钰等对冲泻质的挟沙能力问题进行了探讨[115]；李义天在文献[116-118]中对泥沙粒配对水流挟沙力的影响进行了试验研究，讨论了悬移质分组挟沙力的计算方法，对现有的不同学者的高、中、低浓度挟沙力公式进行了对比分析；邓贤艺、曹如轩[119]根据沙玉清挟沙力双值关系的论点，在分析研究实验室及野外原型观测资料的基础上，得出了临界淤积、临界冲刷两个挟沙力公式，公式既能用于一般挟沙水流的冲淤问题，又能用于高含沙水流的冲淤问题，尤其是较好地描述了黄河下游清水冲刷呈现的难点，是水流挟沙力研究方面的一个发现。

　　以上学者从不同角度对水流挟沙力进行了研究，取得了不少进展，如发现泥沙粒配是影响水流挟沙力计算的一个非常重要的因素、不同浓度对水流挟沙力公式的影响等，但这些水流挟沙力公式的共同点是均以能量平衡为基础，都说明了紊动扩散作用与重力作用之比是决定挟沙力大小的最关键因素。限于目前的研究水平，人们对水流挟带泥沙的力学机理还没有完全认识，特别是对于冲泻质对床沙质水流挟沙力的影响、高含沙水流挟沙力计算、泥沙组成对水流挟沙力的影响、不同粒径泥沙的分组水流挟沙力计算、黏性细颗粒泥沙水流挟沙力等问题，人们尚未能完全掌握。因此，对于水流挟沙力计算问题，人们还只能借助于一些半经验半理论性的或者甚至纯经验性的方法来研究解决。

　　目前许多泥沙数学模型将泥沙划分为床沙质和冲泻质，分别计算其冲淤过程，这种方法对于简单断面形态是适用的。一般采用悬浮指标 $Z_k=\omega_k/(kU_*)$ 作为划分冲泻质与床沙质的判据。当 $Z_k>0.05$ 时，该组泥沙为床沙质；否则为冲泻质。这里 Z_k 和 ω_k 分别为第 k 粒径组泥沙的悬浮指标和沉速，U_* 为摩阻流速，k 为卡门常数。对于天然河流，断面形态比较复杂，需要将横断面划分成若干子断面进行泥沙输移计算，这种情况下仍将泥沙划分为床沙质和冲泻质，会使计算过程变得十分复杂，况且同一断面的不同子断面上，水流强度不一定相等，同一组泥沙在不同子断面上可能分属于冲泻质和床沙质，这是分子断面计算给冲泻质与床沙质的划分带来的一个困难。为此，本模型在计算时不区分床沙质和冲泻质，模型中采用如下形式的公式[120]计算子断面的水流挟沙力：

$$S_{*i,j} = C_*(\frac{\gamma_m}{\gamma_s - \gamma_m}\frac{U_{i,j}^3}{gR_{i,j}\omega})^{m_*}$$　　　　（8-17）

式中，$S_{*i,j}$——子断面上混合沙（包括床沙质和冲泻质）的总挟沙力；

　　　C_*、m_*——待定系数和指数，可根据实测资料确定；

　　　γ_m、γ_s——浑水和泥沙的容重；

　　　$U_{i,j}$、$R_{i,j}$——子断面的平均流速和水力半径；

　　　ω——混合沙挟沙力的代表沉速。混合沙挟沙力的代表沉速ω与挟沙力的级配有关，挟沙力级配一旦确定，子断面的分组挟沙力也就确定了。

　　前已述及，目前对分组水流挟沙力和水流挟沙力级配的研究还很不成熟。一般认为，河流中的泥沙主要有两部分组成：一部分是上游来水挟带而来的，另一部分是由于水流的紊动扩散作用从床面上扩散而来。因此，悬移质挟沙力级配是一定来水来沙和河床条件的综合结果。它既与床沙级配有关，又与上游来沙级配有关，忽视了任何一方面都将使计算结果出现较大误差。

8.2.3.3　水流挟沙力级配

　　如前所述，水流挟沙力级配一旦确定，子断面的分组挟沙力也就确定了。模型中采用韦直林[121]提出的方法计算水流挟沙力级配：

$$P_{*k,i,j} = \theta P_{k,i+1} + (1-\theta)P'_{*k,i,j}$$　　　　（8-18）

式中，$P_{*k,i,j}$——子断面的水流挟沙力级配；

　　　$P_{k,i+1}$——上游第 i+1 断面的平均悬移质级配；

　　　θ——加权系数，$0<\theta\leqslant1$；

　　　$P'_{*k,i,j}$——子断面的某一特征级配，由下式确定

$$P'_{*k,i,j} = (\frac{P_{bk,i,j}}{\omega_k^{m_*}}) / \sum_k \frac{P_{bk,i,j}}{\omega_k^{m_*}}$$　　　　（8-19）

式中，$P_{bk,i,j}$——子断面的床沙级配；

　　　ω_k——第 k 粒径组泥沙沉速；

　　　m_*——经验指数，与式（8-17）中相同。

　　由式（8-18）计算出挟沙力级配，并由式（8-17）计算出子断面上混合沙的

总挟沙力后，分组水流挟沙力用下式计算

$$S_{*k,i,j} = P_{*k,i,j} S_{*i,j} \qquad (8\text{-}20)$$

式中，$S_{*k,i,j}$——子断面的分组水流挟沙力；

其余符号同前。

8.2.3.4　床沙级配的调整及计算方法

天然河道中，水流中运动的泥沙与床沙处于不断的交换之中，床沙级配的调整变化对阻力的影响十分显著。当河床发生冲刷时，由于泥沙的分选作用，河床组成逐渐粗化，水流阻力随之增大，导致水流流速减小，水流挟沙力降低，从而使冲刷强度减小；相反，若河床发生淤积，则床沙细化，水流阻力减小，流速和水流挟沙力增大，使淤积强度减小。由此可以看出，床沙级配的调整对河床变形影响很大。该模型采用分层储存床沙级配模式，任一计算时段内假定泥沙的冲淤只与表层床沙发生关系。依据该时段内各粒径组泥沙的冲淤量以及表层床沙的级配，即可计算出时段末表层床沙的级配。

为模拟河床在冲淤过程中床沙的粗化和细化现象，模型中将床沙分为 M 层，分层记忆其级配，如图 8-2 所示。计算初始，床沙分成 5 层（即 $M=5$）。计算过程中，第一层厚度 ΔH_1 始终保持不变，其级配根据各粒径组泥沙的冲淤情况逐时段进行调整。第二层床沙的厚度 ΔH_2 控制在 1～2 倍的 ΔH_1 范围内，这样床沙的分层数随着冲刷或淤积的发展，不断的减少或增加。这里，第一层厚度 ΔH_1 在理论上应等于河床可动层厚度，但由于可动层厚度的影响因素十分复杂，其值不易从理论上确定。实际计算中 ΔH_1 的大小应取决于冲淤强度和时间步长。模型取 $\Delta H_1 = 2.0$ m。

若已知第 i 断面第 k 粒径组的平均冲淤厚度为 $\Delta H_{si,k}$，并令 $\Delta H_{si} = \sum_{k=1}^{N_s} \Delta H_{si,k}$ 是第 i 断面的总冲淤厚度，则床沙级配调整计算可分为两种情况。

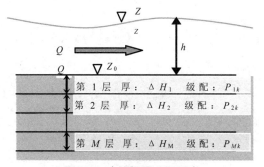

图 8-2　床沙级配分层示意

第一种情况：$\Delta H_{si} \geqslant 0$，即发生淤积的情况，此时表层（第一层）床沙级配用下式计算

$$\Delta P_{1k}^{t+\Delta t} = \frac{\Delta H_{si,k} + \Delta P_{1k}^t (\Delta H_1^t - \Delta H_{si})}{\Delta H_1^t}, \quad \Delta H_1^{t+\Delta t} = \Delta H_1^t \qquad (8\text{-}21)$$

式中，ΔP_{1k}^t、$\Delta P_{1k}^{t+\Delta t}$——时段初和时段末的表层床沙级配；

ΔH_1^t、$\Delta H_1^{t+\Delta t}$——时段初和时段末的表层床沙的厚度；

其余符号同前。

此时，若（$\Delta H_2^t + \Delta H_{si}$）$\leqslant 2\Delta H_1^t$，则可对第二层的床沙级配进行修正，并令 $\Delta H_2^{t+\Delta t} = \Delta H_2^t + \Delta H_{si}$；若（$\Delta H_2^t + \Delta H_{si}$）$> 2\Delta H_1^t$，则必须增加一个记忆层，也就是将厚度为（$\Delta H_2^t + \Delta H_{si}$）的床沙平分成两层，两层的厚度都为 $\Delta H_2^{t+\Delta t} = 0.5$（$\Delta H_2^t + \Delta H_{si}$），其级配作相应的调整。第二层以下各层级配均不作变化。

第二种情况：$\Delta H_{si} < 0$，即发生冲刷的情况，此时表层（第一层）床沙级配用下式计算

$$\Delta P_{1k}^{t+\Delta t} = \frac{(\Delta H_{si,k} + \Delta P_{1k}^t \Delta H_1^t) + \Delta P_{2k}^t |\Delta H_{si}|}{\Delta H_1^t} \qquad (8\text{-}22)$$

式中，ΔP_{2k}^t——时段初第二层床沙的级配；

其余符号同前。

此时，若（$\Delta H_2^t + \Delta H_{si}$）$\geqslant \Delta H_1^t$，则只需调整第二层的厚度，级配不变；若（$\Delta H_2^t + \Delta H_{si}$）$< \Delta H_1^t$，则将第二层与第三层混合，合二为一，这样，床沙层数就随之减少。

按照上述床沙调整计算模型，若河床发生冲刷，则表层细颗粒泥沙被冲走，表层床沙逐渐粗化；若河床发生淤积，则由于淤积的泥沙相对于床沙较细，表层床沙将逐渐细化。

8.2.3.5　关于子断面含沙量与断面平均含沙量的关系

河床变形方程与沙量连续方程之间需要一个补充方程才能封闭地联立起来。在此我们利用韦直林[122,123]所建立的子断面含沙量与断面平均含沙量的经验关系式：

$$\frac{S_{i,j,k}}{S_{i,k}} = C \left(\frac{S_{*i,j,k}}{S_{*i,k}} \right)^{\beta} \qquad (8\text{-}23)$$

$$C = \frac{Q_i \cdot S^{\beta}_{*,i,k}}{\sum\limits_{j} Q_{i,j} \cdot S^{\beta}_{*,i,j,k}}, \text{且} \beta = \begin{cases} 0.05 & S_{*,i,j,k}/S_{*,i,k} < 0.2 \\ 0.3 & S_{*,i,j,k}/S_{*,i,k} \geq 0.2 \end{cases}$$

式中，i、j、k——断面、子断面和粒径组编号，无脚标 j 时表示断面平均值。

8.2.3.6　恢复饱和系数 α 的取值

恢复饱和系数 α 是反映悬移质不平衡输沙时含沙量向饱和含沙量即挟沙能力靠近恢复的重要参数，一般是指方程式（8-24）

$$\frac{\mathrm{d}S_k}{\mathrm{d}x} = -\alpha \frac{\omega_k}{q}(S_k - S_{*k}) \quad (k = 1, 2, \cdots, N_s) \tag{8-24}$$

由上式可见，α 愈大，方程式左边变化就愈快，因此含沙量向挟沙能力恢复也就快，因此将 α 称为恢复饱和系数。

恢复饱和系数 α 在河床变形计算中起着很大的作用，但对如何确定其具体数值目前尚无统一定论，现有的模型各家取值的大小悬殊极大。韩其为[124]对此进行了深入总结和讨论后认为：一些学者认为，通过简单的边界条件求解二维扩散方程或积分二维扩散方程得出 α 的理论值应大于 1，其理由是：河床变形方程是一维悬移质扩散方程演绎推导的结果，α 相当于近底含沙量与垂线平均含沙量的比值。另一些学者认为，α 值小于 1，其理由是按沙量平衡直接建立均匀沙的一维不平衡输沙方程时得到 α，因此将它定义为沉降概率，其值小于 1。韩其为[125]从实际资料分析曾得到 α 小于或接近于 1，即冲刷时 α 小于 1，淤积时为 0.25，还有研究者从黄河下游河道得出在一些条件下 $\alpha \leqslant 0.01$[99]。

综上所述，有关恢复饱和系数的研究仍存在许多问题，理论研究不深刻、实验和资料受限制、难以求得正确的数值、理论结果与实际数据有相当的距离等这些问题都需要进一步深入研究。根据以往的研究和实验大家认识到冲刷和淤积恢复饱和系数不相等，冲刷大于淤积，α 值不是常数，而是随着悬浮指数值变化。对于均匀沙，α 值都小于 1，冲淤恢复饱和距离很短。对于非均匀沙天然河流，表层床沙和水中运动泥沙的交换速率一般远大于床沙本身的交换速率，短时间内暂时的表层床沙较迅速地粗化或细化遏制了河床冲淤速率，使含沙量沿程变化率远小于均匀沙情况，使不平衡输沙距离大于均匀沙情况。

由于以上原因，目前多数模型中 α 的取值一般是在模型的率定过程中经过反复调试确定的，本模型也不例外。

8.3　渭河下游泥沙冲淤数学模型的建立

前已述及，泥沙数学模型种类繁多，适用对象和适用范围又各不相同，针对性较强，但是它们作为预报水沙运动和河床冲淤的重要工具，其理论基础不外乎水流泥沙 4 大控制方程，即水流连续方程、水流运动方程、泥沙连续方程和河床变形方程，所不同的是模型中对一些相关问题的处理有许多不同之处，前面已对模型中这些相关问题及本次所建数学模型中这些问题的处理一并进行了分析与讨论。本次所建数学模型是在前述的分析与讨论的基础上，对现有的西安理工大学一维恒定水动力学数学模型[106]进行改进与完善而形成的，改进与完善的内容是：一是扩大了模型的使用范围，使之从原来的龙门、华县、河津、状头 4 站至潼关的黄河小北干流及渭河华县以下河段的模拟范围扩大至能够模拟渭河自咸阳水文站至渭河河口间的整个渭河下游河段（其中泾河张家山水文站和北洛河状头水文站作为节点加入）和黄河自龙门水文站至潼关水文站之间黄河小北干流河段（其中汾河河津站作为节点加入）的泥沙冲淤演变过程；二是使该模型能够同时模拟计算在一定年限之前的地形上不同流量级的洪水水位和一定年限之后的地形上不同流量级的洪水水位。改进与完善后的一维恒定水动力学泥沙数学模型仍然属于常用的一维恒定不平衡输沙模型，适用于计算长时间、长系列的河床变形（泥沙冲淤）过程，具有计算简单、快速、可靠性高的优点。该模型基本方程由水流、泥沙 4 大方程组成，该模型把来水、来沙过程划分为若干时段，使每一时段的水流接近于恒定流，根据河道形态划分为若干河段，使每一河段内的水流接近于均匀流，按恒定均匀流将水流运动和河床变形简化为有限差分形式，再采用非耦合解法求解。模型基本方程如下：

水流连续方程式

$$\frac{dQ}{dx} + q_L = 0 \qquad (8\text{-}25)$$

式中，Q——断面平均流量；

q_L——单位流程上的侧向出流量（出为正，入为负）。

水流运动方程式

$$\frac{dZ}{dx} + (\alpha_e + \xi)\frac{d}{dx}\left(\frac{V^2}{2g}\right) + \frac{Q^2}{K^2} = 0 \qquad (8\text{-}26)$$

式中，Z——水位；

　　　α_e——动能修正系数；

　　　ξ——局部水头损失系数；

　　　V——断面平均流速；

　　　K——流量模数，$K=ACR^{1/2}$（其中，A 是过水断面面积；R 是水力半径；$C=$
　　　　　　$(R^{1/6})/n$，C 是谢才系数，n 是糙率）；

　　　g——重力加速度。

　　泥沙连续方程式（分粒径组）

$$\frac{\partial}{\partial x}(QS_k)+\gamma'\frac{\partial A_{sk}}{\partial t}+q_{sk}=0 \quad (k=1,2\cdots,N_s) \qquad (8\text{-}27)$$

式中，S_k——第 k 粒径组断面平均含沙量和水流挟沙力，kg/m^3；

　　　γ'——泥沙干容重；

　　　A_{sk}——第 k 粒径组泥沙冲淤面积；

　　　q_{sk}——单位流程上第 k 粒径组泥沙的侧向输沙率（入为负，出为正）；

　　　k——粒径组角标；

　　　N_s——粒径分级总数；

　　　x，t——分别是流程和时间。

　　悬移质扩散方程（分粒径组）

$$\frac{\mathrm{d}S_k}{\mathrm{d}x}=-\alpha\frac{\omega_k}{q}(S_k-S_{*k}) \quad (k=1,2\cdots,N_s) \qquad (8\text{-}28)$$

式中，S_{*k}——第 k 粒径组断面水流挟沙力，kg/m^3；

　　　α——恢复饱和系数；

　　　ω_k——第 k 粒径组泥沙平均沉速；

　　　q——单宽流量；

　　　x——流程。

　　式（8-25）至式（8-28）的定解条件包括初始条件和边界条件。初始条件包括河道初始地形和床沙级配。边界条件包括上游入口边界的水沙过程，河道沿程水沙汇入（或流出）过程，以及下游出口边界的水位过程。上述 4 个基本方程式本身并不封闭，还需增加一些补充关系式，诸如水流挟沙力计算公式、水流挟沙力级配计算公式、动床阻力计算公式、沉速计算公式、子断面含沙量与断面平均含沙量之间的关系、子断面分组挟沙力的计算公式、恢复饱和系数的确定等，这些辅助性方程的分析和讨论见 8.2 节。

8.4　方程的离散及差分求解

　　模型中求解上述基本方程时，首先将研究河段沿流程划分为若干河段，使每一河段内的水流接近均匀流，如图 8-3 所示。图中 i 是断面编号，N_{cs} 是断面总数，断面序号由下游向上游递增。为简便起见，称第 i 断面至第 $i+1$ 断面之间的河段为第 i 河段。其次，把长历时的来水、来沙过程概化为梯级恒定流，使每一计算时段内的水流接近恒定流，按恒定非均匀渐变流进行求解。

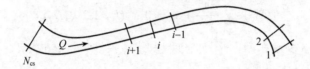

图 8-3　河段划分及横断面编号示意

　　计算方法采用非耦合解法。具体做法是先解水流方程——水力计算，即利用明渠恒定渐变流运动方程，推求河段水面线，从而得到各断面的水力要素。其次求解泥沙方程——泥沙计算，即利用含沙量沿程变化方程式自上游向下游求得各断面的输沙率及级配，从而推求出河床冲淤变化，最后根据求出的冲淤面积修正河道断面形态，并进入下一时段的水力计算。如此水力计算和泥沙计算交替进行，直到计算完所有的时段。

　　对于水流连续方程式（8-25），用差分法可直接离散成

$$Q_i = Q_{i+1} + Q_{Li} \quad (i = 1, 2, \cdots, N_{cs} - 1) \tag{8-29}$$

或

$$Q_i = Q_{N_{cs}} + \sum_{i=1}^{N_{cs}-1} Q_{Li} \quad (i = 1, 2, \cdots, N_{cs} - 1) \tag{8-30}$$

　　对于水流运动方程式（8-26），可在第 i 河段上离散为如下形式：

$$Z_{i+1} + \alpha_{ei+1} \frac{V_{i+1}^2}{2g} = Z_i + \alpha_{ei} \frac{V_i^2}{2g} + \frac{Q_{i+1}^2}{K_i K_{i+1}} \Delta x_i + \xi_i \left(\frac{V_i^2}{2g} - \frac{V_{i+1}^2}{2g} \right) \tag{8-31}$$

式中，K_i、K_{i+1}——第 i、$i+1$ 断面的流量模数；

　　　Δx_i——第 i 河段的长度；

　　　ξ_i——第 i 河段的局部水头损失系数，若河段逐渐扩散，则 ξ_i 取为 $-0.33 \sim -0.55$；急剧扩展段 ξ_i 取为 $-0.5 \sim -1.0$；收缩段 ξ_i 取为 $0.0 \sim 0.3$[108]。

式（8-31）中，等号左边各项均为未知项，等号右边各项均已知，沿程各断面的流量以及出口断面的水位为已知条件，推算水面线时从下游向上游逐段进行。由于水力要素要用水位来表示，故计算须用试算法进行。目前试算法主要有两种方法：一是标准分步法[75]，该法在国外应用较多，迭代速度也快，但在冲淤计算过程中常常得不到收敛解；二是二分法，二分法是一种较好的试算求解方法，一般只要找到求解区间，便能求得收敛解，但其求解速度相对较慢。鉴于目前计算机性能大大提升，本模型在计算水流条件时常选用二分法求解。

对于泥沙连续方程式（8-27）可离散为如下形式：

$$\phi A_{si,k} + (1-\varphi)A_{si+1,k} = \frac{Q_{i+1}S_{i+1,k} - Q_i S_{i,k} + q_{si,k}\Delta x_i}{\Delta x_i \gamma'}\Delta t \qquad (8\text{-}32)$$

式中，ϕ——权重系数，$0.5 \leqslant \phi \leqslant 1.0$；

A_s——断面冲淤面积（淤为正，冲为负）；

i、k——断面和粒径的下标；

$q_{si,k}$——第 i 河段第 k 粒径组泥沙的单位长度输沙率；

$q_{si,k}\Delta x_i$——第 i 河段第 k 粒径组泥沙的汇入输沙率。

将非均匀沙分成 N_s 组，假定河段内水流挟沙力线性变化，并忽略各粒径组之间的相互影响，通过联解泥沙连续方程式和河床变形方程式得到第 k 组泥沙的含沙量沿程变化方程式为

$$
\begin{aligned}
S_{i,k} = {}& S_{*i,k} + (S_{*i-1,k} - S_{i-1,k})\exp(-\frac{\alpha\omega_k \Delta x_i}{q_i}) \\
& + (S_{*i-1,k} - S_{*i,k})\frac{q_i}{\alpha\omega_k \Delta x_i}\left[1 - \exp(-\frac{\alpha\omega_k \Delta x_i}{q_i})\right]
\end{aligned}
\qquad (8\text{-}33)
$$

式中，$S_{i,k}$、$S_{*i,k}$——第 i 断面第 k 粒径组泥沙的含沙量和水流挟沙力；

ω_k——第 k 粒径组泥沙的沉速；

q_i——第 i 河段平均单宽流量；

Δx_i——断面间距；

α——恢复饱和系数，它反映了断面含沙量从非饱和状态向饱和状态恢复的速率。

8.5 本章小结

本章首先对泥沙数学模型的发展概况、模型分类、求解方法等进行了简要回

顾。然后对泥沙沉速计算、水流挟沙力和恢复饱和系数的取值等问题进行了分析与探讨，在此基础上对现有的西安理工大学一维恒定水动力学数学模型进行了改进和完善。西安理工大学一维恒定水动力学数学模型属于一维恒定不平衡输沙数学模型，模型基本方程的离散采用有限差分法、非耦合解法求解，仅能模拟龙门、华县、河津、状头4站至潼关的黄河小北干流及渭河华县以下河段的冲淤过程及冲淤量。本次对该模型进行改进和完善的内容是：一是扩大了模型的使用范围，使之从原来的龙门、华县、河津、状头4站至潼关的黄河小北干流及渭河华县以下河段的模拟范围扩大至能够模拟渭河自咸阳水文站至渭河河口间的整个渭河下游河段（其中泾河张家山水文站和北洛河状头水文站作为节点加入）和黄河自龙门水文站至潼关水文站之间黄河小北干流河段（其中汾河河津站作为节点加入）的泥沙冲淤演变过程；二是使该模型能够同时模拟计算在一定年限之前的地形上不同流量级的洪水水位和一定年限之后的地形上不同流量级的洪水水位。

　　本次改进和完善后的模型基本方程仍然采用有限差分法进行离散，非耦合解法进行求解，能够模拟在一定的水沙系列作用下的整个渭河下游河段（其中泾河张家山水文站和北洛河状头水文站作为节点加入）和黄河小北干流龙门至潼关段（其中汾河河津站作为节点加入）的冲淤过程、冲淤范围、冲淤部位、冲淤量以及初始地形和计算年限结束后的地形上的不同流量级的沿程洪水水位。

9 泥沙冲淤数学模型的率定和验证

本章利用前述的一维悬移质不平衡输沙数学模型对空间范围从龙门至潼关 128 km 河段和渭河下游咸阳至潼关的 203.2 km 河段，用时间系列为 1969—1995 年共 26 年（水文年）资料对参数进行了率定，用 1997—2001 年共 4 年的冲淤过程进行了模拟验证，结果发现计算冲淤量和冲淤趋势均与实测冲淤量和冲淤趋势吻合较好。

模型率定、验证计算的主要内容包括：①黄淤 41～45、黄淤 45～50、黄淤 50～59、黄淤 59～68 各年汛期、非汛期冲淤量；②渭拦、渭淤 1～10、渭淤 10～26、渭淤 26～37 各年汛期、非汛期冲淤量。

9.1 基本资料的整理与分析

9.1.1 率定、验证系列水沙特性分析

各进口水文站咸阳、张家山、状头、龙门、河津 1969—2001 年的来水来沙变化见图 9-1（a）～（e），图 9-1（f）是各站年平均含沙量随时间的变化图。

从统计的资料来看，咸阳站 1969—1995 年多年平均汛期来水量为 23.25 亿 m³，来沙量为 0.85 亿 t，汛期平均含沙量为 36.56 kg/m³，非汛期来水量 14.68 亿 m³，非汛期来沙量 0.15 亿 t，非汛期平均含沙量 10.22 kg/m³；其中，1975 年、1981 年、1983 年、1984 年 4 年为丰水年，汛期最大来水发生在 1981 年，来水量为 62.51 亿 m³，汛期最小水量为 1995 年，仅为 3.17 亿 m³，为特枯水年；其中 1970 年、1973 年为枯水丰沙年，1975 年、1981 年、1983 年、1984 年为丰水枯沙年，1987—1993 年为平水平沙年，1994—2001 年为枯水枯沙年。张家山站 1969—1995 年，多年平均汛期来水量为 9.19 亿 m³，来沙量为 1.77 亿 t，汛期平均含沙量达 192.6 kg/m³；非汛期平均来水量 4.34 亿 m³，来沙量为 0.21 亿 t，平均含沙量 48.38 kg/m³，比较各年的来水量，可以看出，1970 年、1973 年、1975 年、1981 年、1983 年、1984 年、1988 年、1990 年、1992 年和 1996 年为丰水年，其中，1973 年、1988 年、1996 年为丰水丰沙年，1977 年为平水丰沙年，1970 年、1975 年、1981 年、1983

年、1984 年为丰水枯沙年，1997—2001 年为枯水枯沙年。状头站的 1969—1995 年的汛期平均来水量 4.19 亿 m^3，来沙量 0.68 亿 t，平均含沙量 162 kg/m^3；非汛期来水量 2.49 亿 m^3，来沙量 0.05 亿 t，平均含沙量 20.08 kg/m^3；其中 1975 年、1983—1985 年、1988 年为丰水枯沙年，1985 年为平水丰沙，其余为平水平沙年。咸阳、张家山、状头三站年均来水量占渭河下游总来水量 70.42 亿 m^3 的 53.86%、19.2%、9.48%。咸阳、张家山、状头三站年均来沙量分别占渭河下游总来沙量 3.92 亿 t 的 25.5%、50.26%、18.62%，可见渭河下游的泥沙主要来自泾河。龙门站 1969—1995 年汛期平均来水量 132.81 亿 m^3，来沙量 5.71 亿 t，汛期平均含沙量 42.99 kg/m^3；非汛期平均来水量 130.68 亿 m^3，来沙量 0.90 亿 t，非汛期平均含沙量 6.89 kg/m^3。河津站汛期平均来水量 4.98 亿 m^3，来沙量 0.10 亿 t，汛期平均含沙量 20.08 kg/m^3；非汛期平均来水量 2.89 亿 m^3，来沙量 0.01 亿 t，非汛期平均含沙量 3.46 kg/m^3；可见黄河干流来沙主要集中在汛期，汾河含沙量较低，其中 1970 年和 1983 年为平、枯水丰沙年。

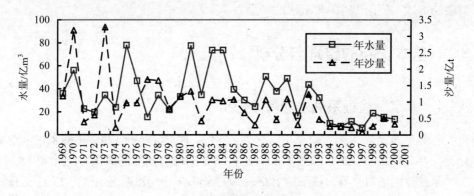

（a）咸阳站水沙量变化

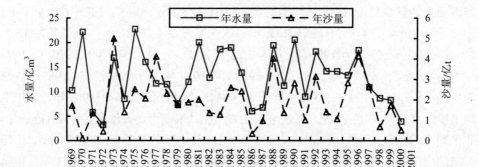

（b）张家山站水沙量变化

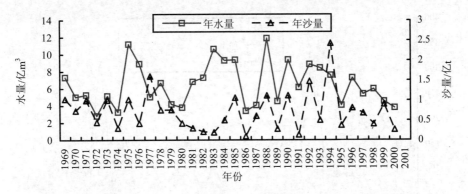

（c）状头站水沙量变化

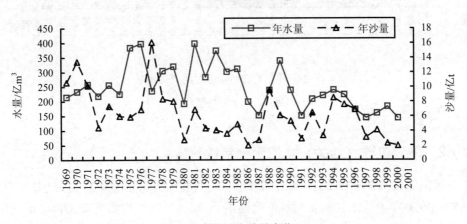

（d）龙门站水沙量变化

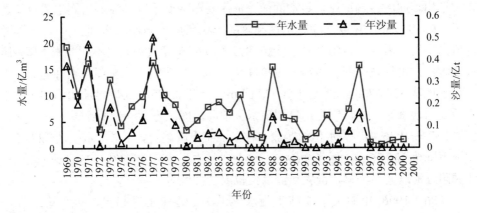

（e）河津站水沙量变化

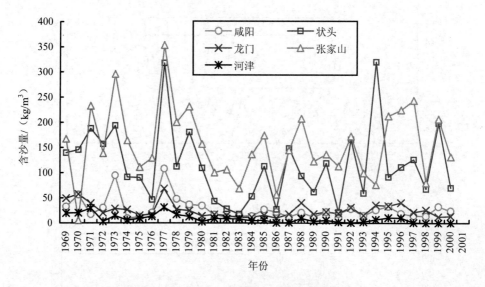

（f）各站年平均含沙量随时间变化情况

图 9-1　水沙量变化

9.1.2　下游边界（潼关）水位变化特性分析

潼关水位站 1969—2001 年实测水位随时间变化情况见图 9-2。由图 9-2 可见，1969—1976 年潼关水位站实测水位呈逐年下降趋势，年平均水位从 328.42 m 逐渐下降至 326.67 m，下降幅度达 1.75 m。这主要是由于 1969—1972 年三门峡水库低水位运用，库区普遍冲刷，这期间潼关河床逐渐冲刷下降，潼关实测水位也随之降低。自 1973 年三门峡水库开始控制运用，坝前水位开始抬高，但由于水库溯源冲刷向上发展需要一定的时间，导致 1973—1976 年潼关河床仍不断冲刷下降，潼关实测水位也随之降低。1976—1979 年潼关水位站实测水位呈逐年上升趋势，年平均水位从 326.67 m 逐渐上升至 327.65 m，上升 0.98 m。这主要是由于 1973 年之后三门峡水库开始控制运用，坝前水位抬高，库区逐渐回淤所致。

1979—1986 年潼关水位站实测水位呈逐年下降趋势，年平均水位从 327.65 m 逐渐下降至 326.96 m，下降 0.69 m。这主要是由于 1981—1985 年潼关来水较丰，潼关附近河段发生冲刷，潼关实测水位也随之降低。

1986—1996 年潼关水位站实测水位再次呈逐年上升趋势，年平均水位从 326.96 m 逐渐上升至 328.16 m，上升了 1.20 m。这主要是由于 1986 年之后，上游龙羊峡、刘家峡两库投入运用导致潼关汛期水量减少，加之此期间年来水量逐渐减少，从而导致潼关附近河段不断淤积抬高，潼关实测水位也随之抬升。

1996 年之后潼关水位站实测水位略有下降，这主要与 1997 年之后潼关来水量减少有关。

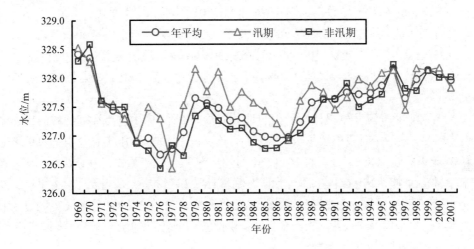

图 9-2   潼关实测水位随时间变化情况

9.1.3   渭河下游及黄河小北干流各河段的实测冲淤情况

渭河下游和黄河小北干流 1969—2001 年实测累计冲淤量见表 9-1，渭河下游各河段的实测累计冲淤量过程见图 9-3。黄河小北干流各河段的实测累计冲淤量过程见图 9-4。

从表 9-1 可见，1969 年汛前至 2001 年渭河下游累计淤积 4.722 4 亿 m³，其中渭淤 1-10 和渭淤 10-26 河段分别为 2.236 亿 m³ 和 1.974 4 亿 m³，分别占渭河下游总淤积量的 47.3%和 41.8%，可见渭河淤积主要集中在渭淤 1-26 河段。渭河发生累积性淤积的时段主要集中在 1973 年之前（1969 年汛前至 1973 年汛后累计淤积 1.780 9 亿 m³，占 1969—2001 年总淤积量的 37.7%）和 1990 年之后（1990 年汛后至 2001 年汛后累计淤积 2.891 9 亿 m³，占 1969—2001 年总淤积量的 61.2%），这两个时段的总淤积量占渭河 1969—2001 年总淤积量的 98.9%。究其原因，1969—1973 年产生的累积性淤积，主要是由于 1969 年之前潼关高程抬升造成渭河下游溯源淤积向上游发展的结果；1974—1990 年基本上冲淤平衡，这一方面是由于 1969 年之后潼关高程下降引起的溯源冲刷向上发展抑制了渭河下游的累积性淤积，另一方面，这一时段渭河来水量相对较多，是导致该时段渭河冲淤基本平衡的又一重要原因。1990—1995 年，由于 1992 年、1994 年、1995 年均为小水大沙年，加之此期间潼关高程由 1986 年的 327 m 左右抬高至 328.3 m 左右，渭河发生了强烈的累积性淤积。1996 年之后，渭河来水基本稳定，潼关高程也基本维持在 328.3 m 左右，导致渭河自 1996 年至 2001 年冲淤基本平衡。

从表 9-1 和图 9-4 可见，黄河小北干流自 1969 年汛前至 2001 年累计淤积 10.743 亿 m³，其中黄淤 50～59 和黄淤 59～68 两河段分别淤积 3.952 亿 m³ 和 5.113 亿 m³，分别占 36.8% 和 47.6%，可见黄河小北干流淤积主要集中在黄淤 50～68 河段。

黄河小北干流发生累计性淤积的时段主要集中在 1970 年之前和 1987—1996 年两个时段，这两个时段的淤积量为 9.863 亿 m³，占 1969—2001 年总淤积量的 91.8%。1970 年汛后至 1986 年汛后的 16 年间，小北干流累计淤积量仅为 0.152 2 亿 m³，基本上冲淤平衡。1997 年之后，小北干流累计淤积量也较少，接近冲淤平衡。小北干流的累计淤积量随时间的变化过程和渭河具有许多相似之处（见图 9-3 和图 9-4），不同特征时段小北干流发生累积性淤积或接近冲淤平衡的原因与渭河的原因基本相同，这里不再赘述。

表 9-1　渭河下游和黄河小北干流 1969—2001 年累计冲淤量

年份	渭河下游					黄河小北干流				
1969—2001	渭拦	渭淤 1～10	渭淤 10～26	渭淤 26～37	渭拦-渭淤 37	黄淤 41～45	黄淤 45～50	黄淤 50～59	黄淤 59～68	黄淤 41～68
累计淤积量/亿 m³	0.203	2.236	1.974	0.309	4.722	0.494	1.182	3.952	5.113	10.747

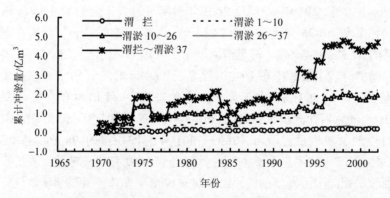

图 9-3　渭河下游各河段实测累计冲淤量随时间变化（1969—2001 年）

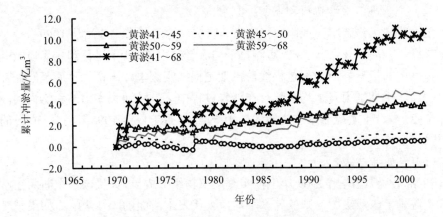

图 9-4　黄河小北干流各河段实测累计冲淤量随时间变化（1969—2001 年）

9.2　模型的率定

9.2.1　率定依据的基本资料及有关问题的处理

（1）模型率定的时间系列、步长

模型率定的时间系列为 1969 年汛前至 1995 年汛前，共 26 年水沙系列。时间步长划分为非汛期每旬一个计算时段，汛期每天一个计算时段。计算中如果某个时段的冲淤量过大，程序可对此时段重新细分成多个时段进行计算。

（2）河段及断面划分

空间范围为从龙门至潼关 128 km 河段和渭河下游咸阳至潼关的 203.2 km 河段，共划分断面 79 个。上游边界为咸阳、张家山、状头、龙门、河津五站，下游边界为潼关站。干流从龙门至潼关划分成 28 个河段，共 29 个控制断面，沿程相继有汾河和渭河汇入；支流渭河从咸阳至渭河口划分成 49 个河段，共 50 个控制断面，沿程相继有泾河和北洛河汇入；支流北洛河从状头至北洛河口附近的洛淤 1 断面划分成 22 个河段，共 23 个控制断面。

（3）断面资料

实测大断面资料采用 1969 年汛前大断面资料，先计算各实测大断面的水位-水面宽度曲线。其次，假定该曲线与实测断面等价，即认为曲线上各坐标点的水位与河底高程等价，水面宽度与起点距等价。最后，根据该等价断面横向河底高程的变化情况，将其划分为若干个子断面。

（4）上游进口水沙资料和下游控制水位

上游进口水沙资料为咸阳、张家山、状头、龙门、河津5站从1969年7月1日至1995年6月30日共26年实测日平均流量过程、输沙率过程和悬移质级配过程线，其中的日悬移质级配过程线，汛期是根据实测单位水样悬移质级配插补为日过程，非汛期采用月平均级配。在计算过程中，把泾河张家山站和汾河河津站当作节点加入。下游控制水位为潼关站1969年7月1日至1995年6月30日的实测日平均水位。

（5）初始床沙级配

初始床沙级配采用1969年汛前实测淤积物级配成果，如果同一个断面在不同位置上测量了床沙级配，则取算术平均值来代表本断面的床沙级配，如果某一个断面缺测，则用插值的办法求得。

（6）计算中将泥沙分成9组，分组粒径与水文测验资料一致，见表9-2。悬移质和床沙的分组粒径相同。采用的实测资料，凡应用1980年以前之粒径法成果的统一修正为光电法成果。

表9-2　泥沙分级粒径

组数	1	2	3	4	5	6	7	8	9
分组粒径/mm	0.007	0.010	0.025	0.05	0.1	0.25	0.5	1.0	2.0

9.2.2　参数的率定

（1）淤积物干容重

根据实测资料统计分析，不同河段淤积物初期干容重有差别，就是在同一河段，汛前和汛后，冲刷阶段和淤积阶段也有差别。尽管淤积物的干容重在空间和时间上呈现一定的变化，但这种变化的幅度在潼关以上河段并不是很大，为了便于计算，我们在计算中把龙关—潼门段和渭河下游淤积物干容重取为定值。

龙关—潼门河段和渭河下游河段的实测干容重资料表明，龙关—潼门段初期干容重变化范围为 1.53～1.62 t/m³，计算中取均值 1.58 t/m³ 为龙关—潼门段泥沙冲淤计算的淤积干容重。渭河下游淤积物初期干容重变化范围为 1.45～1.51 t/m³，计算中取 1.48 t/m³ 作为渭河下游泥沙冲淤计算的淤积物干容重。

（2）初始综合糙率 n_0 及糙率调整系数 C_n

利用式（8-5）（见第8章）预测下一时段河道的糙率时，需已知初始时刻的综合糙率。河道的初始综合糙率，是根据河道水位实测资料，通过水面线计算反推出来。具体做法是：先统计出各验证时段初不同流量级各测站水位，然后计算各流量级的水面线，通过调整糙率使计算水位与实测水位一致，从而得出河段不同流量级初始综合糙率 n_0，见表 9-3。式（8-5）（见第 8 章）中的糙率调整系数 C_n 值是在一系列的程序调试计算后得到的，取 $C_n=0.4\sim0.6$。

表 9-3　各验证时段初始综合糙率 n_0

河　段	龙门—潼关段流量						
C_n	200 m³/s	600 m³/s	1 000 m³/s	4 000 m³/s	6 000 m³/s	10 000 m³/s	20 000 m³/s
	0.045	0.036	0.020	0.014	0.013	0.011	0.010
河　段	渭河下游流量						
C_n	100 m³/s	500 m³/s	1 000 m³/s	2 000 m³/s	4 000 m³/s	80 000 m³/s	10 000 m³/s
	0.020	0.019	0.017	0.016	0.015 5	0.015	0.015

（3）恢复饱和系数

恢复饱和系数 α 的率定是在模型程序调试运行过程中进行的。据 1969 年 7 月至 1995 年 6 月小北干流和渭河实测冲淤量成果，经过反复试算，最后率定出小北干流 α 值，淤积时 $\alpha=0.025$，冲刷时 $\alpha=0.05$；渭河，淤积时 $\alpha=0.02$，冲刷时 $\alpha=0.06$。

9.2.3　模型率定计算结果与分析

9.2.3.1　黄河龙门—潼关段冲淤量率定计算结果与分析

黄河龙门—潼关段 1969 年 7 月 1 日—1995 年 6 月 30 日累计冲淤量率定计算成果见图 9-5。图 9-5（a）是小北干流全河段的累计冲淤量率定成果，图 9-5（b）、图 9-5（c）、图 9-5（d）、图 9-5（e）分别是黄淤 41～45、黄淤 45～50、黄淤 50～59、黄淤 59～68 河段的累计冲淤量率定成果。

从图 9-5 中可以看出，数学模型从总体上能够反映该河段汛期淤积、非汛期冲刷的冲淤变化规律，冲淤趋势与实测资料符合较好，大多数时段冲淤量与实测资料比较接近，但也有一些时段计算结果与实测资料相差较大。

实际上，由于小北干流断面形态非常复杂，河槽的横向摆动十分频繁，目前的泥沙数学模型尚不能对主槽的展宽、缩窄和摆动等河道平面形态复杂的冲淤变化进行准确模拟。考虑到这些因素，可以认为上述率定成果基本上达到了现阶段研究工作的要求。

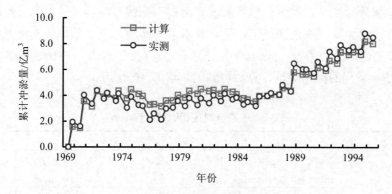

（a）龙门—潼关段累计冲淤量

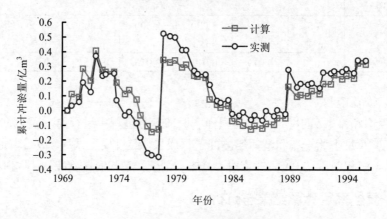

（b）黄淤 41～45 累计冲淤量

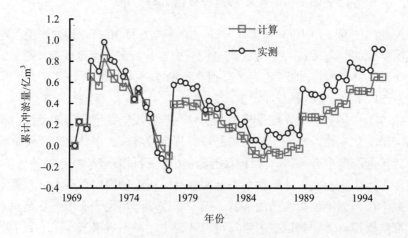

（c）黄淤 45～50 累计冲淤量

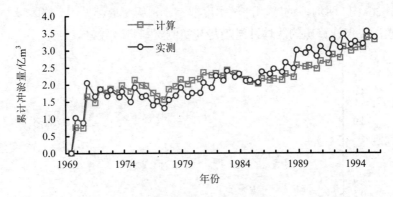

（d）黄淤 50～59 累计冲淤量

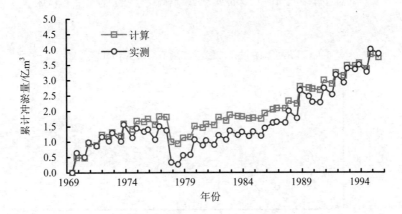

（e）黄淤 59～68 累计冲淤量

图 9-5　小北干流各断面累计冲淤量

9.2.3.2　渭河下游冲淤量计算结果与分析

渭河下游咸阳—潼关段 1969 年 7 月 1 日—1995 年 6 月 30 日累计冲淤量率定计算成果见图 9-6。图 9-6（a）是渭河下游全河段的累计冲淤量率定成果，图 9-6（b）、图 9-6（c）、图 9-6（d）、图 9-6（e）分别是渭拦、渭淤 1～10、渭淤 10～26、渭淤 26～37 河段的累计冲淤量率定成果。

从图 9-6 中可以看出，数学模型基本上能够反映渭河下游各河段的冲淤变化规律，模型计算出的累计冲淤趋势与实测资料符合较好，时段冲淤量计算值与实测资料较接近。从总体上看，渭淤 1～10 和渭淤 10～26 两河段除几个实测冲淤量较大的时段计算误差较大外，其余时段的计算结果与实测资料十分接近。由于渭拦、渭淤 26～37 两河段的实测冲淤幅度非常小，从图中可见，一些时段冲淤量计算误差较大，但计算出的总体冲淤趋势与实测资料符合较好。

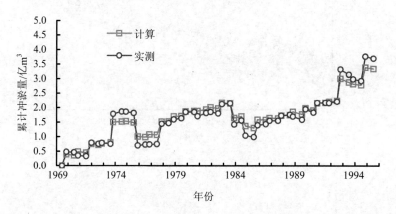

（a）渭河下游累计冲淤量实测值与计算值比较

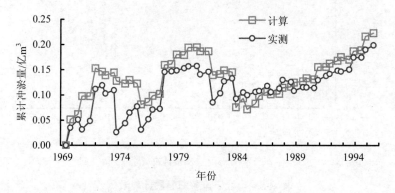

（b）渭拦河段累计冲淤量实测值与计算值比较

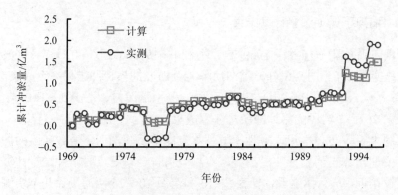

（c）渭淤 1～10 河段累计冲淤量实测值与计算值比较

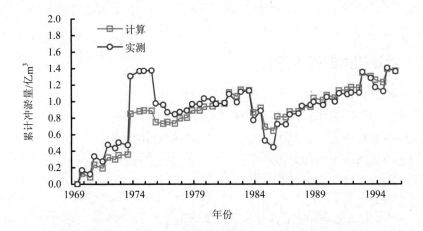

（d）渭淤 10～26 河段累计冲淤量实测值与计算值比较

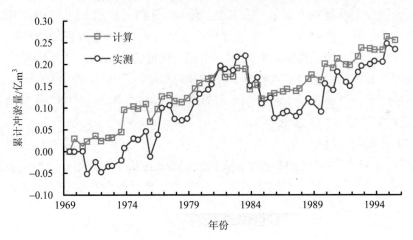

（e）渭淤 26～37 河段累计冲淤量实测值与计算值比较

图 9-6　渭河下游咸阳—潼关段累计冲淤量

9.3　模型验证

采用 1969—1995 年实测资料对数学模型进行率定后，又采用 1997—2001 年实测资料对数学模型进行了验证计算。

模型验证计算采用的水沙系列为 1997 年 7 月 1 日—2001 年 10 月 31 日共 4 年，其水文特性分析见前 9.1.1 中所述。空间范围为从龙门至潼关的 127.31 km 河段和渭河下游咸阳至潼关的 209.73 km 河段。模型验证计算的主要内容与率定时相同。

9.3.1 验证依据的基本资料

（1）模型验证采用的水沙系列及时间步长

模型验证采用的水沙系列为 1997 年汛期至 2001 年汛期共 4 年的实测水沙系列。时间步长划分为：非汛期每旬一个计算时段，汛期每天一个计算时段。

（2）验证河段及断面划分

验证河段及断面划分与率定时一致。

（3）断面资料

实测大断面资料采用 1997 年汛前大断面资料。断面处理方法与率定时一致。

（4）上游进口水沙资料和下游控制水位

上游进口水沙资料为咸阳、张家山、状头、龙门、河津 5 站从 1997 年 7 月 1 日至 2001 年 10 月 31 日共 4 年实测日平均流量过程、输沙率过程和悬移质级配过程线。其中，日平均悬移质级配过程，汛期是根据实测单位水样悬移质级配插补为日过程，非汛期采用月平均级配。在计算过程中，泾河张家山站、状头站和汾河河津站当作节点加入。下游控制水位为潼关站 1997 年 7 月 1 日至 2001 年 10 月 31 日的实测日平均水位过程。

（5）初始床沙级配

初始床沙级配采用 1997 年汛前实测淤积物级配成果，如果同一个断面在不同位置上测量了床沙级配，则取算术平均值来代表本断面的床沙级配，如果某一个断面缺测，则用插值的办法求得。

（6）计算中将泥沙仍然分成 9 组，分组粒径与水文测验资料一致，见表 9-2。悬移质和床沙的分组粒径相同。

（7）模型验证计算中有关参数的取值与率定计算时的相同。

9.3.2 验证结果与分析

9.3.2.1 黄河龙门—潼关（简称龙—潼）段冲淤量验证

黄河龙门—潼关段 1997 年 7 月 1 日—2001 年 10 月 31 日累计冲淤量计算成果见表 9-4。图 9-7（a）是龙门—潼关段全河段累计冲淤量计算值与实测值比较，图 9-7（b）～（e）是龙—潼段分河段冲淤量计算值与实测值比较。

从表 9-4、图 9-7 中可以看出，龙—潼段全河段累计冲淤量截至 2001 年汛后计算值为 1.001 5 亿 m³，实测值为 1.024 1 亿 m³。黄淤 41～45 河段的实测累计冲淤量为 0.105 0 亿 m³，计算值为 0.155 1 亿 m³；黄淤 45～50 河段的实测累计冲淤量为 0.143 9 亿 m³，计算值为 0.128 7 亿 m³；黄淤 50～59 河段的实测累计冲淤量为 0.250 6 亿 m³，计算值为 0.291 2 亿 m³；黄淤 59～68 河段的实测累计冲淤量为 0.524 6 亿 m³，计算值为 0.426 5 亿 m³。可见，各河段累计冲淤量计算值与实测值基本符合。

从冲淤变化的总体趋势上看，模型基本上能够反映该河段汛期淤积、非汛期冲刷的冲淤变化规律，累计冲淤量计算值随时间的变化趋势与实测资料符合较好，时段冲淤量与实测资料比较接近。

表 9-4　龙—潼段（1997.7—2001.6）分河段累计冲淤量计算值

日期 （年. 月. 日）	分河段累计冲淤量/亿 m³									
	黄淤 41～45		黄淤 45～50		黄淤 50～59		黄淤 59～68		龙门—潼关	
	实测	计算	实测	计算	实测	计算	实测	计算	实测	计算
1997.5.28	0.000 0	0.000 0	0.000 0	0.000 0	0.000 0	0.000 0	0.000 0	0.000 0	0.000 0	0.000 0
1997.9.30	−0.002 0	0.015 5	0.093 8	0.070 5	0.177 6	0.083 0	0.162 6	0.137 1	0.432 0	0.306 2
1998.5.15	0.016 8	0.049 2	0.062 2	0.080 6	0.042 4	0.072 3	0.035 8	0.130 8	0.157 2	0.332 9
1998.9.26	0.124 3	0.103 4	0.179 1	0.122 4	0.394 8	0.272 0	0.619 3	0.460 2	1.317 5	0.958 0
1999.5.17	0.065 4	0.067 9	0.143 1	0.151 8	0.176 1	0.166 5	0.236 0	0.236 7	0.620 6	0.622 9
1999.9.30	0.075 8	0.072 9	0.167 6	0.152 0	0.245 3	0.147 7	0.301 4	0.299 8	0.790 1	0.672 3
2000.5.30	0.057 5	0.067 9	0.016 6	0.064 2	0.077 9	0.022 1	0.149 6	0.099 6	0.301 6	0.253 7
2000.9.27	0.083 7	0.108 9	0.048 8	0.085 8	0.137 1	0.125 6	0.413 1	0.282 8	0.682 7	0.603 2
2001.5.31	0.070 4	0.133 9	0.056 4	0.084 2	0.010 6	0.079 9	0.273 6	0.176 6	0.411 0	0.474 6
2001.10.29	0.105 0	0.155 1	0.143 9	0.128 7	0.250 6	0.291 2	0.524 6	0.426 5	1.024 1	1.001 5

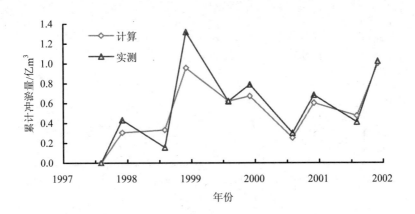

（a）龙门—潼关段累计冲淤量

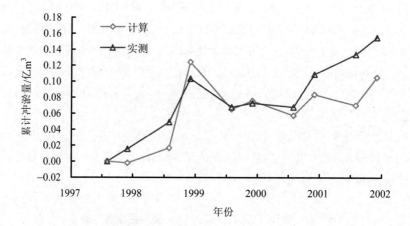

（b）黄淤 41～45 冲淤量

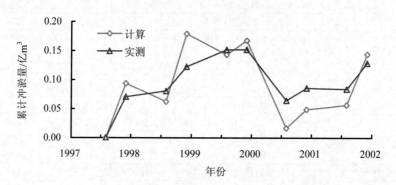

（c）黄淤 45～50 冲淤量

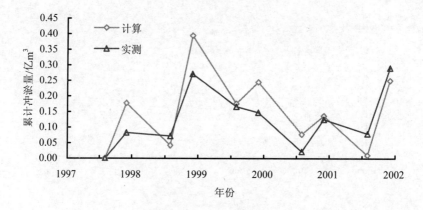

（d）黄淤 50～59 冲淤量

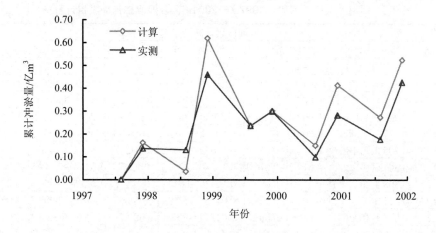

（e）黄淤 59～68 冲淤量

图 9-7 黄河龙门—潼关段累计冲淤量

9.3.2.2 渭河下游冲淤量验证

1997 年汛前至 2001 年汛前渭河下游各河段冲淤量计算结果见表 9-5。各河段实测冲淤量与计算冲淤量比较如图 9-8 所示，其中图 9-8（a）是渭河下游全河段累计冲淤量计算值与实测值的比较，图 9-8（b）、图 9-8（c）、图 9-8（d）、图 9-8（e）分别是渭拦～渭淤 1、渭淤 1～10、渭淤 10～26、渭淤 26～37 河段累计冲淤量计算值与实测值的比较。

从表 9-5、图 9-8 中可以看出，渭河下游全河段累计冲淤量计算值为 0.127 1 亿 m^3，实测值为 0.148 4 亿 m^3。渭拦～渭淤 1 河段的实测累计冲淤量为 0.001 4 亿 m^3，计算值为 0.001 1 亿 m^3；渭淤 1～10 河段的实测累计冲淤量为 0.056 6 亿 m^3，计算值为 0.066 3 亿 m^3；渭淤 10～26 河段的实测累计冲淤量为 0.112 1 亿 m^3，计算值为 0.084 8 亿 m^3；渭淤 26～37 河段的实测累计冲淤量为 –0.021 7 亿 m^3，计算值为 –0.025 1 亿 m^3。可见，各河段累计冲淤量计算值与实测值基本相符合。

从冲淤变化的总体趋势上看，模型基本上能够反映该河段冲淤变化规律，累计冲淤量计算值随时间的变化趋势与实测资料符合较好，时段冲淤量与实测资料比较接近，验证计算结果是令人满意的。

表9-5　渭河华县以下河段（1997.7—2001.6）分河段累计冲淤量计算值

日期 （年.月.日）	分河段累计冲淤量/亿 m³									
	咸阳—渭河口		渭拦～渭淤1		渭淤1～10		渭淤10～26		渭淤26～37	
	实测	计算	实测	计算	实测	计算	实测	计算	实测	计算
1997.5.28	0.000 0	0.000 0	0.000 0	0.000 0	0.000 0	0.000 0	0.000 0	0.000 0	0.000 0	0.000 0
1997.9.30	0.231 0	0.157 1	−0.008 7	−0.005 6	0.087 9	0.073 5	0.145 8	0.087 7	0.006 0	0.001 6
1998.5.15	0.159 1	0.103 9	−0.009 4	0.001 0	0.023 0	−0.025 9	0.122 4	0.120 8	0.023 1	0.007 9
1998.9.26	−0.027 7	−0.080 0	−0.009 7	−0.013 7	−0.102 9	−0.082 5	0.089 0	0.035 9	−0.004 1	−0.019 7
1999.5.17	−0.205 0	−0.186 6	−0.014 4	−0.013 6	−0.110 7	−0.089 2	−0.043 0	−0.046 2	−0.036 9	−0.037 6
1999.9.30	−0.307 0	−0.225 6	−0.017 2	−0.016 4	−0.112 4	−0.061 1	−0.129 1	−0.103 4	−0.048 3	−0.044 7
2000.5.30	−0.308 4	−0.201 1	−0.013 1	−0.009 4	−0.103 0	−0.047 0	−0.141 0	−0.103 5	−0.051 3	−0.041 2
2000.9.27	−0.012 9	−0.031 3	−0.003 4	−0.003 1	−0.043 7	−0.059 1	0.036 9	0.038 0	−0.002 7	−0.007 2
2001.5.31	−0.043 1	0.006 5	0.001 5	−0.000 7	−0.025 0	0.007 8	0.000 7	0.015 6	−0.020 3	−0.016 2
2001.10.29	0.148 4	0.127 1	0.001 4	0.001 1	0.056 6	0.066 3	0.112 1	0.084 8	−0.021 7	−0.025 1

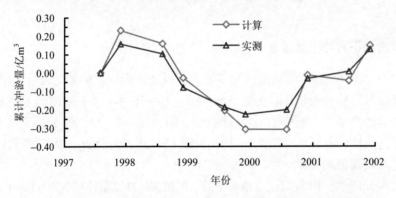

（a）渭河下游（咸阳—渭河口）累计冲淤量实测值与计算值比较

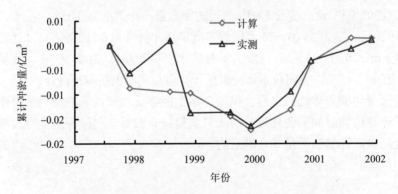

（b）渭拦～渭淤1河段累计冲淤量实测值与计算值比较

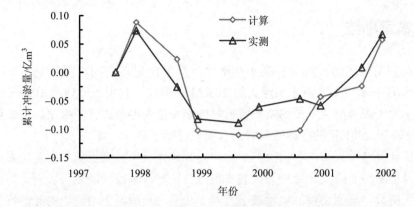

（c）渭淤 1~10 河段累计冲淤量实测值与计算值比较

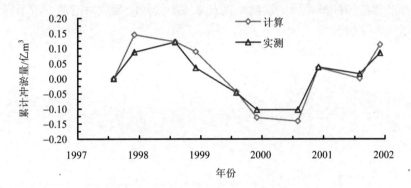

（d）渭淤 10~26 河段累计冲淤量实测值与计算值比较

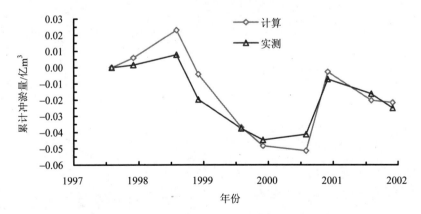

（e）渭淤 26~37 河段累计冲淤量实测值与计算值比较

图 9-8　渭淤下游累计冲淤量实测值与计算值比较

9.4   本章小结

本章利用前述的一维悬移质不平衡输沙数学模型对空间范围从龙门至潼关128 km 河段和渭河下游咸阳至潼关的 203.2 km 河段，利用所处理的 1969—1995年黄河小北干流和渭河下游的实测资料对数学模型的参数进行了率定，又采用所处理的 1997—2001 年的实测资料对数学模型进行了验证计算。

验证计算结果表明，各河段的累计冲淤量计算值与实测值基本相符，累计冲淤量计算值随时间的变化趋势与实测资料符合较好，时段冲淤量与实测资料比较接近。说明数学模型比较好地反映了黄河小北干流和渭河下游河道的冲淤特性，可用于研究不同水文系列条件下不同潼关控制高程对渭河下游河道冲淤过程、冲淤量、冲淤部位和冲淤范围的影响，以及潼关不同控制高程对渭河下游不同流量级沿程洪水水位的影响。

10 渭河下游 2003 年洪水过程的数学模拟

10.1 2003 年洪水实测资料

本章利用前述所建立的一维悬移质不平衡输沙模型对渭河下游临潼至陈村河段 2003 年汛期的水位过程和实测冲淤过程进行了模拟和验证。模拟河段的上游边界为渭淤 26 断面临潼站 2003 年汛期的洪水实测流量与含沙量过程，下游边界为陈村站断面 2003 年汛期的实测水位过程，河道全长 93.8 km。计算河段沿程共有两个水文站和四个水位站。断面资料采用 2003 年汛前渭河实测大断面资料。计算中将研究河段从临潼至陈村划分为 23 个子河段，共 24 个控制断面。验证时段为 2003 年汛期（8 月 25 日至 10 月 14 日）。验证计算的主要内容包括渭河下游临潼至陈村河段的冲淤量，临潼、渭南、华县水位和华县流量过程等。

10.1.1 时间步长 Δt、断面间距 Δx

计算时段 Δt 的取值原则如上所述，但对于计算河段，必须保持水位涨落过程的完整性、一致性，因此，时间步长 Δt 应尽量取较小值；然而由此却增大了数据处理量，致使计算量变大、计算时间变长。经过模型验证，时间步长取值为 $\Delta t = 60$ min 时即能比较好地反映实际情况并取得良好的计算结果。

断面间距 Δx 从理论上讲可以任意取值，但在计算过程中时间步长 Δt 与断面间距 Δx 的比值不宜过大或过小，本章模拟中 $\Delta t / \Delta x$ 的比值介于 0.5～2，并取得了良好的计算结果。计算河段内最大断面间距 5.58 km，最小断面间距 3.05 km。在实际处理过程中对于断面间距过大的断面，采用在两已知断面间内差断面的方法保证 $\Delta t / \Delta x$ 的比值在 0.5～2。

10.1.2 初始综合糙率 n_0

利用式（8-6）（见第 8 章）预测下一时段河道主槽的糙率时，需已知初始时刻的综合糙率。河道的初始综合糙率，是根据河道水位实测资料，通过水面线计算反推出来。具体做法是：先统计出各验证时段初不同流量级各测站水位，然后计算各流量级的水面线，通过调整糙率使计算水位与实测水位一致，从而得出库区主槽不同流量级初始综合糙率 n_0 见表 10-1，滩地初始糙率为 0.035。式（8-6）中的糙率调整系数 C_n 值是在一系列的程序调试计算后得到的，取 $C_n=0.4\sim0.6$。

表 10-1　验证时段主槽初始综合糙率 n_0

时段　　流量	100 (m³/s)	500 (m³/s)	1 000 (m³/s)	1 500 (m³/s)	2 000 (m³/s)	3 000 (m³/s)	5 000 (m³/s)
2003.8.25—2003.10.14	0.026	0.025	0.024	0.023	0.022	0.02	0.018

10.1.3　断面初始值计算

在进行非恒定流水力计算前，必须给出初始时刻各断面流量和水位值。在本模型中，采用断面的临界水深作为各断面的水位初始值，进口断面的初始流量为各断面的流量初始值。

水流连续方程

$$Q_{i+1} = Q_i \tag{10-1}$$

断面临界水深

$$\frac{\alpha Q_i^2}{g} = \frac{A_{iK}^3}{B_{iK}} \tag{10-2}$$

式中 i、$i+1$ 为断面编号。式（10-1）、式（10-2）采用试算法可以求出临界水深 h_{iK}。

10.2　数值模拟结果与分析

10.2.1　定床与动床模型模拟结果比较

定床模型是在不考虑河床冲淤变化的情况下，对河流水位流量的模拟的数学模型；动床模型则是考虑了河床冲淤，对河床的冲淤与含沙量变化与水位流量过程模拟的数学模型，针对 2003 年汛期洪水本节中在两种情况下，分别对华县站的水位流量过程进行了模拟（见图 10-1 至图 10-4）。从图中可知动床与定床模型洪水流量差别不是很大，然而动床模型对流量的模拟明显优于定床模型，以第二次洪峰为例定床模型计算流量与实测流量的差值为 84.4 m³/s，传播时间差值为 5 h 而与动床模型的差值分别仅有 17.5 m³/s、3 h。水位差别动床与定床模型差别更大，定床模型下，实测与计算的差值大部分时间都在 2 m 以上，而动床模型实测与计算的差值大部分时间都在 0.3 m 以下，说明动床模型能够较好地模拟水位与流量过程。

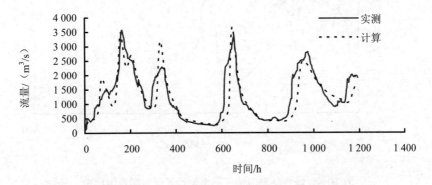

图 10-1　华县站定床情况下流量计算值与实测值比较

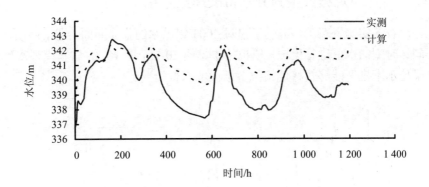

图 10-2　华县站定床情况下水位计算值与实测值比较

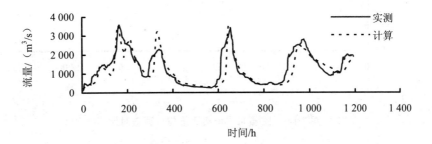

图 10-3　华县站动床情况下流量计算值与实测值比较

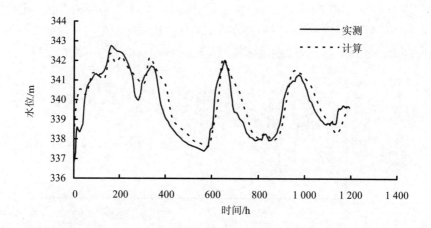

图 10-4　华县站动床情况下水位计算值与实测值比较

10.2.2　动床下沿程典型断面水位的模拟结果

在现有的实测资料下，本模型仅对 2003 年洪水的临潼断面、渭南断面、华县断面同一时刻的水位进行模拟，模拟结果见图 10-5 至图 10-7，从本模型水位的模拟结果显示本模型能够较好地模拟各断面的水位情况。

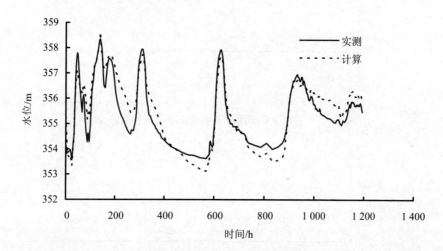

图 10-5　临潼站水位实测值与计算值对比

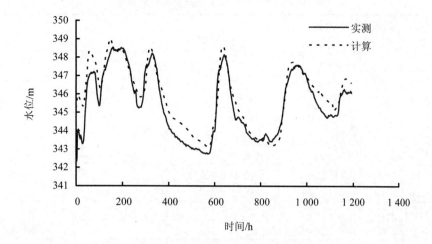

图 10-6　渭南站水位实测值与计算值对比

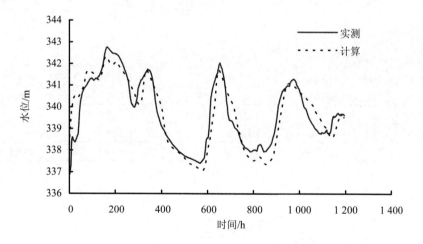

图 10-7　华县站水位实测值与计算值对比

10.2.3　沿程冲淤数值模拟

本模型对临潼至陈村的沿程冲淤量进行了计算，并与实测结果进行了对比，见表 10-2、图 10-8。对比结果表明各河段的累积淤积量与实测值基本相符，说明数学模型能较好地反映渭河下游临潼至陈村河段沿程冲淤特性。

表 10-2　渭河下游沿程冲淤实测与计算比较

河道断面	渭淤 26～6 沿程累积淤积体/亿 m³		河段	淤积体/亿 m³	
	实测	计算		实测	计算
渭淤 25	0.044 2	−0.021 460	渭淤 6～7	−0.067 6	−0.032 56
渭淤 24	0.070 7	0.008 394	渭淤 7～8	−0.123 6	−0.064 32
渭淤 23	0.096 7	0.072 497	渭淤 8～9	−0.019 4	−0.061 11
渭淤 22	0.181 2	0.141 072	渭淤 9～10	−0.044 2	−0.053 26
渭淤 21	0.226 8	0.247 943	渭淤 10～11	−0.029 0	−0.066 84
渭淤 20	0.257 9	0.333 226	渭淤 11～12	0.014 5	0.031 64
渭淤 19	0.264 1	0.339 438	渭淤 12 ～13	0.015 0	0.014 86
渭淤 18	0.284	0.328 109	渭淤 13～14	0.001 7	0.002 04
渭淤 17	0.301 9	0.348 308	渭淤 14～15	0.010 8	0.019 401
渭淤 16	0.337 5	0.344 096	渭淤 15～16	0.035 9	−0.001 58
渭淤 15	0.373 4	0.342 517	渭淤 16～17	0.035 6	−0.004 21
渭淤 14	0.384 2	0.361 918	渭淤 17～18	0.017 9	0.020 20
渭淤 13	0.385 9	0.363 958	渭淤 18～19	0.019 9	−0.011 33
渭淤 12	0.400 9	0.378 818	渭淤 19～20	0.006 2	0.006 21
渭淤 11	0.415 4	0.410 457	渭淤 20～21	0.031 1	0.085 28
渭淤 10	0.386 4	0.343 613	渭淤 21～22	0.045 6	0.106 87
渭淤 9	0.342 2	0.290 351	渭淤 22～23	0.084 5	0.068 57
渭淤 8	0.322 8	0.229 24	渭淤 23～24	0.026 0	0.064 10
渭淤 7	0.199 2	0.164 925	渭淤 24～25	0.026 5	0.029 85
渭淤 6	0.131 6	0.132 366	渭淤 25～26	0.044 2	−0.021 46

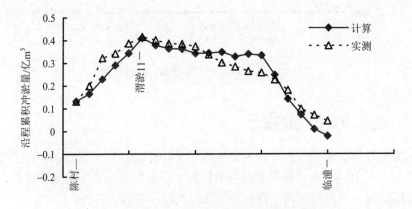

图 10-8　临潼—陈村沿程累积冲淤数值模拟

10.2.4 滩槽糙率对洪水水位的影响

洪水的流动，当洪水流量较小时，它完全在主槽里流动，当流量增大时就漫到嫩滩上，况且目前渭河下游河道主槽萎缩，中常流量的洪水漫滩的概率很大。因此，本章将渭河下游河道的糙率分为滩地糙率和主槽糙率，分别讨论其对洪水水位的影响。

10.2.4.1 滩地糙率对洪水水位的影响

本章运用数学模型的手段研究了滩地和主槽的糙率对洪水水位的影响，研究方法是在定床（即不考虑冲淤变化）情况下，以 2003 年洪水（2003 年 8 月 25日 15 时至 10 月 14 日）为研究对象，即在进口（临潼站）流量过程不变的情况下，保持主槽糙率不变（不同流量的糙率组合值参见表 10-3），改变滩地糙率（由 0.02逐渐增至 0.048）分析其对洪水水位的影响。经计算发现滩地的糙率对洪水水位的影响很大，洪水水位和滩地糙率几乎呈线性的增长关系（见图 10-9），对图 10-9中的数据，经线性回归发现滩地糙率每增加 0.01，同流量洪峰水位将抬升 0.28 m。

表 10-3　不同流量级的主槽糙率组合值

流量/（m³/s）	100	500	1 000	1 500	2 000	3 000	4 000	10 000
糙率	0.024	0.022	0.021	0.02	0.018	0.016	0.015	0.015

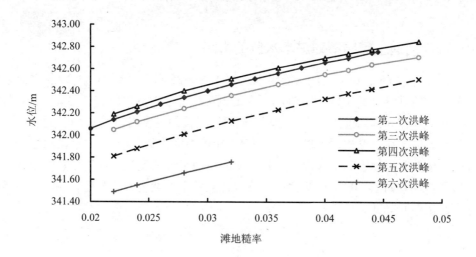

图 10-9　滩地糙率和洪水水位的关系

10.2.4.2　主槽糙率对洪水水位的影响

主槽糙率对洪水水位的影响的研究方法和滩地糙率对洪水水位影响的研究方法相同，也是保持滩地糙率不变，同时增大或减小主槽糙率，分析其对洪水水位的影响，其研究对象仍然是 2003 年第二次洪峰，因为 2003 年第二次洪峰水位较高，渭河下游大部分河段都漫出了滩外，因此可以把糙率分为滩槽进行研究。本章在用数学模型对主槽的糙率对洪水的影响研究时，把滩地的糙率统一定为 0.03，主槽的糙率由 0.021 一直增大到 0.03，经数学模拟研究发现，主槽的糙率改变对 2003 年第二洪峰水位影响不是很大（见图 10-10）。

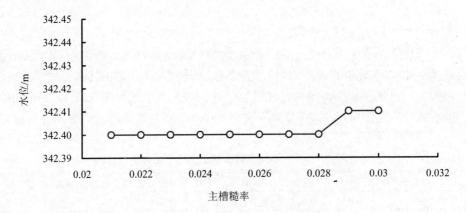

图 10-10　主槽糙率对洪水水位的影响

10.2.5　河道主槽缩窄对洪水水位的影响

以临潼站 1983 年 9 月的一次洪水过程（8 月 25 日 2 时至 10 月 2 日 20 时）作为入口的洪峰流量（最大 4 660 m³/s）过程，以华阴站（8 月 25 日 2 时至 10 月 2 日 20 时）作为出口的洪峰水位过程，把河道主槽的宽度沿河道（从华阴至华县）定为统一值（在数学模型中以华县站 1983 年的断面作为基准），然后沿河道统一改变主槽的宽度，看其最大洪峰流量对应的洪峰水位的变化，经过用数学模型调试研究发现有如图 10-11 的规律：洪峰水位随着主槽宽度的缩窄而升高，随主槽宽度的拓宽而降低。

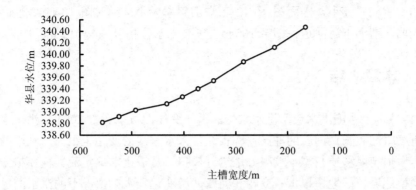

图 10-11　主槽宽度改变对洪水水位的影响

由图 10-11 可以看出，随着主槽宽度的增大洪峰水位降低，当主槽宽度缩小到一定值后，漫滩水流完全归槽，此时华县站最大洪峰水位的变化幅度随主槽宽度的改变而发生变化，说明水流完全在主槽里流动和漫出滩外，随着主槽宽度的改变，洪峰水位的变化规律是不同的。在洪水漫滩以前，图 10-11 显示的直线斜率为 0.003 28，在洪水漫滩以后，图 10-11 显示的斜率为 0.004 44，说明洪水完全在主槽里流动时，主槽宽度的改变对洪峰水位的影响小于其对洪水漫滩后的影响。

图 10-12 为图 10-11 洪峰水位对应洪峰流量与主槽宽度关系图。

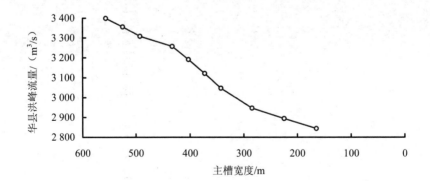

图 10-12　主槽宽度改变对洪峰流量的影响

图 10-12 显示了随主槽宽度的减小，洪峰流量减小，但是图 10-12 中的曲线有两个拐点，第一个拐点为洪水漫滩以前和洪水漫滩以后，主槽宽度改变对洪峰流量影响的不同的变化规律，其变化规律和洪峰水位的变化规律相同，第二个拐点的形成原因是随着主槽宽度的减小，漫滩的流量较大，主槽宽度的改变对流量

改变的影响相对较小，因而图 10-12 末端的斜率较小。经对图 10-11 线性回归的结果表明，渭河下游河道每缩窄 100 m，华县站水位抬升 0.4～0.5 m。

10.3　本章小结

（1）从以上实测洪水流量洪水水位的断面变化图可以看出 2003 年洪水水量较大，持续时间较长，河床的冲淤变幅很大，来水来沙的变化也很大，洪水的这些特点运用恒定悬移质模型不能很好地进行模拟，从以上非恒定流数值模拟结果显示本模型能够较好地模拟水沙变幅和河床冲淤变化较大的情况下的洪水演进情况与河床的冲淤变化情况。

（2）滩地糙率对 2003 年洪峰水位的影响较大，滩地糙率和洪峰水位成正比关系，而主槽对其影响则较小。

（3）由于天然河流洪水传播情况影响因素较多，在本模型中对洪水的模拟还存在一定的误差，在数值模拟计算中，在不同的河段，其水流特性不同，挟沙能力也有很大的差异，因为水流与河床变化是一个动态过程，在数值模拟计算的过程中，如何能够动态地调整计算参数以减少计算误差，提高计算精度，这是以后的数值计算中需要努力改进的方向。

11 不同潼关高程对渭河下游冲淤影响的数值模拟

利用前述的一维悬移质不平衡输沙数学模型在给定的两个设计水沙系列情况下，对空间范围龙门至潼关 128 km 河段和渭河下游咸阳至潼关的 203.2 km 河段冲淤及不同流量级沿程水位进行了方案计算，并对结果进行了分析。

11.1 方案计算目的及说明

（1）方案计算目的

利用数学模型对给定的两个设计水沙系列，模拟潼关不同控制高程（326 m、327 m、328 m）对渭河下游河道冲淤过程、冲淤量、冲淤部位和冲淤范围的影响，同时还对渭河下游不同流量级的沿程水位进行了计算。

（2）方案计算情况说明

本次设计水沙系列为 I 和 II 两个，对于每个设计水沙系列须进行三个方案计算。设计系列 I 和 II 及各计算方案情况说明如表 11-1 所示。

表 11-1　各计算方案情况说明表

系列类别	方案编号	潼关控制高程/m	设计水沙系列	计算时长
设计系列 I	1	326.0	1978.11.1—1983.6.30 和 1987.7.1—1996.10.31	14 年
	2	327.0		
	3	328.0		
设计系列 II	1	326.0	1987.11.1—2001.10.31	14 年
	2	327.0		
	3	328.0		

11.2 基本资料及有关问题的处理

（1）计算时间系列、步长

由表 11-1 可见，计算的时间系列 I 和 II 均为 14 年（水文年），时间步长划分与模型率定、验证计算时相同，为非汛期每旬一个计算时段，汛期每天一个计算时段。

（2）河段及断面划分

河段及断面划分与模型率定、验证计算时相同。

（3）起始河床地形断面资料

起始河床地形采用2001年汛后实测大断面资料，断面概化方法与模型率定、验证计算时相同。

（4）上游进口水沙资料

上游进口水沙资料为咸阳、张家山、状头、龙门、河津5站与系列Ⅰ和Ⅱ相应年份的实测日平均流量过程（共14年）、输沙率过程和悬移质级配过程。

（5）初始床沙级配

初始床沙级配采用2001年汛后实测淤积物级配成果，如果同一个断面在不同位置上测量了床沙级配，则取算术平均值来代表本断面的床沙级配，如果某一个断面缺测，则用插值的办法求得。

（6）计算中将泥沙分成9组，分组粒径与模型率定、验证计算时相同。

（7）下游边界条件的处理（潼关控制水位）

下游边界控制条件为潼关站的水位，潼关水位的处理办法是根据给定的潼关高程（326 m、327 m、328 m）水位流量关系，由潼关流量在水位关系曲线上插值从而求得潼关水位，潼关站的水位流量关系曲线见表11-2及图11-1。

表 11-2　潼关水位—流量关系曲线

序号	潼关高程/m					
	326		327		328	
	$Q/(\text{m}^3/\text{s})$	Z/m	$Q/(\text{m}^3/\text{s})$	Z/m	$Q/(\text{m}^3/\text{s})$	Z/m
1	0	325.1	0	325.8	0	327
2	300	325.30	250	326.15	370	327.38
3	400	325.40	500	326.52	400	327.43
4	500	325.50	750	326.79	600	327.68
5	600	325.60	1 000	327.00	800	327.87
6	700	325.70	1 250	327.17	1 000	328.00
7	800	325.80	1 500	327.31	1 200	328.10
8	900	325.90	1 750	327.425	1 400	328.18
9	1 000	326.00	2 000	327.53	1 600	328.25

序号	潼关高程/m					
	326		327		328	
	Q / (m³/s)	Z/m	Q / (m³/s)	Z/m	Q / (m³/s)	Z/m
10	1 250	326.32	2 500	327.75	1 800	328.30
11	1 500	326.56	3 000	327.94	2 000	328.35
12	1 750	326.72	3 500	328.11	2 400	328.43
13	2 000	326.89	4 000	328.26	2 800	328.50
14	2 250	327.02	4 500	328.38	3 000	328.53
15	2 500	327.18	5 000	328.47	4 000	328.67
16	2 750	327.30	5 250	328.52	5 000	328.77
17	3 000	327.41	5 500	328.56	5 630	328.85
18	3 500	327.61	6 000	328.65	6 000	328.91
19	4 000	327.79	6 250	328.68	6 250	328.94
20	4 500	327.94	6 500	328.74	6 500	328.97
21	5 000	328.06	6 750	328.76	7 000	329.03
22	6 000	328.28	7 000	328.79	7 500	329.11
23	6 250	328.34	7 250	328.83	7 750	329.14
24	6 500	328.41	7 500	328.87	8 000	329.17
25	6 750	328.46	7 750	328.91	8 250	329.19
26	7 000	328.52	8 000	328.94	8 500	329.22
27	7 250	328.57	8 250	328.97	9 000	329.30
28	7 500	328.63	8 500	329.00	9 500	329.33
29	7 750	328.67	8 750	329.03	10 000	329.36
30	8 000	328.72	9 000	329.08		
31	8 250	328.76	9 250	329.10		
32	8 500	328.81	9 500	329.11		
33	8 750	328.84	9 750	329.13		
34	9 000	328.88	10 000	329.14		
35	9 250	328.91				
36	9 500	328.95				
37	9 750	328.97				
38	10 000	329.00				

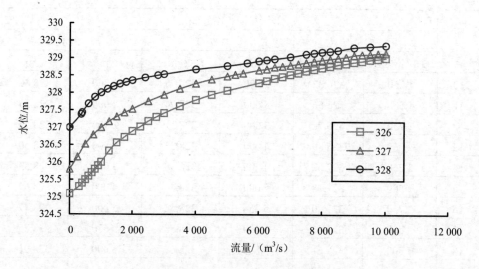

图 11-1 潼关水位—流量关系

11.3 设计系列水沙特性分析

图 11-2 是系列Ⅰ咸阳、张家山、状头、龙门、河津各站 2014 年的水沙情况对比图。图 11-3 是系列Ⅱ咸阳、张家山、状头、龙门、河津各站 2014 年的水沙情况对比图。表 11-3 说明了系列Ⅰ和系列Ⅱ咸阳、张家山、状头、龙门、河津 5 站的多年平均来水来沙情况。图 11-4（a）是系列Ⅰ和系列Ⅱ5 站水量对比图，图 11-4（b）是系列Ⅰ和系列Ⅱ5 站沙量对比图，图 11-5（a）是系列Ⅰ和系列Ⅱ年水量变化过程图，图 11-5（b）是系列Ⅰ和系列Ⅱ年沙量变化过程图。

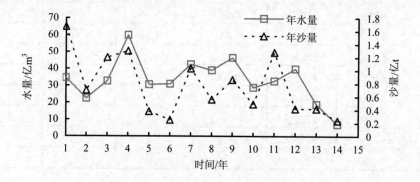

（a）系列Ⅰ咸阳站水沙量变化

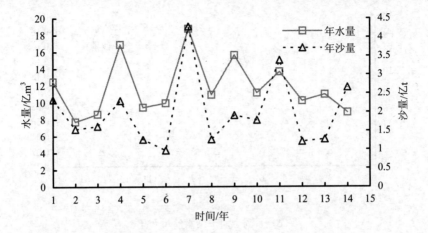

（b）系列 I 张家山站水沙量变化

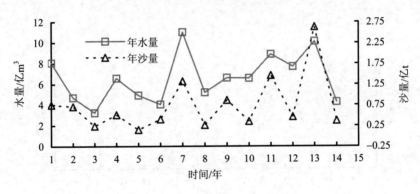

（c）系列 I 状头站水沙量变化

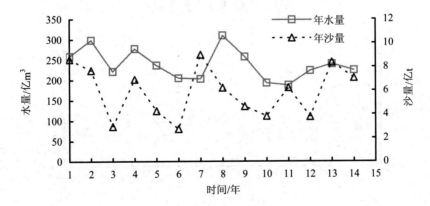

（d）系列 I 龙门站水沙量变化

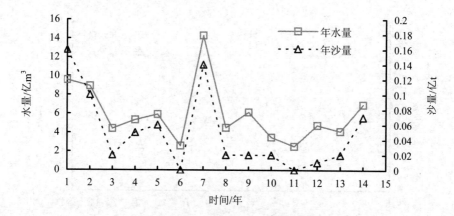

（e）系列Ⅰ河津站水沙量变化

图 11-2　系列Ⅰ5 站水沙情况

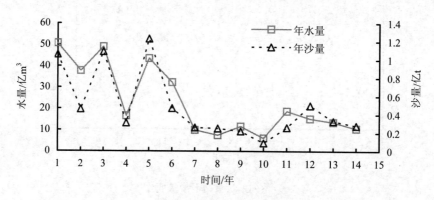

（a）系列Ⅱ咸阳站水沙量变化

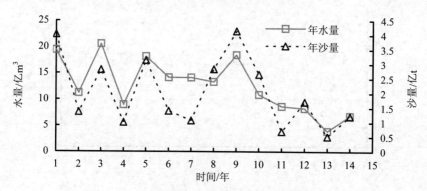

（b）系列Ⅱ张家山站水沙量变化

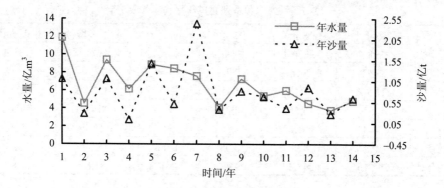

（c）系列Ⅱ状头站水沙量变化

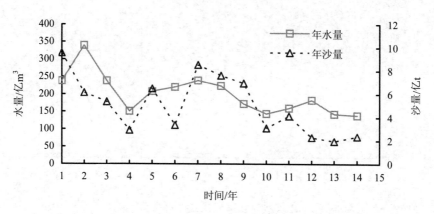

（d）系列Ⅱ龙门站水沙量变化

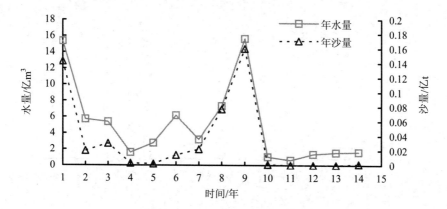

（e）系列Ⅱ河津站水沙量变化

图 11-3 系列Ⅱ 5 站水沙情况

表 11-3 系列 Ⅰ 和系列 Ⅱ 多年平均水沙量统计

项目 站名	多年平均水量/亿 m³		多年平均沙量/亿 t		多年平均含沙量/（kg/m³）	
	系列 Ⅰ	系列 Ⅱ	系列 Ⅰ	系列 Ⅱ	系列 Ⅰ	系列 Ⅱ
咸阳	33.39	24.13	0.77	0.50	23.06	20.72
张家山	11.80	12.20	1.98	1.91	167.80	156.56
状头	6.57	6.56	0.75	0.66	114.16	100.61
龙门	238.43	201.02	5.88	5.07	24.66	25.22
河津	5.97	4.98	0.05	0.034	8.38	6.83
5 站合计	296.16	248.89	9.43	8.17	31.84	32.80

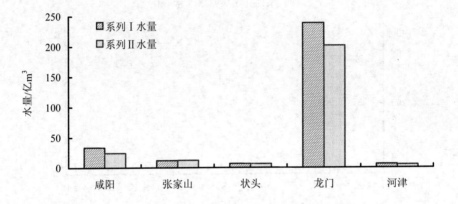

（a）系列 Ⅰ 和系列 Ⅱ 5 站水量对比

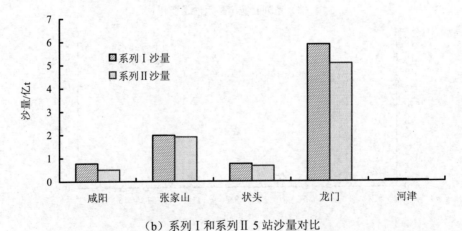

（b）系列 Ⅰ 和系列 Ⅱ 5 站沙量对比

图 11-4 系列 Ⅰ 和系列 Ⅱ 5 站水、沙量对比

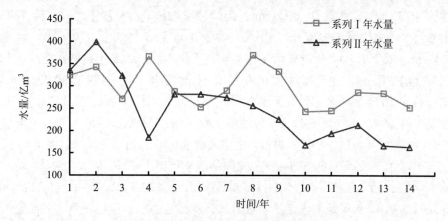

（a）系列Ⅰ和系列Ⅱ年水量变化过程

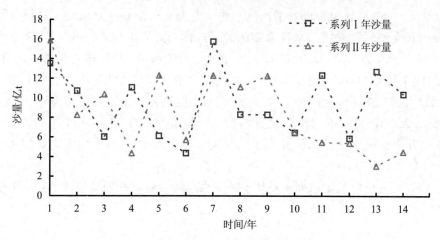

（b）系列Ⅰ和系列Ⅱ年沙量变化过程

图 11-5 系列Ⅰ和系列Ⅱ水、沙量变化过程对比

由图 11-2、图 11-3 及表 11-3 可看出系列Ⅰ和系列Ⅱ 5 站的水沙变化规律，系列Ⅰ和系列Ⅱ基本上都是符合丰水丰沙、枯水枯沙的规律。系列Ⅰ渭河上游咸阳站前 10 年是丰水丰沙，后 4 年是枯水枯沙，平均来水量 33 亿 m^3，平均来沙量 0.77 亿 t，水沙比 43:1，含沙量 23.06 kg/m^3；张家山站前 11 年是平水平沙，后 3 年是平水枯沙，平均来水量 11.8 亿 m^3，平均来沙量 1.98 亿 t，水沙比 6:1，含沙量 167.8 kg/m^3；状头站前 6 年枯水枯沙年，后 8 年丰水丰沙，平均来水量 6.57 亿 m^3，平均来沙量 0.75 亿 t，水沙比 8.76:1，含沙量 114.16 kg/m^3；龙门站前 10 年丰水平沙，后 4 年平水丰沙年，平均来水量 238.43 亿 m^3，平均来沙量 5.88 亿 t，水沙比 40.5：1，含沙量 24.66 kg/m³；河津站平均是平水枯沙年，只有第 7 年丰水丰沙，平均来水量 5.97 亿 m³，平均来沙量 0.05 亿 t，水沙比 119.4：1，含沙量 8.38 kg/m³。系列Ⅱ渭河上游咸阳站前 6 年是丰水丰沙，后 8 年是枯水枯沙，平均来水量 24.13 亿 m³，平均来沙量 0.50 亿 t，水沙比 48：1，含沙量 20.72 kg/m³；张家山站前 10 年是丰水丰沙，后 4 年是枯水枯沙，平均来水量 12.2 亿 m³，平均来沙量 1.91 亿 t，水沙比 6.4：1，含沙量 156.56 kg/m³；状头站前 9 年有丰水丰沙年、有丰水枯沙年，后 5 年枯水枯沙，平均来水量 6.56 亿 m³，平均来沙量 0.66 亿 t，水沙比 10：1，含沙量 100.61 kg/m³；龙门站前 9 年丰水丰沙，后 5 年枯水枯沙年，平均来水量 201.02 亿 m³，平均来沙量 5.07 亿 t，水沙比 39.6：1，含沙量 25.22 kg/m³；河津站只有第 1、9 年是丰水丰沙年以外，其余都是枯水枯沙年，平均来水量 4.98 亿 m³，平均来沙量 0.034 亿 t，水沙比 146：1，含沙量 6.83 kg/m³。

由表 11-3 可看出，进入渭河的水量主要来自咸阳和张家山站，沙量主要来自泾河和北洛河；龙门站水量为 201.02 亿 m³，沙量为 5.07 亿 m³；河津站水量为 4.98 亿 m³，沙量为 0.034 亿 t；黄河小北干流的水量、沙量都主要来自龙门站。由表 11-3 及图 11-4、图 11-5 可看出系列Ⅰ和系列Ⅱ的对比情况，系列Ⅰ比系列Ⅱ水量大 47.27 亿 m³，沙量大 1.26 亿 t，但系列Ⅰ比系列Ⅱ的平均含沙量小 0.96 kg/m³。由图 11-5 可清楚地看出系列Ⅰ和系列Ⅱ的 14 年水沙量变化过程，从第 4 年开始系列Ⅰ比系列Ⅱ的年水量大，从第 10 年开始系列Ⅰ比系列Ⅱ的年沙量大。

由以上分析可见，系列Ⅰ整体上是平水平沙系列，系列Ⅱ整体上是枯水枯沙系列。

11.4 计算结果与分析

11.4.1 冲淤量计算结果与分析

11.4.1.1 系列Ⅰ冲淤量计算结果与分析

（1）系列Ⅰ各方案计算结果

1）方案 1

渭河下游（咸阳—渭河口）计算结果见表 11-4（a），黄河小北干流（龙门—潼关）计算结果见表 11-4（b）。

表 11-4（a）   渭河下游各主要河段累计冲淤量过程

| 日期/年 | 时段 | 分河段累计冲淤量/亿 m³ | | | | 渭河下游 |
| | | 渭淤 1 以下 | 渭淤 1~10 | 渭淤 10~26 | 渭淤 26~37 | |
		计算	计算	计算	计算	计算
1	非	−0.015	−0.017	−0.009	−0.011	−0.051
	汛	−0.031	−0.008	0.059	0.099	0.118
2	非	−0.032	−0.015	0.067	0.092	0.113
	汛	−0.056	−0.028	0.155	0.154	0.226
3	非	−0.035	−0.015	0.162	0.147	0.258
	汛	−0.131	0.045	0.255	0.161	0.330
4	非	−0.105	0.050	0.266	0.144	0.355
	汛	−0.074	0.039	0.291	0.147	0.404
5	非	−0.064	0.022	0.267	0.120	0.344
	汛	−0.062	0.024	0.276	0.117	0.355
6	非	−0.052	0.027	0.272	0.114	0.361
	汛	−0.061	0.144	0.375	0.169	0.627
7	非	−0.055	0.131	0.351	0.147	0.574
	汛	−0.043	0.137	0.351	0.145	0.590
8	非	−0.046	0.132	0.336	0.120	0.541
	汛	−0.057	0.122	0.336	0.126	0.526
9	非	−0.056	0.149	0.342	0.119	0.555
	汛	−0.052	0.165	0.371	0.125	0.609
10	非	−0.052	0.161	0.368	0.120	0.598
	汛	−0.056	0.244	0.418	0.185	0.791
11	非	−0.052	0.234	0.391	0.154	0.727
	汛	−0.050	0.248	0.405	0.139	0.742
12	非	−0.049	0.241	0.382	0.130	0.704
	汛	−0.037	0.239	0.368	0.140	0.710
13	非	−0.036	0.237	0.364	0.130	0.696
	汛	−0.036	0.263	0.395	0.159	0.780
14	非	−0.035	0.260	0.389	0.147	0.760
	汛	−0.034	0.286	0.420	0.178	0.849

表 11-4（b）　黄河小北干流各主要河段累计冲淤量过程

日期/年	时段	分河段累计冲淤量/亿 m³				龙门—潼关
		黄淤 41~45	黄淤 45~50	黄淤 50~59	黄淤 59~68	
		计算	计算	计算	计算	计算
1	非	−0.098	−0.075	−0.079	−0.131	−0.383
	汛	−0.117	−0.149	0.013	1.105	0.852
2	非	−0.109	−0.141	−0.014	0.809	0.545
	汛	−0.107	−0.139	−0.045	0.945	0.654
3	非	−0.106	−0.131	−0.050	0.668	0.381
	汛	−0.113	−0.130	−0.078	1.422	1.101
4	非	−0.100	−0.130	−0.044	1.085	0.811
	汛	−0.098	−0.125	−0.026	1.335	1.085
5	非	−0.090	−0.119	−0.012	0.887	0.665
	汛	−0.087	−0.108	0.035	1.028	0.868
6	非	−0.090	−0.114	0.008	1.076	0.879
	汛	−0.063	−0.044	0.254	1.713	1.860
7	非	−0.067	−0.060	0.230	1.871	1.974
	汛	−0.081	−0.060	0.215	2.144	2.217
8	非	−0.065	−0.067	0.217	1.713	1.798
	汛	−0.058	−0.063	0.234	1.899	2.013
9	非	−0.063	−0.060	0.215	1.543	1.635
	汛	−0.069	−0.062	0.216	1.621	1.707
10	非	−0.069	−0.068	0.192	1.534	1.589
	汛	−0.051	−0.042	0.309	1.985	2.202
11	非	−0.053	−0.045	0.284	1.768	1.955
	汛	−0.048	−0.042	0.289	1.752	1.951
12	非	−0.051	−0.045	0.265	1.461	1.629
	汛	−0.031	−0.003	0.402	1.901	2.269
13	非	−0.061	−0.012	0.368	1.639	1.935
	汛	−0.050	−0.005	0.463	2.026	2.435
14	非	−0.042	−0.017	0.426	1.983	2.351
	汛	−0.019	0.033	0.575	2.531	3.119

2）方案 2

渭河下游（咸阳—渭河口）计算结果见表 11-5（a），黄河小北干流（龙门—潼关）计算结果见表 11-5（b）。

表 11-5（a）　渭河下游各主要河段累计冲淤量过程

| 日期/年 | 时段 | 分河段累计冲淤量/亿 m³ | | | | 渭河下游 |
| | | 渭淤 1 以下 | 渭淤 1～10 | 渭淤 10～26 | 渭淤 26～37 | |
		计算	计算	计算	计算	计算
1	非	−0.004	−0.014	−0.008	−0.010	−0.037
	汛	−0.013	0.016	0.061	0.101	0.164
2	非	−0.009	0.015	0.070	0.094	0.170
	汛	−0.031	0.027	0.162	0.157	0.314
3	非	−0.008	0.042	0.170	0.149	0.352
	汛	−0.093	0.132	0.269	0.164	0.472
4	非	−0.069	0.140	0.282	0.147	0.500
	汛	−0.040	0.133	0.311	0.150	0.554
5	非	−0.033	0.119	0.289	0.123	0.498
	汛	−0.030	0.124	0.301	0.120	0.516
6	非	−0.017	0.130	0.299	0.117	0.530
	汛	−0.025	0.263	0.413	0.172	0.823
7	非	−0.017	0.251	0.391	0.150	0.775
	汛	−0.006	0.258	0.396	0.149	0.796
8	非	−0.009	0.254	0.382	0.124	0.751
	汛	−0.019	0.247	0.389	0.130	0.748
9	非	−0.016	0.281	0.400	0.124	0.789
	汛	−0.009	0.302	0.429	0.130	0.853
10	非	−0.007	0.302	0.427	0.126	0.847
	汛	−0.013	0.397	0.482	0.191	1.057
11	非	−0.009	0.388	0.458	0.160	0.997
	汛	−0.006	0.408	0.478	0.146	1.026
12	非	−0.004	0.401	0.458	0.136	0.991
	汛	0.009	0.399	0.447	0.147	1.001
13	非	0.014	0.399	0.442	0.137	0.993
	汛	0.013	0.433	0.477	0.166	1.089
14	非	0.013	0.430	0.472	0.154	1.069
	汛	0.013	0.460	0.508	0.186	1.167

表 11-5（b）　黄河小北干流各主要河段累计冲淤量过程

日期/年	时段	分河段累计冲淤量/亿 m³				龙门—潼关
		黄淤 41~45	黄淤 45~50	黄淤 50~59	黄淤 59~68	
		计算	计算	计算	计算	计算
1	非	−0.071	−0.046	−0.071	−0.131	−0.319
	汛	−0.100	−0.067	0.060	1.106	0.999
2	非	−0.072	−0.064	0.046	0.815	0.726
	汛	−0.072	−0.057	0.015	0.962	0.847
3	非	−0.066	−0.044	0.016	0.691	0.597
	汛	−0.096	−0.014	0.021	1.475	1.386
4	非	−0.064	−0.025	0.066	1.145	1.122
	汛	−0.072	−0.012	0.104	1.418	1.438
5	非	−0.056	−0.008	0.119	0.984	1.039
	汛	−0.049	0.004	0.169	1.131	1.255
6	非	−0.050	0.000	0.145	1.182	1.276
	汛	−0.032	0.076	0.400	1.826	2.270
7	非	−0.029	0.065	0.381	1.991	2.408
	汛	−0.069	0.070	0.391	2.303	2.695
8	非	−0.026	0.063	0.402	1.877	2.316
	汛	−0.021	0.075	0.423	2.076	2.553
9	非	−0.019	0.084	0.408	1.726	2.199
	汛	−0.019	0.087	0.416	1.809	2.292
10	非	−0.018	0.086	0.397	1.726	2.191
	汛	−0.006	0.123	0.529	2.197	2.844
11	非	−0.006	0.120	0.520	1.983	2.617
	汛	−0.011	0.123	0.545	1.987	2.644
12	非	−0.007	0.120	0.525	1.703	2.341
	汛	0.000	0.164	0.695	2.165	3.024
13	非	0.006	0.155	0.663	1.911	2.735
	汛	0.013	0.189	0.768	2.312	3.283
14	非	0.016	0.179	0.735	2.273	3.204
	汛	0.027	0.224	0.895	2.847	3.994

3）方案 3

渭河下游（咸阳—渭河口）计算结果见表 11-6（a），黄河小北干流（龙门—潼关）计算结果见表 11-6（b）。

表 11-6（a）　渭河下游各主要河段累计冲淤量过程

日期/年	时段	分河段累计冲淤量/亿 m³				渭河下游
		渭淤 1 以下	渭淤 1～10	渭淤 10～26	渭淤 26～37	
		计算	计算	计算	计算	计算
1	非	0.003	−0.009	−0.008	−0.010	−0.024
	汛	0.009	0.044	0.064	0.102	0.219
2	非	0.016	0.047	0.073	0.096	0.233
	汛	−0.001	0.092	0.172	0.160	0.423
3	非	0.022	0.111	0.181	0.152	0.466
	汛	−0.040	0.231	0.287	0.168	0.646
4	非	−0.019	0.243	0.301	0.151	0.677
	汛	0.002	0.243	0.334	0.154	0.733
5	非	0.007	0.234	0.315	0.127	0.683
	汛	0.011	0.243	0.331	0.124	0.709
6	非	0.025	0.251	0.331	0.121	0.729
	汛	0.021	0.403	0.459	0.177	1.059
7	非	0.030	0.391	0.440	0.155	1.016
	汛	0.037	0.399	0.451	0.154	1.040
8	非	0.037	0.396	0.439	0.129	1.000
	汛	0.029	0.392	0.454	0.136	1.012
9	非	0.034	0.432	0.470	0.130	1.067
	汛	0.041	0.455	0.501	0.136	1.133
10	非	0.043	0.456	0.501	0.132	1.132
	汛	0.036	0.554	0.562	0.198	1.350
11	非	0.042	0.547	0.540	0.167	1.296
	汛	0.046	0.572	0.566	0.153	1.338
12	非	0.048	0.567	0.546	0.144	1.306
	汛	0.060	0.566	0.537	0.155	1.319
13	非	0.066	0.566	0.533	0.146	1.311
	汛	0.066	0.601	0.574	0.175	1.415
14	非	0.067	0.598	0.568	0.164	1.397
	汛	0.067	0.634	0.611	0.196	1.508

表11-6（b）　黄河小北干流各主要河段累计冲淤量过程

日期/年	时段	分河段累计冲淤量/亿 m³				龙门—潼关
		黄淤 41～45	黄淤 45～50	黄淤 50～59	黄淤 59～68	
		计算	计算	计算	计算	计算
1	非	−0.002	−0.031	−0.068	−0.126	−0.227
	汛	−0.015	0.034	0.073	1.114	1.207
2	非	0.030	0.038	0.100	0.825	0.993
	汛	0.031	0.053	0.097	0.975	1.155
3	非	0.040	0.071	0.118	0.709	0.937
	汛	−0.005	0.118	0.210	1.541	1.864
4	非	0.049	0.100	0.255	1.233	1.637
	汛	0.036	0.128	0.301	1.570	2.035
5	非	0.068	0.141	0.322	1.141	1.672
	汛	0.073	0.160	0.375	1.296	1.904
6	非	0.074	0.157	0.357	1.349	1.936
	汛	0.087	0.238	0.625	2.004	2.954
7	非	0.101	0.229	0.618	2.177	3.125
	汛	0.045	0.237	0.689	2.524	3.496
8	非	0.107	0.241	0.695	2.116	3.159
	汛	0.111	0.269	0.710	2.349	3.439
9	非	0.116	0.289	0.706	2.006	3.117
	汛	0.117	0.295	0.721	2.096	3.229
10	非	0.122	0.294	0.710	2.016	3.142
	汛	0.131	0.352	0.892	2.515	3.890
11	非	0.138	0.351	0.898	2.304	3.691
	汛	0.122	0.352	0.965	2.336	3.775
12	非	0.139	0.357	0.932	2.065	3.494
	汛	0.130	0.421	1.140	2.554	4.246
13	非	0.155	0.415	1.108	2.306	3.984
	汛	0.148	0.467	1.242	2.726	4.582
14	非	0.169	0.455	1.209	2.695	4.527
	汛	0.168	0.513	1.398	3.308	5.387

（2）系列Ⅰ各方案计算结果对比分析

1）渭河下游及分河段各方案计算结果对比分析

图11-6分别是渭河下游（咸阳—渭河口）、渭淤1以下、渭淤1～10、渭淤10～26、渭淤26～37各方案计算结果对比图。

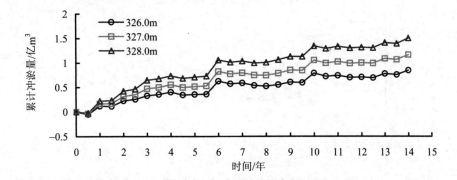

（a）渭河下游全河段累计计算冲淤量

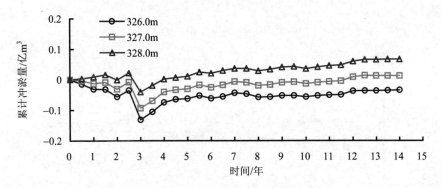

（b）渭淤 1 以下河段累计计算冲淤量

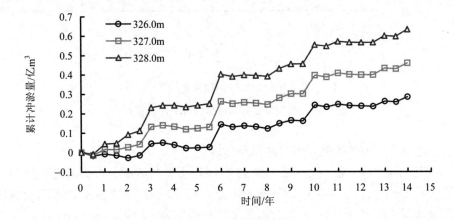

（c）渭淤 1～10 河段累计计算冲淤量

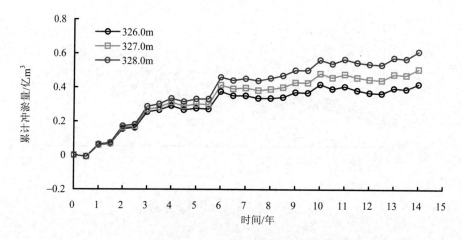

（d）渭淤 10～26 河段累计计算冲淤量

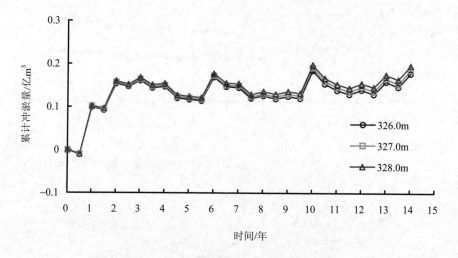

（e）渭河下游 26～37 河段累计计算冲淤量

图 11-6　渭河下游各河段累计计算冲淤量对比

①系列 I 各方案不同河段总冲淤量分析

由表 11-4（a）、表 11-5（a）、表 11-6（a）及图 11-6 清楚可见渭河下游 14 年的累积性淤积过程，当潼关高程分别为 326 m、327 m、328 m 时，渭河下游 14 年均呈缓慢累积性淤积，14 年后累积淤积量分别为 0.849 亿 m^3、1.167 亿 m^3、1.508 亿 m^3，各分河段的总冲淤量见表 11-4（a）、表 11-5（a）、表 11-6（a）。

从上述各方案不同河段总冲淤量来看，潼关控制高程越高，各个河段的总淤积量也越大。造成上述变化的原因是，潼关是渭河下游的侵蚀基准面，随着潼关高程的下降，渭河下游会发生自下游向上游的溯源冲刷。尤其是距离潼关断面较近的渭淤 1 以下河段，潼关高程 326 m 方案情况下，第 14 年末仍为累计冲刷。

实际上，除潼关高程 326 m 方案情况下渭淤 1 以下河段第 14 年末仍为累计冲刷外，其余河段各种方案情况下，第 14 年均为累计淤积，而且距离潼关断面越远的河段（渭淤 26～37 河段除外），累计淤积量越大。这是由于：首先，潼关高程下降的幅度有限，溯源冲刷向上游发展的距离是有限的，而且冲刷主要在主槽内发生，冲刷量是有限的；其次，渭河下游具有广阔的河漫滩，水流一旦漫滩，滩地将会产生大量淤积；最后，河道沿程淤积的特性决定了上游河段总是比下游河段淤积量多。

②系列Ⅰ各方案不同河段总冲淤量的空间分布

从表 11-4（a）、表 11-5（a）、表 11-6（a）可见，系列Ⅰ各方案渭河下游淤积量的空间分布情况为：渭淤 1～10 和渭淤 10～26 两河段淤积量较多，方案 1（326 m）、方案 2（327 m）和方案 3（328 m）情况下，渭淤 1～10 河段淤积量占渭河下游总淤积量的比例分别为 33.7%、39.4%、42.0%；渭淤 10～26 河段淤积量占渭河下游总淤积量的比例分别为 49.5%、43.5%、40.5%；渭淤 26～37 河段淤积量占渭河下游总淤积量的比例分别为 21.0%、15.9%、13.0%；渭淤 1 以下河段淤积量最少。

由上述数据可以看出，各方案渭河下游淤积量的空间分布规律为：潼关高程越高，渭河下游渭淤 10-37 上游河段淤积量所占的比例越小，渭淤 10 以下下游则相反。潼关高程越低，距离潼关近的河段淤积量就越少，距离潼关远的河段淤积量就越多。造成这种变化的原因是潼关高程下降时，渭河下游河段主槽发生溯源冲刷，溯源冲刷对上游河段的影响较小，致使上游河段的淤积量相对增大。

③系列Ⅰ各方案不同河段累计冲淤量随时间的变化

从图 11-6（a）可见，各方案渭河下游河段为累计性淤积过程，渭河下游发生淤积较多的时段为第 1 年至第 5 年汛后、第 6 年汛期、第 10 年汛期以及最后两年；其余时段或发生冲刷或冲淤基本平衡。

从图 11-6（b）可见，方案 3（328 m）情况下渭淤 1 以下河段除第 3 年汛期由于渭河来水量较大发生明显冲刷外，其余时段均为累计性淤积过程。方案 2（327 m）和方案 1（326 m）则不同，该河段第 5 年汛前为累计冲刷过程，潼关高程越低的方案，冲刷量越大；第 5 年汛后为累计性淤积过程，潼关高程越低的方案，累计淤积量（或回淤量）越少，尤其是方案 1（326 m）第 14 年后仍为累计冲刷，说明潼关高程越低，对该河段淤积的抑制作用更强。

从图 11-6（c）可见，系列Ⅰ各方案渭淤 1～10 河段基本为累计性淤积过程

[方案 1（326 m）前 3 年冲淤基本平衡]。从图中可见，第 1 年汛后，潼关高程降低的影响已经在该河段表现出来，随着时间的推移，这种影响越来越大，即图中三条线之间的间距越来越大。该河段发生淤积较多的时段为第 3 年汛期、第 6 年汛期和第 10 年汛期，主要原因是这些时段咸阳和张家山站的来沙量相对较大；其余时段冲淤量不大。

从图 11-6（d）可见，系列 I 各方案渭淤 10～26 河段为累计性淤积过程。由于溯源冲刷向上游发展需要一定的时间，从图中可见，到第 6 年汛前，潼关高程降低的影响才在该河段表现出来，随着时间的推移，这种影响越来越大，即图中三条线之间的间距越来越大。

从图 11-6（e）可见，系列 I 各方案渭淤 26～37 河段前 3 年为累计性淤积过程，之后冲淤基本平衡。从图中可见，潼关高程降低的影响在该河段表现十分微弱。主要原因是该河段（渭淤 26～37）的河床较陡，纵比降为 5.8$^0/_{000}$（2001 年汛后地形）。然而，渭淤 26 以下河段河床较平缓，河床平均纵比降为 1.6$^0/_{000}$（2001 年汛后地形）。潼关高程降低的影响到达渭淤 26 断面后，再向上游的影响就较小了。

2）黄河小北干流及分河段各方案计算结果对比分析

图 11-7（a）、图 11-7（b）、图 11-7（c）、图 11-7（d）、图 11-7（e）分别是黄河小北干流（龙门—潼关）、黄淤 41～45、黄淤 45～50、黄淤 50～59、黄淤 59～68 各方案计算结果对比图。

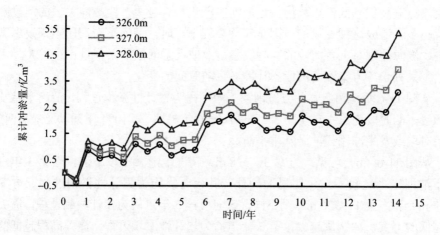

（a）龙—潼全河段黄淤 41～68 累计计算冲淤量

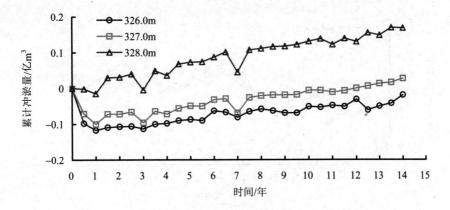

（b）黄淤 41～45 河段累计计算冲淤量

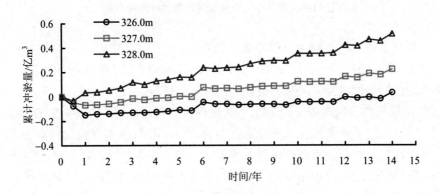

（c）黄淤 45～50 累计计算冲淤量

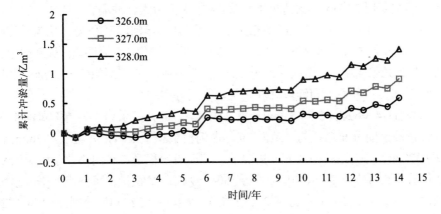

（d）黄淤 50～59 累计计算冲淤量

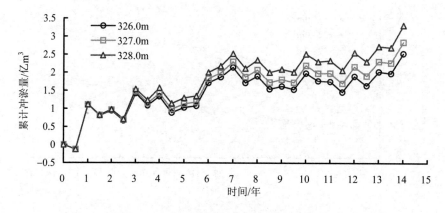

（e）黄淤59～68累计计算冲淤量

图 11-7　黄河小北干流各河段累计计算冲淤量

①系列Ⅰ各方案不同河段总冲淤量分析

由表 11-4（b）、表 11-5（b）、表 11-6（b）及图 11-7 可见黄河小北干流 14 年的累积性淤积过程，当潼关高程分别为 326 m、327 m、328 m 时，黄河小北干流14 年均呈累积性淤积态势，14 年后累积淤积量分别为 3.119 亿 m^3、3.994 亿 m^3、5.387 亿 m^3，各分河段的总冲淤量见表 11-4（b）、表 11-5（b）、表 11-6（b）。

从上述各方案不同河段总冲淤量来看，与渭河下游规律一样，潼关控制高程越高，各个河段的总淤积量也越大。造成上述变化的原因是潼关不仅是渭河下游的侵蚀基准面还是黄河小北干流的侵蚀基准面，随着潼关高程的下降，黄河小北干流会发生自下游向上游的溯源冲刷。尤其是距离潼关断面较近的黄淤 41～45河段，潼关高程 326 m 方案情况下，第 14 年末仍为累计冲刷。

实际上，除潼关高程 326 m 方案情况下黄淤 41～45 河段第 14 年末仍为累计冲刷外，其余河段各种方案情况下，第 14 年末均为累计淤积，而且距离潼关断面越远的河段，累计淤积量越大。造成这种变化的原因与前述渭河下游这种变化的原因相同。

②系列Ⅰ各方案不同河段总冲淤量的空间分布

从表 11-4（b）、表 11-5（b）、表 11-6（b）可见，系列Ⅰ各方案黄河小北干流淤积量的空间分布情况为：黄淤 59～68 河段淤积量最多，方案 1（326 m）、方案 2（327 m）、方案 3（328 m）情况下，该河段淤积量占黄河小北干流总淤积量的比例分别为 81%、71%、61%；黄淤 50～59 河段淤积量占黄河小北干流总淤积量的比例方案 1（326 m）、方案 2（327 m）、方案 3（328 m）分别为 18%、22%、26%；黄淤 45～50 河段淤积量占黄河小北干流总淤积量的比例方案 1（326 m）、方案 2（327 m）、方案 3（328 m）分别为 1%、6%、10%；黄淤 41～45 河段淤积量最少。从冲淤部位来看，各方案黄河小北干流的淤积主要发生在黄淤 50～59 河段和黄淤 59～68 河段。

由上述数据还可看出，各方案黄河小北干流淤积量的空间分布规律与渭河下游类似，原因也基本相同。

③系列Ⅰ各方案不同河段累计冲淤量随时间的变化

从图 11-7（a）可见，系列Ⅰ各方案黄河龙门—潼关河段为累计性淤积过程，冲淤规律为汛期淤积，非汛期冲刷，这符合黄河小北干流的实际情况。该河段发生淤积较多的时段为第 1 年、第 3 年、第 6 年的汛期以及最后二年，主要原因是这些时段龙门来水含沙量较高[见图 11-2（d）]；其余时段或发生冲刷或冲淤基本平衡，主要原因是这些时段龙门来水含沙量相对较低。

从图 11-7（b）可见，系列Ⅰ各方案黄淤 41～45 河段第 1 年汛后之前为冲刷，之后仍为累计性淤积过程。从第 1 年汛后之前的冲刷过程看，潼关高程越低的方案，冲刷量越大；从第 1 年汛后的淤积过程看，潼关高程越低的方案，累计淤积量（或回淤量）越少，尤其是方案 1（326 m）第 14 年后仍为累计冲刷，说明潼关高程越低，对该河段淤积的抑制作用更强。

从图 11-7（c）可见，方案 3（328 m）黄淤 45～50 河段为累计性淤积过程。方案 1（326 m）和方案 2（327 m）黄淤 45～50 河段的冲淤过程与黄淤 41～45 河段类似，仍为第 1 年汛后之前为冲刷，之后为累计性淤积过程。可见，潼关高程降至 327 m 时，造成的溯源冲刷已经发展到该河段。

从图 11-7（d）可见，系列Ⅰ各方案黄淤 50～59 河段基本为累计性淤积过程[方案 1（326 m）前 6 年冲淤基本平衡]。由于溯源冲刷向上游发展需要一定的时间，从图中可见，到第 2 年汛前，潼关高程降低的影响才在该河段表现出来，随着时间的推移，这种影响越来越大，即图中三条线之间的间距越来越大。

从图 11-7（e）可见，系列Ⅰ各方案黄淤 59～68 河段为累计性淤积过程。该河段第 1 年、第 3 年、第 7 年的汛期以及最后两年龙门的含沙量较大，造成的淤积量也较大。同样由于溯源冲刷向上游发展需要一定的时间，从图中可见，到第 5 年汛前，潼关高程降低的影响才在该河段表现出来。

11.4.1.2　系列Ⅱ冲淤量计算结果与分析

（1）系列Ⅱ各方案计算结果

1）方案 1

渭河下游（咸阳—渭河口）计算结果见表 11-7（a），黄河小北干流（龙门—

潼关）计算结果见表 11-7（b）。

表 11-7（a） 渭河下游各主要河段累计冲淤量过程

时间/年	时段	分河段累计冲淤量/亿 m³				渭河下游
		渭淤 1 以下	渭淤 1～10	渭淤 10～26	渭淤 26～37	
		计算	计算	计算	计算	计算
1	非	−0.031	−0.028	−0.006	−0.001	−0.067
	汛	−0.054	0.050	0.100	0.079	0.176
2	非	−0.050	0.025	0.082	0.059	0.115
	汛	−0.040	0.010	0.089	0.059	0.118
3	非	−0.046	−0.001	0.079	0.032	0.065
	汛	−0.060	−0.023	0.097	0.043	0.056
4	非	−0.062	−0.007	0.111	0.034	0.076
	汛	−0.054	0.008	0.141	0.039	0.134
5	非	−0.056	0.005	0.137	0.032	0.118
	汛	−0.058	0.084	0.192	0.113	0.331
6	非	−0.057	0.076	0.172	0.075	0.266
	汛	−0.054	0.084	0.187	0.058	0.275
7	非	−0.056	0.079	0.176	0.042	0.241
	汛	−0.050	0.102	0.214	0.064	0.329
8	非	−0.045	0.097	0.208	0.052	0.312
	汛	−0.040	0.115	0.244	0.086	0.405
9	非	−0.043	0.111	0.232	0.072	0.371
	汛	−0.038	0.150	0.295	0.113	0.519
10	非	−0.041	0.139	0.281	0.092	0.471
	汛	−0.042	0.122	0.273	0.094	0.447
11	非	−0.046	0.131	0.275	0.083	0.443
	汛	−0.044	0.120	0.276	0.076	0.427
12	非	−0.046	0.117	0.249	0.062	0.382
	汛	−0.045	0.121	0.262	0.065	0.404
13	非	−0.047	0.135	0.265	0.075	0.429
	汛	−0.048	0.142	0.285	0.102	0.481
14	非	−0.038	0.138	0.272	0.090	0.462
	汛	−0.049	0.129	0.273	0.080	0.433

表 11-7（b） 黄河小北干流各主要河段累计冲淤量过程

时间/年	时段	分河段累计冲淤量/亿 m³				龙门—潼关
		黄淤 41～45	黄淤 45～50	黄淤 50～59	黄淤 59～68	
		计算	计算	计算	计算	计算
1	非	−0.093	−0.058	−0.027	−0.183	−0.361
	汛	−0.075	−0.051	0.097	0.625	0.596
2	非	−0.083	−0.050	0.031	0.424	0.323
	汛	−0.076	−0.059	0.039	0.773	0.677
3	非	−0.064	−0.054	0.013	0.364	0.259
	汛	−0.054	−0.046	0.006	0.615	0.522
4	非	−0.054	−0.038	−0.002	0.279	0.184
	汛	−0.058	−0.037	−0.005	0.383	0.283
5	非	−0.065	−0.050	−0.030	0.270	0.124
	汛	−0.033	−0.006	0.078	0.821	0.860
6	非	−0.047	−0.024	0.057	0.562	0.549
	汛	−0.037	−0.023	0.060	0.584	0.583
7	非	−0.051	−0.031	0.035	0.268	0.221
	汛	−0.007	0.050	0.166	0.816	1.025
8	非	−0.036	0.035	0.136	0.525	0.660
	汛	−0.005	0.069	0.233	0.992	1.288
9	非	−0.011	0.065	0.214	0.874	1.141
	汛	0.022	0.145	0.354	1.551	2.072
10	非	−0.003	0.132	0.347	1.490	1.966
	汛	0.002	0.147	0.402	1.676	2.227
11	非	0.010	0.129	0.390	1.668	2.197
	汛	0.026	0.170	0.470	1.898	2.563
12	非	0.020	0.156	0.458	1.706	2.340
	汛	0.025	0.150	0.449	1.800	2.424
13	非	0.015	0.147	0.436	1.586	2.184
	汛	0.020	0.140	0.426	1.730	2.316
14	非	0.012	0.139	0.419	1.559	2.129
	汛	0.023	0.153	0.453	1.779	2.409

2）方案 2

渭河下游（咸阳—渭河口）计算结果见表 11-8（a），黄河小北干流（龙门—潼关）计算结果见表 11-8（b）。

表 11-8（a）　渭河下游各主要河段累计冲淤量过程

| 时间/年 | 时段 | 分河段累计冲淤量/亿 m³ | | | | 渭河下游 |
| | | 渭淤 1 以下 | 渭淤 1～10 | 渭淤 10～26 | 渭淤 26～37 | |
		计算	计算	计算	计算	计算
1	非	−0.015	−0.021	−0.005	−0.001	−0.042
	汛	−0.028	0.090	0.104	0.081	0.247
2	非	−0.022	0.071	0.087	0.060	0.196
	汛	−0.013	0.068	0.096	0.060	0.212
3	非	−0.018	0.061	0.088	0.034	0.165
	汛	−0.028	0.049	0.113	0.045	0.180
4	非	−0.027	0.074	0.131	0.036	0.214
	汛	−0.019	0.095	0.163	0.042	0.281
5	非	−0.019	0.096	0.162	0.034	0.273
	汛	−0.022	0.186	0.222	0.115	0.502
6	非	−0.019	0.179	0.203	0.077	0.441
	汛	−0.016	0.191	0.225	0.060	0.461
7	非	−0.015	0.189	0.215	0.045	0.434
	汛	−0.006	0.217	0.258	0.066	0.535
8	非	0.001	0.213	0.253	0.055	0.521
	汛	0.001	0.241	0.295	0.089	0.626
9	非	−0.001	0.236	0.284	0.075	0.594
	汛	0.002	0.279	0.357	0.116	0.755
10	非	0.002	0.268	0.344	0.096	0.711
	汛	0.003	0.255	0.340	0.099	0.696
11	非	−0.003	0.266	0.345	0.087	0.695
	汛	−0.002	0.252	0.351	0.081	0.682
12	非	−0.001	0.250	0.327	0.067	0.643
	汛	−0.002	0.256	0.348	0.071	0.673
13	非	0.001	0.271	0.354	0.081	0.707
	汛	−0.005	0.280	0.375	0.110	0.759
14	非	0.007	0.276	0.363	0.097	0.743
	汛	−0.005	0.268	0.369	0.088	0.721

表 11-8（b）　黄河小北干流各主要河段累计冲淤量过程

时间/年	时段	分河段累计冲淤量/亿 m³				龙门—潼关
		黄淤 41~45	黄淤 45~50	黄淤 50~59	黄淤 59~68	
		计算	计算	计算	计算	计算
1	非	−0.062	−0.037	−0.022	−0.182	−0.303
	汛	−0.039	0.005	0.126	0.627	0.720
2	非	−0.037	0.016	0.069	0.432	0.480
	汛	−0.057	0.047	0.103	0.789	0.882
3	非	−0.026	0.047	0.094	0.386	0.501
	汛	−0.017	0.062	0.097	0.646	0.788
4	非	−0.015	0.077	0.105	0.318	0.486
	汛	−0.011	0.081	0.110	0.426	0.606
5	非	−0.012	0.078	0.091	0.317	0.473
	汛	0.010	0.149	0.218	0.883	1.260
6	非	0.003	0.130	0.213	0.633	0.979
	汛	0.004	0.132	0.234	0.669	1.039
7	非	0.004	0.126	0.212	0.364	0.706
	汛	0.034	0.217	0.372	0.930	1.554
8	非	0.032	0.200	0.349	0.648	1.229
	汛	0.049	0.258	0.456	1.129	1.893
9	非	0.051	0.246	0.444	1.019	1.760
	汛	0.076	0.324	0.589	1.730	2.719
10	非	0.073	0.310	0.580	1.678	2.641
	汛	0.085	0.336	0.633	1.869	2.923
11	非	0.085	0.325	0.625	1.864	2.899
	汛	0.104	0.373	0.709	2.102	3.288
12	非	0.099	0.365	0.701	1.915	3.080
	汛	0.098	0.361	0.698	2.016	3.174
13	非	0.095	0.357	0.689	1.809	2.950
	汛	0.096	0.352	0.682	1.956	3.086
14	非	0.094	0.352	0.677	1.790	2.913
	汛	0.103	0.371	0.712	2.013	3.199

3）方案 3

渭河下游（咸阳—渭河口）计算结果见表 11-9（a），黄河小北干流（龙门—潼关）计算结果见表 11-9（b）。

表 11-9（a）　渭河下游各主要河段累计冲淤量过程

时间/年	时段	分河段累计冲淤量/亿 m³				渭河下游
		渭淤1以下	渭淤1～10	渭淤10～26	渭淤26～37	
		计算	计算	计算	计算	计算
1	非	−0.001	−0.011	−0.004	0.000	−0.016
	汛	0.002	0.134	0.109	0.083	0.327
2	非	0.010	0.123	0.093	0.062	0.287
	汛	0.020	0.130	0.106	0.063	0.318
3	非	0.017	0.127	0.099	0.036	0.280
	汛	0.013	0.131	0.134	0.048	0.325
4	非	0.015	0.162	0.157	0.039	0.372
	汛	0.024	0.186	0.191	0.045	0.445
5	非	0.025	0.188	0.191	0.038	0.442
	汛	0.024	0.286	0.259	0.119	0.688
6	非	0.027	0.279	0.242	0.081	0.629
	汛	0.032	0.296	0.270	0.064	0.663
7	非	0.034	0.296	0.262	0.049	0.641
	汛	0.044	0.327	0.311	0.071	0.752
8	非	0.052	0.324	0.305	0.059	0.741
	汛	0.051	0.360	0.355	0.094	0.861
9	非	0.051	0.356	0.345	0.081	0.832
	汛	0.056	0.409	0.429	0.123	1.016
10	非	0.057	0.398	0.417	0.103	0.974
	汛	0.058	0.388	0.416	0.106	0.967
11	非	0.053	0.403	0.425	0.094	0.976
	汛	0.055	0.392	0.437	0.089	0.972
12	非	0.054	0.389	0.415	0.075	0.933
	汛	0.055	0.399	0.447	0.079	0.981
13	非	0.059	0.416	0.455	0.090	1.019
	汛	0.052	0.425	0.482	0.119	1.078
14	非	0.064	0.421	0.470	0.107	1.063
	汛	0.053	0.412	0.481	0.099	1.046

表 11-9（b） 黄河小北干流各主要河段累计冲淤量过程

时间/年	时段	分河段累计冲淤量/亿 m³				龙门—潼关
		黄淤 41~45	黄淤 45~50	黄淤 50~59	黄淤 59~68	
		计算	计算	计算	计算	计算
1	非	0.003	−0.013	−0.021	−0.178	−0.209
	汛	0.051	0.094	0.155	0.633	0.933
2	非	0.060	0.093	0.184	0.441	0.779
	汛	0.039	0.151	0.279	0.817	1.286
3	非	0.090	0.172	0.284	0.436	0.981
	汛	0.100	0.216	0.318	0.721	1.354
4	非	0.106	0.244	0.366	0.412	1.129
	汛	0.117	0.253	0.381	0.528	1.279
5	非	0.118	0.258	0.373	0.427	1.177
	汛	0.155	0.356	0.555	1.026	2.092
6	非	0.151	0.355	0.574	0.795	1.876
	汛	0.144	0.350	0.651	0.877	2.023
7	非	0.155	0.362	0.627	0.585	1.729
	汛	0.180	0.464	0.826	1.199	2.670
8	非	0.194	0.461	0.806	0.930	2.391
	汛	0.204	0.533	0.936	1.451	3.124
9	非	0.222	0.530	0.929	1.357	3.038
	汛	0.244	0.605	1.097	2.138	4.085
10	非	0.253	0.600	1.093	2.093	4.040
	汛	0.269	0.631	1.144	2.292	4.336
11	非	0.270	0.629	1.139	2.298	4.336
	汛	0.292	0.675	1.231	2.547	4.746
12	非	0.288	0.668	1.230	2.372	4.558
	汛	0.289	0.663	1.235	2.494	4.680
13	非	0.287	0.659	1.226	2.306	4.477
	汛	0.290	0.657	1.222	2.456	4.626
14	非	0.291	0.659	1.220	2.294	4.464
	汛	0.301	0.679	1.259	2.527	4.767

（2）系列Ⅱ各方案计算结果对比分析

1）渭河下游及分河段各方案计算结果对比分析

图 11-8（a）、图 11-8（b）、图 11-8（c）、图 11-8（d）、图 11-8（e）分别是渭河下游（咸阳—渭河口）、渭淤 1 以下、渭淤 1～10、渭淤 10～26、渭淤 26～37 各方案计算结果对比图。

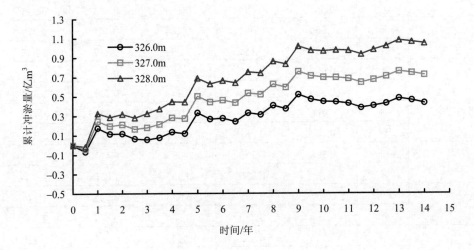

（a）渭河下游全河段累计计算冲淤量

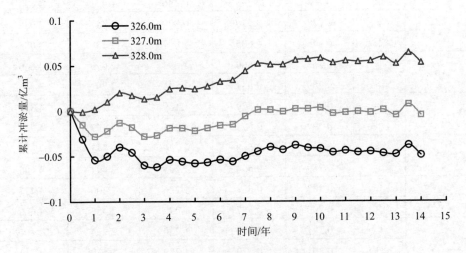

（b）渭淤 1 以下河段累计计算冲淤量

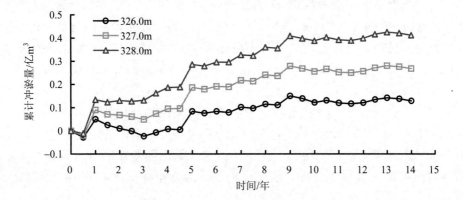

（c）渭淤 1～10 河段累计计算冲淤量

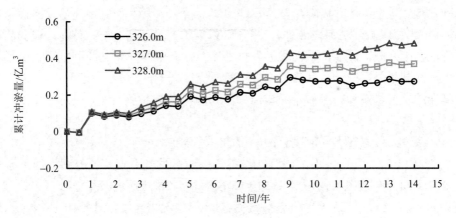

（d）渭淤 10～26 河段累计计算冲淤量

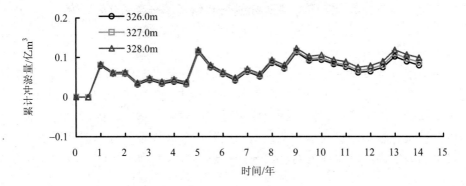

（e）渭河下游 26～37 河段累计计算冲淤量

图 11-8　渭河下游累计计算冲淤量

①系列 Ⅱ 各方案不同河段总冲淤量分析

由表 11-7（a）、表 11-8（a）、表 11-9（a）及图 11-8 可见，当潼关高程分别为 326 m、327 m、328 m 时，渭河下游 14 年呈累积性淤积，累积淤积量分别为 0.433 亿 m^3、0.721 亿 m^3、1.046 亿 m^3，各分河段的总冲淤量见表 11-7（a）、表 11-8（a）、表 11-9（a）。

从上述各方案不同河段总冲淤量来看，潼关控制高程越高，各个河段的总淤积量也越大。造成上述变化的原因是，潼关是渭河下游的侵蚀基准面，随着潼关高程的下降，渭河下游会发生自下游向上游的溯源冲刷。尤其是距离潼关断面较近的渭淤 1 以下河段，潼关高程 326 m 方案情况下，第 14 年末仍为累计冲刷。

实际上，除潼关高程 326 m 方案情况下渭淤 1 以下河段第 14 年末仍为累计冲刷外，其余河段各种方案情况下，第 14 年均为累计淤积，而且距离潼关断面越远的河段（渭淤 26～37 河段除外），累计淤积量越大。这是由于：首先，潼关高程下降的幅度有限，溯源冲刷向上游发展的距离是有限的，而且冲刷主要在主槽内发生，冲刷量是有限的；其次，渭河下游具有广阔的河漫滩，水流一旦漫滩，滩地将会产生大量淤积；最后，河道沿程淤积的特性决定了上游河段总是比下游河段淤积量多。

②系列 Ⅱ 各方案不同河段总冲淤量的空间分布

从表 11-7（a）、表 11-8（a）、表 11-9（a）可见，系列 Ⅱ 各方案渭河下游淤积量的空间分布情况为：渭淤 1～10 和渭淤 10～26 两河段淤积量较多，方案 1（326 m）、方案 2（327 m）和方案 3（328 m）情况下，渭淤 1～10 河段淤积量占渭河下游总淤积量的比例分别为 29.8%、37.1%、39.4%；渭淤 10～26 河段淤积量占渭河下游总淤积量的比例分别为 63.0%、51.2%、46.0%；渭淤 26～37 河段淤积量占渭河下游总淤积量的比例分别为 18.5%、12.2%、9.5%；渭淤 1 以下河段淤积量最少。

由上述数据可以看出，各方案渭河下游淤积量的空间分布规律为：潼关高程越高，渭河下游渭淤 10～37 上游河段淤积量所占的比例越小，渭淤 10 以下下游则相反；潼关高程越低，距离潼关近的河段淤积量就越少，距离潼关远的河段淤积量就越多。造成这种变化的原因是潼关高程下降时，渭河下游河段主槽发生溯源冲刷，溯源冲刷对上游河段的影响较小，致使上游河段的淤积量相对增大。

③系列 Ⅱ 各方案不同河段累计冲淤量随时间的变化

从图 11-8（a）可见，系列 Ⅱ 各方案渭河下游河段为累计性淤积过程，渭河下游发生淤积较多的时段为第1年汛期、第5年汛期、第8年汛期至第9年汛期，主要原因是这些时段咸阳和张家山站的来水含沙量相对较大（见表11-3）；其余时段或发生冲刷或冲淤基本平衡。

从图11-8（b）可见，方案3（328 m）情况下渭淤1以下河段为累计性淤积过程。方案2（327 m）和方案1（326 m）则不同，该河段第5年汛前为累计冲刷过程，潼关高程越低的方案，冲刷量越大；第5年汛后为累计性淤积过程，潼关高程越低的方案，累计淤积量（或回淤量）越少。方案2（327 m）14年后稍有冲刷，冲淤基本平衡。方案1（326 m）第14年后仍为累计冲刷。说明潼关高程越低，对该河段淤积的抑制作用更强。

从图11-8（c）可见，系列Ⅱ各方案渭淤1~10河段基本为累计性淤积过程[方案1（326 m）前5年冲淤基本平衡]。从图中可见，第1年汛后，潼关高程降低的影响已经在该河段表现出来，随着时间的推移，这种影响越来越大，即图中三条线之间的间距越来越大。该河段发生淤积较多的时段为第1年汛期、第5年汛期和第9年汛期，主要原因是这些时段咸阳和张家山站的来水含沙量相对较大（见表11-3）；第10年之后各方案该河段冲淤基本平衡。

从图11-8（d）可见，系列Ⅱ各方案渭淤10~26河段为累计性淤积过程。由于溯源冲刷向上游发展需要一定的时间，从图中可见，到第6年汛前，潼关高程降低的影响才在该河段表现出来，随着时间的推移，这种影响越来越大，即图中三条线之间的间距越来越大。

从图11-8（e）可见，系列Ⅱ各方案渭淤26~37河段第1年汛后至第5年汛后、第9年汛后至第13年汛后均是先冲后淤的过程，从长时段来看，前5年为累计性淤积过程，之后冲淤基本平衡。从图中可见，潼关高程降低的影响在该河段表现十分微弱。主要原因是该河段（渭淤26~37）的河床较陡，纵比降为$5.8^0/_{000}$（2001年汛后地形）。然而，渭淤26以下河段河床较平缓，河床平均纵比降为$1.6^0/_{000}$（2001年汛后地形）。潼关高程降低的影响到达渭淤26断面后，再向上游的影响就较小了。该河段发生淤积较多的时段为第2年汛期、第6年汛期和第10年汛期，主要原因是这些时段咸阳站的来水含沙量相对较大（见表11-3）。

2）黄河小北干流及分河段各方案计算结果对比分析

图11-9（a）、图11-9（b）、图11-9（c）、图11-9（d）、图11-9（e）分别是黄河小北干流（龙门—潼关）、黄淤41~45、黄淤45~50、黄淤50~59、黄淤59~68各方案计算结果对比图。

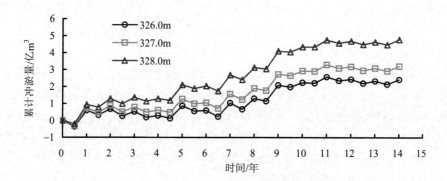

（a）龙—潼全河段累计计算冲淤量

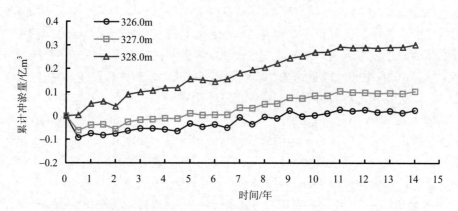

（b）黄淤 41（3）～45 河段累计计算冲淤量

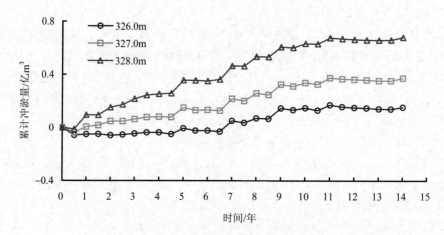

（c）黄淤 45～50 累计计算冲淤量

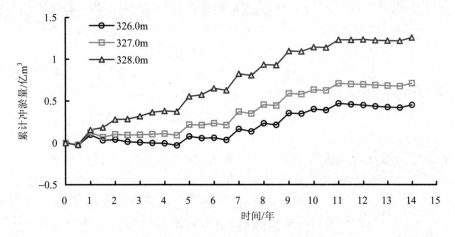

（d）黄淤 50~59 累计计算冲淤量

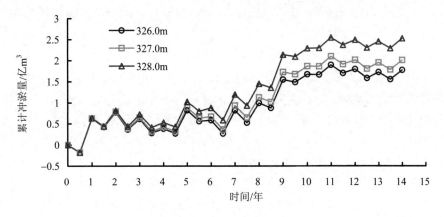

（e）黄淤 59~68 累计计算冲淤量

图 11-9　黄河小北干流各河段累计计算冲淤量

①系列 II 各方案不同河段总冲淤量分析

由表 11-7（b）、表 11-8（b）、表 11-9（b）及图 11-9 可见黄河小北干流 14 年的累积性淤积过程，当潼关高程分别为 326 m、327 m、328 m 时，黄河小北干流 14 年均呈累积性淤积态势，14 年后累积淤积量分别为 2.409 亿 m³、3.199 亿 m³、4.767 亿 m³，各分河段的总冲淤量见表 11-7（b）、表 11-8（b）、表 11-9（b）。

从上述各方案不同河段总冲淤量来看，与渭河下游规律一样，潼关控制高程越高，各个河段的总淤积量也越大；而且距离潼关断面越远的河段，累计淤积量越大，造成上述变化的原因与系列 I 的情况相同，就是潼关不仅是渭河下游的侵蚀基准面还是黄河小北干流的侵蚀基准面，随着潼关高程的下降，黄河小北干流会发生自下游向上游的溯源冲刷，随着范围的上延，冲刷的强度越来越小。

②系列Ⅱ各方案不同河段总冲淤量的空间分布

从表 11-7（b）、表 11-8（b）、表 11-9（b）可见，系列Ⅱ各方案黄河小北干流淤积量的空间分布情况为：黄淤 59～68 河段淤积量最多，在方案 1（326 m）、方案 2（327 m）、方案 3（328 m）情况下，该河段淤积量占黄河小北干流总淤积量的比例分别为 74%、63%、53%；黄淤 50～59 河段淤积量占黄河小北干流总淤积量的比例方案 1（326 m）、方案 2（327 m）、方案 3（328 m）分别为 19%、22%、26%；黄淤 45～50 河段淤积量占黄河小北干流总淤积量的比例方案 1（326 m）、方案 2（327 m）、方案 3（328 m）分别为 6%、12%、14%；黄淤 41～45 河段淤积量最少。从冲淤部位来看，各方案黄河小北干流的淤积主要发生在黄淤 50～59 河段和黄淤 59～68 河段。

由上述数据还可看出，各方案黄河小北干流淤积量的空间分布规律与渭河下游类似，原因也基本相同。

③系列Ⅱ各方案不同河段累计冲淤量随时间的变化

从图 11-9（a）可见，系列Ⅱ各方案黄河龙门—潼关河段为累计性淤积过程，冲淤规律为汛期淤积，非汛期冲刷，这符合黄河小北干流的实际情况。该河段发生淤积较多的时段为第 1 年、第 5 年汛期、第 7 年汛前至第 9 年汛后，主要原因是这些时段龙门来水含沙量较高[见图 11-3（d）]；其余时段或发生冲刷或冲淤基本平衡，主要原因是这些时段龙门来水含沙量相对较低。

从图 11-9（b）可见，方案 3（328 m）黄淤 41～45 河段为累计性淤积过程，方案 1（326 m）和方案 2（327 m）黄淤 41～45 河段第 1 年非汛期为冲刷，之后仍为累计性淤积过程。从第 1 年非汛期的冲刷量看，潼关高程越低的方案，冲刷量越大；从第 1 年汛前之后的淤积过程看，潼关高程越低的方案，累计淤积量（或回淤量）越少，说明潼关高程越低，对该河段淤积的抑制作用更强。

从图 11-9（c）可见，系列Ⅱ各方案黄淤 45～50 河段为累计性淤积过程。方案 1（326 m）前 7 年冲淤基本平衡，第 12 年之后稍有冲刷，其余时段为累计性淤积过程。

从图 11-9（d）可见，系列Ⅱ各方案黄淤 50～59 河段基本为累计性淤积过程[方案 1（326 m）前 6 年冲淤基本平衡]。由于溯源冲刷向上游发展需要一定的时间，从图中可见，到第 3 年汛前，潼关高程降低的影响才在该河段表现出来，随着时间的推移，这种影响越来越大，即图中三条线之间的间距越来越大。

从图 11-9（e）可见，系列Ⅱ各方案黄淤 59～68 河段为累计性淤积过程。该河段第 1 年汛期、第 5 年汛期、第 7 年汛前至第 9 年汛后龙门的含沙量较大，造成的淤积量也较大。同样由于溯源冲刷向上游发展需要一定的时间，从图中可见，到第 4 年汛前，潼关高程降低的影响才在该河段表现出来。

事实上，潼关高程 326 m 方案情况下，黄淤 41~45 河段第 0~7 年末先冲后淤最后达到冲淤平衡，第 7~11 年汛后处于微淤态势；黄淤 45~50 河段第 0~7 年汛前先冲后淤最后达到冲淤平衡，第 7~11 年汛后处于淤积态势；黄淤 50~59 河段第 0~7 年汛前也是冲淤平衡，第 7~11 年汛后处于淤积态势。潼关高程 327 m 方案情况下，黄淤 41~45 河段第 0~7 年汛前先冲后淤最后达到冲淤平衡，第 7~11 年处于淤积态势；黄淤 45~50 河段第 0~7 年汛前先冲后淤最后达到冲淤平衡，第 7~11 年持续淤积；黄淤 50~59 河段第 0~7 年汛前也是冲淤平衡，第 7~11 年持续淤积。潼关高程 328 m 方案情况下，各河段前 11 年间均为持续性淤积。各河段各方案均在第 11 年汛后至第 14 年汛后冲淤平衡。这种过程的变化与来水来沙特性有关，这种变化与前述分析的水沙特性是一致的。

11.4.1.3 潼关高程降低对渭河下游和黄河小北干流河道的减淤效果分析

为了分析不同设计水沙系列条件下，潼关高程降低对渭河下游及黄河小北干流河道冲淤的影响（主要从减淤的角度来分析），表 11-10（a）中给出了各种方案组合情况下不同河段计算时段末的累积冲淤量。表 11-10（b）中给出了与潼关高程 328 m 方案相比，潼关高程 326 m 方案和 327 m 方案各河段的减淤量及减淤率计算结果。

表 11-10（a）　各方案累计冲淤量计算结果汇总　　　　单位：亿 m³

水沙系列	潼关高程/m	黄河+渭河总淤积量	黄河总淤积量	北干流各河段总冲淤量				渭河总淤积量	渭河下游各河段总冲淤量			
				黄淤41~45	黄淤45~50	黄淤50~59	黄淤59~68		渭淤1以下	渭淤1~10	渭淤10~26	渭淤26~37
I	326	3.968	3.119	-0.019	0.033	0.575	2.531	0.849	−0.034	0.286	0.420	0.178
	327	5.160	3.994	0.027	0.224	0.895	2.847	1.167	0.013	0.460	0.508	0.186
	328	6.895	5.387	0.168	0.513	1.398	3.308	1.508	0.067	0.634	0.611	0.196
II	326	2.842	2.409	0.023	0.153	0.453	1.779	0.433	−0.049	0.129	0.273	0.080
	327	3.920	3.199	0.103	0.371	0.712	2.013	0.721	−0.005	0.268	0.369	0.088
	328	5.813	4.767	0.301	0.679	1.259	2.527	1.046	0.053	0.412	0.481	0.099

表 11-10 （b）　与 328 方案相比各方案减淤量计算结果汇总

单位：亿 m³

水沙系列	潼关高程 m	黄河+渭河总减淤量（减淤率）	黄河减淤量（减淤率）	北干流各河段减淤量				渭河减淤量（减淤率）	渭河下游各河段减淤量			
				黄淤41~45（减淤率）	黄淤45~50（减淤率）	黄淤50~59（减淤率）	黄淤59~68（减淤率）		清淤1以下（减淤率）	清淤1~10（减淤率）	清淤10~26（减淤率）	清淤26~37（减淤率）
I	326	2.927 (42.5%)	2.268 7 (42.7%)	0.187 (111.3%)	0.480 (93.5%)	0.824 (59.0%)	0.777 (23.5%)	0.659 (43.7%)	0.101 (150.0%)	0.348 (55.0%)	0.191 (31.0%)	0.018 (9.2%)
	327	1.734 (25.1%)	1.394 (44.7%)	0.141 (84.0%)	0.289 (56.3%)	0.503 (36.0%)	0.461 (14.0%)	0.341 (22.6%)	0.054 (80.5%)	0.173 (27.0%)	0.103 (16.8%)	0.010 (5.0%)
	328	0.000	0.000	0.000	0.000	0.000	0.000	0.000	0.000	0.000	0.000	0.000
II	326	2.971 (51.1%)	2.358 (49.5%)	0.279 (92.7%)	0.525 (77.3%)	0.806 (64.0%)	0.748 (29.6%)	0.613 (58.6%)	0.102 (192.0%)	0.284 (69.0%)	0.208 (43.2%)	0.019 (19.2%)
	327	1.893 (32.6%)	1.568 (32.9%)	0.198 (65.8%)	0.308 (45.4%)	0.547 (43.4%)	0.515 (20.4%)	0.325 (31.0%)	0.058 (109.4%)	0.145 (35.2%)	0.112 (23.3%)	0.011 (11.1%)
	328	0.000	0.000	0.000	0.000	0.000	0.000	0.000	0.000	0.000	0.000	0.000

（1）系列Ⅰ情况下潼关高程降低对渭河下游河道冲淤影响分析

从表 11-10 可见，当潼关高程从 328 m 降为 327 m 时，渭河下游可以减少淤积 0.341 亿 m³，减淤率为 22.6%；当潼关高程从 328 m 降为 326 m 时，渭河可以减少淤积 0.659 亿 m³，减淤率为 43.7%。很明显，潼关高程降 2 m（328 m 降至 326 m）渭河下游的减淤率几乎是潼关高程降 1 m（328 m 降至 327 m）渭河下游的减淤率的两倍，说明潼关高程在 328～326 m，潼关高程降低的幅度与渭河下游河段的减淤量基本呈等比例关系。

从表 11-10（b）可见，当潼关高程从 328 m 降至 327 m 时，渭淤 1 以下河段减少淤积 0.054 亿 m³，减淤率为 80.5%，渭淤 1～10 河段减少淤积 0.173 亿 m³，减淤率为 27%，渭淤 10～26 河段减少淤积 0.103 亿 m³，减淤率为 16.8%，渭淤 26～37 河段减少淤积 0.01 亿 m³，减淤率为 5.0%；当潼关高程从 328 m 降至 326 m 时，渭淤 1 以下河段减少淤积 0.101 亿 m³，减淤率为 150%，渭淤 1～10 河段减少淤积 0.348 亿 m³，减淤率为 55%，渭淤 10～26 河段减少淤积 0.191 亿 m³，减淤率为 31%，渭淤 26～37 河段减少淤积 0.018 亿 m³，减淤率为 9.2%。

由此可见，当潼关高程从 328 m 降至 326 m 时，渭河减淤效果比潼关高程从 328 m 降至 327 m 时的效果要明显得多，从影响范围来看，潼关高程下降对渭河下游最上游渭淤 26～37 河段影响不大，对渭淤 26 以下河段影响较大，尤其是对渭淤 1 以下河段影响最大。造成上述变化的原因是，潼关是渭河下游的侵蚀基准面，潼关高程下降时，相当于渭河下游的侵蚀基准面下降，渭河下游会发生沿程向上的溯源冲刷，但溯源冲刷的冲刷范围毕竟是有限的，因为一般溯源冲刷仅发生在主槽，而主槽的河床组成、河道比降、水流挟沙力等因素影响着溯源冲刷的效果和影响范围。

（2）系列Ⅰ情况下潼关高程降低对黄河小北干流河道冲淤影响分析

从表 11-10 可见，当潼关高程从 328 m 降为 327 m 时，小北干流可以减少淤积 1.394 亿 m³，减淤率为 44.7%；当潼关高程从 328 m 降为 326 m 时，小北干流可以减少淤积 2.268 亿 m³，减淤率为 72.7%。

从表 11-10（b）可见，当潼关高程从 328 m 降至 327 m 时，黄淤 41～45 河段减少淤积 0.141 亿 m³，减淤率为 84%，黄淤 45～50 河段减少淤积 0.289 亿 m³，减淤率为 56.3%，黄淤 50～59 河段减少淤积 0.503 亿 m³，减淤率为 36.0%，黄淤 59～68 河段减少淤积 0.461 亿 m³，减淤率为 14.0%；当潼关高程从 328 m 降至 326 m 时，黄淤 41～45 河段减少淤积 0.187 亿 m³，减淤率为 111.3%，黄淤 45～50 河段减少淤积 0.480 亿 m³，减淤率为 93.5%，黄淤 50～59 河段减少淤积 0.824 亿 m³，减淤率为 59%，黄淤 59～68 河段减少淤积 0.777 亿 m³，减淤率为 23.5%。

由此可见，当潼关高程从 328 m 降至 326 m 时，黄河小北干流的减淤效果比潼关高程从 328 m 降至 327 m 时的效果要明显得多。从影响范围来看，潼关高程升降对黄淤 41～45 河段影响最大，黄淤 45～50 河段次之，对其他两段影响较小，最上游黄淤 59～68 河段影响最小。造成上述变化的原因与渭河下游的原因相同。

（3）系列 II 情况下潼关高程降低对渭河下游河道冲淤影响分析

从表 11-10 可见，当潼关高程从 328 m 降为 327 m 时，渭河下游可以减少淤积 0.325 亿 m^3，减淤率为 31%；当潼关高程从 328 m 降为 326 m 时，渭河可以减少淤积 0.613 亿 m^3，减淤率为 58.6%。很明显，潼关高程降 2 m（328 m 降至 326 m）渭河下游的减淤率是潼关高程降 1 m（328 m 降至 327 m）渭河下游的减淤率的 1.9 倍，说明潼关高程在 328～326 m，潼关高程降低的幅度与渭河下游河段的减淤量大体上成等比例关系。

从表 11-10（b）可见，当潼关高程从 328 m 降至 327 m 时，渭淤 1 以下河段减少淤积 0.058 亿 m^3，减淤率为 109.4%；渭淤 1～10 河段减少淤积 0.145 亿 m^3，减淤率为 35.2%；渭淤 10～26 河段减少淤积 0.112 亿 m^3，减淤率为 23.3%；渭淤 26～37 河段减少淤积 0.011 亿 m^3，减淤率为 11.1%。当潼关高程从 328 m 降至 326 m 时，渭淤 1 以下河段减少淤积 0.102 亿 m^3，减淤率为 192%；渭淤 1～10 河段减少淤积 0.284 亿 m^3，减淤率为 69%；渭淤 10～26 河段减少淤积 0.208 亿 m^3，减淤率为 43.2%；渭淤 26～37 河段减少淤积 0.019 亿 m^3，减淤率为 19.2%。

由此可见，当潼关高程从 328 m 降至 326 m 时，渭河减淤效果比潼关高程从 328 m 降至 327 m 时的效果要明显得多，从影响范围来看，潼关高程下降对渭河下游河段最上游部分渭淤 26～37 河段影响不大，对渭淤 26 以下河段影响较大，尤其是对渭淤 1 以下河段影响最大。造成上述变化的原因是，潼关是渭河下游的侵蚀基准面，潼关高程下降时，相当于渭河下游的侵蚀基准面下降，渭河下游会发生沿程向上的溯源冲刷，但溯源冲刷的冲刷范围毕竟是有限的，溯源冲刷的影响程度总是自下游向上游逐渐减小的，因为一般溯源冲刷仅发生在主槽，而主槽的河床组成、河道比降、水流挟沙力等因素影响着溯源冲刷的效果和影响范围。

（4）系列 II 情况下潼关高程降低对黄河小北干流河道冲淤影响分析

从表 11-10 可见，当潼关高程从 328 m 降为 327 m 时，小北干流可以减少淤积 1.568 亿 m^3，减淤率为 32.9%；当潼关高程从 328 m 降为 326 m 时，小北干流可以减少淤积 2.358 亿 m^3，减淤率为 49.5%。

从表 11-10（b）可见，当潼关高程从 328 m 降至 327 m 时，黄淤 41～45 河段减少淤积 0.198 亿 m^3，减淤率为 65.8%；黄淤 45～50 河段减少淤积 0.308 亿 m^3，

减淤率为 45.4%；黄淤 50～59 河段减少淤积 0.547 亿 m³，减淤率为 43.4%；黄淤 59～68 河段减少淤积 0.515 亿 m³，减淤率为 20.4%。当潼关高程从 328 m 降至 326 m 时，黄淤 41～45 河段减少淤积 0.279 亿 m³，减淤率为 92.7%；黄淤 45～50 河段减少淤积 0.525 亿 m³，减淤率为 77.3%；黄淤 50～59 河段减少淤积 0.806 亿 m³，减淤率为 64%；黄淤 59～68 河段减少淤积 0.748 亿 m³，减淤率为 29.6%。

由此可见，与系列 I 情况类似，系列 II 情况下，当潼关高程从 328 m 降至 326 m 时，黄河小北干流减淤效果比潼关高程从 328 m 降至 327 m 时的效果要明显得多。而且，从减淤率的空间分布看，下游河段的减淤率比上游河段的减淤率大。从上述数据看，潼关高程下降对黄淤 41～45 河段影响最大，黄淤 45～50 河段次之，对其他两段影响相对较小。其主要原因是，潼关高程下降时，黄河小北干流将发生沿程向上的溯源冲刷，而溯源冲刷的影响程度总是自下游向上游逐渐减小的。

11.4.1.4 系列 I 和系列 II 冲淤量计算结果对比分析

从表 11-10 中可以看出，在同一潼关高程下黄河小北干流和渭河下游的淤积量系列 I 比系列 II 要大。前已述及，系列 I 为平水平沙系列，系列 II 为枯水枯沙系列，来沙量系列 I 比系列 II 大，渭河近年来由于河道大幅度萎缩，当一遇到洪水时，只要一漫滩渭河就会淤积，这符合主槽冲刷、滩地淤积的一般规律；小北干流是强烈的游荡性河流，主槽摆动频繁，一遇洪水经常发生沿程淤积，看来渭河、黄河小北干流近年来的淤积与上游来沙量的多少密切相关，从计算结果来看确实如此。当潼关高程从 328 m 下降时，系列 I 渭河的减淤率要比系列 II 小，但黄河小北干流的减淤率系列 I 比系列 II 要大，由此可见，只要潼关高程下降，渭河下游和黄河小北干流不管遇到系列 I 还是系列 II，淤积量都会减小，而且潼关高程下降越多，减淤率越大，这从表 11-10 中反映得很明显。

11.4.2 渭河下游水面线计算结果与分析

本次在计算渭河下游冲淤量的同时对渭河下游常流量、中常流量及 20 年一遇（P=5%）洪水流量的沿程水位进行了计算，渭河下游各主要水文站不同流量级流量、不同潼关高程下潼关站下边界水位及水面线计算中各河段主槽和滩地糙率的取值见表 11-11。

表 11-11   渭河下游各站流量及各方案潼关站下边界水位

渭河下游各主要水文站流量/（m³/s）			
站　名	常流量	中常流量	P=5%
潼关	1 000	6 000	18 800
咸阳	200	6 000	7 080
临潼	200	6 000	10 100
华县	200	6 000	8 530
不同潼关高程下潼关站下边界水位/m			
流量/（m³/s）	方案 1（H_{tg}=326 m）	方案 2（H_{tg}=327 m）	方案 3（H_{tg}=328 m）
1 000	326.00	327.00	328.00
6 000	328.28	328.65	328.91
18 800	329.73	330.87	331.12

备注：H_{tg} —— 潼关站水位

渭河下游水面线计算各河段糙率取值					
河段	渭淤 1～17	渭淤 17～24	渭淤 24～27	渭淤 27～29	渭淤 29～35
河槽糙率	0.019	0.016 2	0.019 6	0.022 8	0.026 6
滩地糙率	0.035	0.035	0.035	0.035	0.035

11.4.2.1　系列Ⅰ渭河下游水面线计算结果与分析

　　系列Ⅰ方案 1、方案 2、方案 3 的渭河下游各方案典型断面不同流量级水位计算结果见表 11-12（a）、表 11-12（b）、表 11-12（c），表 11-13 是系列Ⅰ方案 1、方案 2 与方案 3 相比不同流量级水位降低幅度表，图 11-10 是系列Ⅰ各方案渭河下游不同流量级水面线，图 11-11（a）、图 11-11（b）、图 11-11（c）分别是系列Ⅰ各方案渭河下游各河段不同流量级水位平均升降幅度图，图 11-12 是系列Ⅰ各方案与方案 3（328 m）相比不同流量级水位降低幅度对比图。

表 11-12（a）　　系列Ⅰ潼关高程 326 m 方案计算结果　　　　单位：m

断面编号	距潼关里程/km	14 年前				14 年后				高程差			
		河底高程	水面线			河底高程	水面线			河底高程	水面线		
			200 m³/s	6 000 m³/s	5%		200 m³/s	6 000 m³/s	5%		200 m³/s	6 000 m³/s	5%
渭淤 1	14.62	327.45	329.77	334.42	335.10	325.16	327.72	334.22	334.98	−2.29	−2.05	−0.20	−0.12
渭淤 5（一）	35.87	327.64	332.49	337.70	338.37	329.33	331.28	337.64	338.31	1.69	−1.21	−0.06	−0.06
渭淤 10（一）	76.32	335.73	338.41	343.45	344.10	335.54	337.84	343.72	344.37	−0.19	−0.57	0.27	0.27
渭淤 15	101.37	339.86	341.92	347.43	348.26	339.67	341.92	347.58	348.42	−0.19	0.00	0.15	0.16
渭淤 20	127.06	343.35	346.04	352.35	353.43	343.71	346.00	352.46	353.54	0.36	−0.04	0.11	0.11
渭淤 26	157.11	351.55	353.18	358.86	359.98	352.23	353.40	359.03	360.15	0.68	0.22	0.17	0.17
渭淤 30	178.47	363.04	364.92	369.07	369.87	363.05	364.75	369.21	370.01	0.01	−0.17	0.14	0.14
渭淤 37	209.73	381.92	383.78	390.21	390.76	381.93	383.71	390.37	390.93	0.01	−0.07	0.16	0.17

表 11-12（b）   系列 I 潼关高程 327 m 方案计算结果   单位：m

断面编号	距潼关里程/km	14 年前				14 年后				高程差			
		河底高程	水面线			河底高程	水面线			河底高程	水面线		
			200 m³/s	6 000 m³/s	5%		200 m³/s	6 000 m³/s	5%		200 m³/s	6 000 m³/s	5%
渭淤 1	14.62	327.45	329.77	334.41	335.16	326.14	328.66	334.40	335.20	−1.31	−1.11	−0.01	0.04
渭淤 5（一）	35.87	327.64	332.49	337.70	338.37	330.17	332.18	337.78	338.44	2.53	−0.31	0.08	0.07
渭淤 10（一）	76.32	335.73	338.41	343.45	344.10	336.25	338.54	343.81	344.45	0.52	0.13	0.36	0.35
渭淤 15	101.37	339.86	341.92	347.43	348.26	340.19	342.43	347.66	348.49	0.33	0.51	0.23	0.23
渭淤 20	127.06	343.35	346.04	352.35	353.43	344.07	346.43	352.53	353.60	0.72	0.39	0.18	0.17
渭淤 26	157.11	351.55	353.18	358.86	359.98	352.30	353.49	359.08	360.20	0.75	0.31	0.22	0.22
渭淤 30	178.47	363.04	364.92	369.07	369.87	363.07	364.78	369.22	370.02	0.03	−0.14	0.15	0.15
渭淤 37	209.73	381.92	383.78	390.21	390.76	381.93	383.71	390.38	390.94	0.01	−0.07	0.17	0.18

表 11-12（c）   系列 I 潼关高程 328 m 方案计算结果   单位：m

断面编号	距潼关里程/km	14 年前				14 年后				高程差			
		河底高程	水面线			河底高程	水面线			河底高程	水面线		
			200 m³/s	6 000 m³/s	5%		200 m³/s	6 000 m³/s	5%		200 m³/s	6 000 m³/s	5%
渭淤 1	14.62	327.45	329.77	334.41	335.40	326.99	329.54	334.58	335.50	−0.46	−0.23	0.17	0.10
渭淤 5（一）	35.87	327.64	332.49	337.70	338.38	330.91	333.01	337.91	338.57	3.27	0.52	0.21	0.19
渭淤 10（一）	76.32	335.73	338.41	343.45	344.10	336.85	339.15	343.90	344.53	1.12	0.74	0.45	0.43
渭淤 15	101.37	339.86	341.92	347.43	348.26	340.68	342.90	347.74	348.57	0.82	0.98	0.31	0.31
渭淤 20	127.06	343.35	346.04	352.35	353.43	344.54	346.87	352.59	353.66	1.19	0.83	0.24	0.23
渭淤 26	157.11	351.55	353.18	358.86	359.98	352.58	353.84	359.14	360.25	1.03	0.66	0.28	0.27
渭淤 30	178.47	363.04	364.92	369.07	369.87	363.12	364.82	369.23	370.03	0.08	−0.10	0.16	0.16
渭淤 37	209.73	381.92	383.78	390.21	390.76	381.94	383.71	390.39	390.95	0.02	−0.07	0.18	0.19

表 11-13   系列 I 各方案与潼关高程 328 m 方案相比不同流量级水位平均降低幅度

水沙系列	河 段	326 m 方案与 328 m 方案相比（相当于潼关降低 2 m）各流量级水位差/m			327 m 方案与 328 m 方案相比（相当于潼关降低 1 m）各流量级水位差/m		
		200 m³/s	6 000 m³/s	5%	200 m³/s	6 000 m³/s	5%
I	渭淤 1 以下	−1.70	−0.42	−0.10	−0.84	−0.23	−0.03
	渭淤 1～5	−1.77	−0.31	−0.27	−0.85	−0.15	−0.12
	渭淤 5～10	−1.53	−0.22	−0.21	−0.71	−0.11	−0.10
	渭淤 10～15	−1.08	−0.17	−0.15	−0.51	−0.08	−0.08
	渭淤 15～20	−0.92	−0.13	−0.12	−0.45	−0.06	−0.06
	渭淤 20～26	−0.70	−0.12	−0.11	−0.40	−0.07	−0.06
	渭淤 26～30	−0.20	−0.04	−0.04	−0.12	−0.02	−0.02
	渭淤 30～37	−0.02	−0.01	−0.02	−0.01	−0.01	−0.01

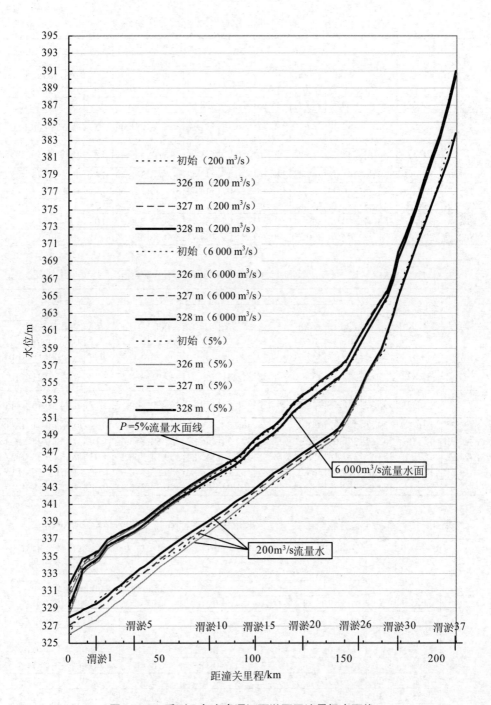

图 11-10 系列 I 各方案渭河下游不同流量级水面线

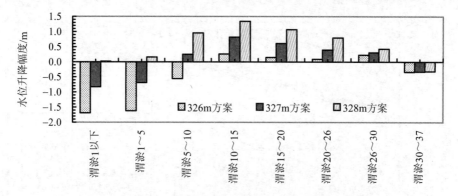

（a）系列 I 各方案渭河各河段常流量水位平均升降幅度

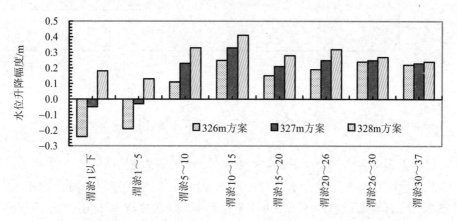

（b）系列 I 各方案渭河各河段 6 000 m³/s 流量水位平均升降幅度

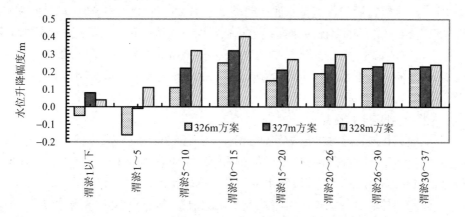

（c）系列 I 各方案渭河各河段 20 年一遇流量水位平均升降幅度

图 11-11　系列 I 各河段不同流量水位升降

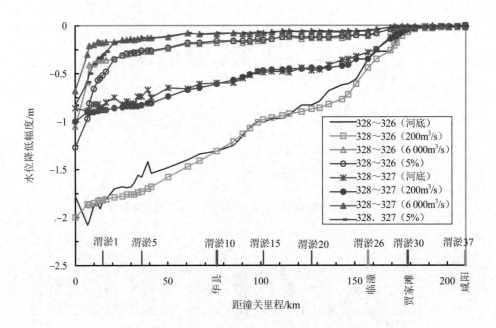

图 11-12　系列 I 各方案与方案 3 相比不同流量级水位降低幅度对比

（1）系列 I 各方案渭河下游常流量水位沿程变化分析

从图 11-10 可见，设计水沙系列 I 情况下，不同潼关控制高程对渭河下游常流量水面线有较大影响。从图中可清楚地看出，潼关高程 326 m 方案情况下 14 年之后的常流量水面线明显低于潼关高程 327 m 方案。同样，潼关高程 327 m 方案情况下 14 年之后的常流量水面线明显低于潼关高程 328 m 方案。可见，潼关高程越低，14 年之后的常流量水面线也越低，而且从图中可见，不同潼关控制高程情况下，常流量水位沿程降低的幅度自下游向上游逐渐减小，常流量水位降低幅度渭淤 26 断面以下都比较明显，渭淤 26～30 河段比较小，渭淤 30 断面以上已经十分微弱。

从图 11-11（a）可见：

① 潼关控制高程 328 m 方案情况下，除渭淤 30～37 河段常流量水位有所下降外，其余河段水位都有所抬升，抬升幅度最高的为渭淤 10～15 河段，平均抬升值为 1.34 m；渭淤 5 以下河段常水位抬升幅度较小。

② 潼关控制高程 327 m 方案情况下，除渭淤 5 以下河段、渭淤 30～37 河段常流量水位有所下降外，其余河段水位均有所抬升，抬升幅度最高的为渭淤 10～15 河段，平均抬升值为 0.82 m。从图 11-11（a）可见，渭淤 1 以下河段常水位平

均降低 0.83 m，渭淤 1～5 河段常水位平均降低 0.69 m，说明潼关水位降至 327 m
时，渭淤 5 以下河段主槽发生了较为强烈的冲刷。

③ 潼关控制高程 326 m 方案情况下，渭淤 10 以下河段、渭淤 30～37 河段常
流量水位有所下降，其余河段水位有所抬升，抬升幅度最高的仍为渭淤 10～15
河段，平均抬升值为 0.26 m。从图 11-11（a）中可见，渭淤 1 以下河段常水位平
均降低 1.69 m，渭淤 1～5 河段常水位平均降低 1.62 m，渭淤 5～10 河段常水位平
均降低 0.56 m。可见潼关水位降至 326 m 时，渭淤 10 以下河段主槽发生了较为强
烈的冲刷，说明潼关高程降得越低，溯源冲刷的冲刷范围越远[潼关高程降 1 m
（327 m 方案），渭淤 5 以下河段发生冲刷；潼关高程降 2 m（326 m 方案），渭淤
10 以下河段发生冲刷]。

实际上，从图 11-11（a）中还可以看出，渭淤 30～37 河段不同潼关控制高程
方案常水位下降的幅度基本相同，说明不同潼关控制高程对该河段的影响微乎其
微；渭淤 26～30 河段不同潼关控制高程方案常水位抬升的幅度差别较小，说明不
同潼关控制高程对该河段的影响很小；其他河段不同潼关控制高程方案常水位升
降的幅度都有较明显的差距，而且越靠下游的河段，这种差距越大。由此可见，
从各方案 14 年前后常水位的升降幅度看，潼关高程降低对渭河下游产生较大影响
的河段为渭淤 26 以下河段，对渭淤 26～30 河段的影响较小，对渭淤 30～37 河段
影响不大。

（2）系列 I 各方案渭河下游 6 000 m³/s 流量水位沿程变化分析

从图 11-10 可见，设计水沙系列 I 情况下，不同潼关控制高程对渭河下游
6 000 m³/s 流量水面线影响较小。从图中可清楚地看出，不同潼关控制高程方案情
况下，渭淤 5 以上河段 6 000 m³/s 流量水面线几乎重叠在一起，渭淤 5 以下河段
6 000 m³/s 流量水面线有一定差距，而且越向下游差距越大。

从图 11-11（b）中可见：

①潼关控制高程 328 m 方案情况下，渭河下游各河段的中常洪水水位都有所
抬升，抬升幅度最高的为渭淤 10～15 河段，平均抬升值为 0.41 m，即使在距潼关
较近的渭淤 1 以下河段 6 000 m³/s 流量水位也有所抬升，平均抬升值为 0.18 m。

②潼关控制高程 327 m 方案情况下，渭淤 5 以下河段 6 000 m³/s 流量水位略
微下降，其余河段水位均有所抬升，抬升幅度最高的仍为渭淤 10～15 河段，平均
抬升值为 0.33 m；从图 11-11（b）中可见，渭淤 1 以下河段 6 000 m³/s 流量水位
平均降低 0.05 m，渭淤 1～5 河段 6 000 m³/s 水位平均降低 0.03 m；说明潼关水位
降至 327 m 时，渭淤 5 以下河段的主槽发生了较为强烈的冲刷，已经影响到
6 000 m³/s 流量水位。

③潼关控制高程 326 m 方案情况下，渭淤 5 以下河段 6 000 m³/s 流量水位下降幅度相对较大，其余河段水位均有所抬升，抬升幅度最高的仍为渭淤 10～15 河段，平均抬升值为 0.25 m。从图 11-11（b）中可见，渭淤 1 以下河段 6 000 m³/s 流量水位平均降低 0.24 m，渭淤 1～5 河段常水位平均降低 0.19 m。可见潼关水位降至 326 m 时，渭淤 5 以下河段主槽发生了的强烈冲刷，使该河段 6 000 m³/s 流量水位又有所下降。

实际上，从图 11-11（b）中还可以看出，渭淤 26～37 河段不同潼关控制高程方案 6 000 m³/s 流量水位下降的幅度基本相同，说明不同潼关控制高程对该河段 6 000 m³/s 流量水位的影响微乎其微；其他河段不同潼关控制高程方案 6 000 m³/s 流量水位升降的幅度都有较明显的差距，而且越靠下游的河段，这种差距越大。由此可见，从各方案 14 年前后 6 000 m³/s 流量水位的升降幅度看，潼关高程降低对渭河下游产生较大影响的河段为渭淤 26 以下河段，对渭淤 26～30 河段和渭淤 30～37 河段影响不大。

（3）系列 I 各方案渭河下游 20 年一遇流量水位沿程变化分析

从图 11-10 中可见，设计水沙系列 I 情况下，不同潼关控制高程对渭河下游 20 年一遇流量水面线影响也较小。从图中可清楚地看出，不同潼关控制高程方案情况下，渭淤 5 以上河段 20 年一遇流量水面线几乎重叠在一起，渭淤 5 以下河段 20 年一遇流量水面线有一定差距，而且越向下游差距越大。

从图 11-11（c）中可见：

①潼关控制高程 328 m 方案情况下，渭河下游各河段的 20 年一遇流量水位都有所抬升，抬升幅度最高的为渭淤 10～15 河段，平均抬升值为 0.40 m，即使在距潼关较近的渭淤 1 以下河段 20 年一遇流量水位也有所抬升，平均抬升值为 0.05 m。

②潼关控制高程 327 m 方案情况下，渭淤 1～5 以下河段 20 年一遇流量水位下降，流量水位平均降低 0.01 m，其余河段水位均有所抬升，抬升幅度最高的仍为渭淤 10～15 河段，平均抬升值为 0.32 m。

③潼关控制高程 326 m 方案情况下，渭淤 5 以下河段 20 年一遇流量水位下降幅度相对较大，其余河段水位均有所抬升。抬升幅度最高的仍为渭淤 10～15 河段，平均抬升值为 0.25 m。渭淤 1 以下河段 20 年一遇流量水位平均降低 0.05 m，渭淤 1～5 河段常水位平均降低 0.16 m。可见潼关水位降至 326 m 时，渭淤 5 以下河段主槽发生了的强烈冲刷，使该河段 20 年一遇流量水位有所下降。

实际上，从图 11-11（c）中还可以看出，渭淤 26～37 河段不同潼关控制高程方案 20 年一遇流量水位下降的幅度基本相同，说明不同潼关控制高程对该河段

20 年一遇流量水位的影响微乎其微；其他河段不同潼关控制高程方案 20 年一遇流量水位升降的幅度都有较明显的差距，而且越靠下游的河段，这种差距越大。由此可见，从各方案 14 年前后 20 年一遇流量水位的升降幅度看，潼关高程降低对渭河下游产生较大影响的河段为渭淤 26 以下河段，对渭淤 26～30 河段和渭淤 30～37 河段影响不大。

（4）系列 I 潼关高程 326 m、327 m 方案与 328 m 方案相比水位降低幅度分析

为了进一步分析系列 I 潼关控制高程 326 m、327 m 方案与潼关控制高程 328 m 方案（与现状潼关高程接近，可近似当作现状方案）相比不同流量级水位沿程降低幅度情况，表 11-13 详细列出了系列 I 潼关控制高程 326 m、327 m 方案与潼关控制高程 328 m 方案相比不同流量级水位沿程降低幅度。图 11-12 是系列 I 潼关控制高程 326 m、327 m 方案与潼关控制高程 328 m 方案相比不同流量级水位降低幅度沿程变化情况，由图可清楚地看出，不同控制潼关高程下，渭淤 30～37 河段不同流量级 14 年前、14 年后的水位基本没什么变化。

从表 11-13 和图 11-12 中可见：

①潼关控制高程 327 m 方案与 328 m 方案相比（相当于潼关高程降低 1 m 的影响），渭河下游常流量水位沿程有较大幅度的降低。由表 11-13 中的数据统计得知，潼关控制高程从 328 m 降至 327 m 时，渭河下游各河段常流量水位平均下降的幅度分别为：渭淤 1 以下河段下降 0.84 m，渭淤 1～5 河段下降 0.85 m，渭淤 5～10 河段下降 0.71 m，渭淤 10～15 河段下降 0.51 m，渭淤 15～20 河段下降 0.45 m，渭淤 20～26 河段下降 0.40 m，渭淤 26～30 河段下降 0.12 m，渭淤 30～37 河段下降 0.01 m。可见，潼关控制高程从 328 m 降至 327 m 对渭淤 26 以下河段常水位的影响较大，对渭淤 26～30 河段的影响较小，对渭淤 30～37 河段几乎没有影响。

潼关控制高程从 328 m 降至 327 m 时，渭河下游 6 000 m^3/s 流量水位沿程降低的幅度比常流量水位小得多。由表 11-13 中的数据统计得知，潼关控制高程从 328 m 降至 327 m 时，渭河下游各河段 6 000 m^3/s 流量水位平均下降的幅度分别为：渭淤 1 以下河段下降 0.23 m，渭淤 1～5 河段下降 0.15 m，渭淤 5～10 河段下降 0.11 m，渭淤 10～26 河段下降 0.07 m，渭淤 26～30 河段下降 0.02 m，渭淤 30～37 河段下降 0.01 m。

潼关控制高程从 328 m 降至 327 m 时，渭河下游 20 年一遇流量水位沿程降低的幅度与 6 000 m^3/s 流量水位降低幅度相比，渭淤 5 以下河段略有减小，其余河段基本相等。由表 11-13 中的数据统计得知，潼关控制高程从 328 m 降至 327 m 时，渭河下游各河段 20 年一遇流量水位平均下降的幅度分别为：渭淤 1 以下河段下降 0.03 m，渭淤 1～5 河段下降 0.12 m，渭淤 5～10 河段下降 0.10 m，

渭淤 10～26 河段下降 0.07 m，渭淤 26～30 河段下降 0.02 m，渭淤 30～37 河段下降 0.01 m。

② 潼关控制高程 326 m 方案与 328 m 方案相比（相当于潼关高程降低 2 m 的影响），渭河下游常流量水位沿程有较大幅度的降低。由表 11-13 中的数据统计得知，潼关控制高程从 328 m 降至 326 m 时，渭河下游各河段常流量水位平均下降的幅度分别为：渭淤 1 以下河段下降 1.70 m，渭淤 1～5 河段下降 1.77 m，渭淤 5～10 河段下降 1.53 m，渭淤 10～15 河段下降 1.08 m，渭淤 15～20 河段下降 0.92 m，渭淤 20～26 河段下降 0.70 m，渭淤 26～30 河段下降 0.20 m，渭淤 30～37 河段下降 0.02 m。可见，潼关控制高程从 328 m 降至 326 m 时，对渭淤 15 以下河段常水位的影响在 1.0 m 以上，影响非常大，对渭淤 15～26 河段常水位的影响较大，对渭淤 26～30 河段的影响较小，对渭淤 30～37 河段几乎没有影响。

潼关控制高程从 328 m 降至 326 m 时，渭河下游 6 000 m³/s 流量水位沿程降低的幅度比常流量水位小得多。由表 11-13 中的数据统计可知，潼关控制高程从 328 m 降至 326 m 时，渭河下游各河段 6 000 m³/s 流量水位平均下降的幅度分别为：渭淤 1 以下河段下降 0.42 m，渭淤 1～5 河段下降 0.31 m，渭淤 5～10 河段下降 0.22 m，渭淤 10～15 河段下降 0.17 m，渭淤 15～26 河段下降 0.13 m，渭淤 26～30 河段下降 0.04 m，渭淤 30～37 河段下降 0.01 m。

潼关控制高程从 328 m 降至 326 m 时，渭河下游 20 年一遇流量水位沿程降低的幅度与 6 000 m³/s 流量水位降低幅度相比，渭淤 1 以下河段略有减小，其余河段基本相当。由表 11-13 中的数据统计可知，潼关控制高程从 328 m 降至 327 m 时，渭河下游各河段 20 年一遇流量水位平均下降的幅度分别为：渭淤 1 以下河段下降 0.10 m，渭淤 1～5 河段下降 0.27 m，渭淤 5～10 河段下降 0.22 m，渭淤 10～26 河段平均下降 0.13 m，渭淤 26～30 河段下降 0.04 m，渭淤 30～37 河段下降 0.02 m。

11.4.2.2 系列Ⅱ渭河下游水面线计算结果与分析

系列Ⅱ方案 1、方案 2、方案 3 的渭河下游各方案典型断面不同流量级水位计算成果见表 11-14（a）、表 11-14（b）、表 11-14（c），表 11-15 为系列Ⅱ方案 1、方案 2 与方案 3 相比不同流量级水位降低幅度表，图 11-13 是系列Ⅱ各方案渭河下游不同流量级水面线对比图，图 11-14（a）、图 11-14（b）、图 11-14（c）分别是系列Ⅱ各方案渭河下游各河段不同流量级水位平均升降幅度图，图 11-15 是系列Ⅱ各方案与方案 3 相比不同流量级水位降低幅度对比图。

表 11-14（a）　系列 II 潼关高程 326 m 方案计算结果　　　单位：m

断面编号	距潼关里程/km	14 年前				14 年后				高程差			
		河底高程	水面线			河底高程	水面线			河底高程	水面线		
			200 m³/s	6 000 m³/s	5%		200 m³/s	6 000 m³/s	5%		200 m³/s	6 000 m³/s	5%
渭淤 1	14.62	327.45	329.77	334.42	335.10	324.69	327.37	334.15	334.92	-2.76	-2.40	-0.27	-0.18
渭淤 5（一）	35.87	327.64	332.49	337.70	338.37	329.16	331.24	337.59	338.26	1.52	-1.25	-0.11	-0.11
渭淤 10（一）	76.32	335.73	338.41	343.45	344.10	335.26	337.81	343.60	344.25	-0.47	-0.60	0.15	0.15
渭淤 15	101.37	339.86	341.92	347.43	348.26	339.81	342.04	347.53	348.37	-0.05	0.12	0.10	0.11
渭淤 20	127.06	343.35	346.04	352.35	353.43	343.98	346.32	352.44	353.52	0.63	0.28	0.09	0.09
渭淤 26	157.11	351.55	353.18	358.86	359.98	351.58	352.98	358.91	360.05	0.03	-0.20	0.05	0.07
渭淤 30	178.47	363.04	364.92	369.07	369.87	362.37	363.99	368.95	369.76	-0.67	-0.93	-0.12	-0.11
渭淤 37	209.73	381.92	383.78	390.21	390.76	382.05	383.90	390.66	391.21	0.13	0.12	0.45	0.45

表 11-14（b）　系列 II 潼关高程 327 m 方案计算结果　　　单位：m

断面编号	距潼关里程/km	14 年前				14 年后				高程差			
		河底高程	水面线			河底高程	水面线			河底高程	水面线		
			200 m³/s	6 000 m³/s	5%		200 m³/s	6 000 m³/s	5%		200 m³/s	6 000 m³/s	5%
渭淤 1	14.62	327.45	329.77	334.41	335.16	325.76	328.38	334.34	335.17	-1.69	-1.39	-0.07	0.01
渭淤 5（一）	35.87	327.64	332.49	337.70	338.37	330.04	332.13	337.71	338.38	2.40	-0.36	0.01	0.01
渭淤 10（一）	76.32	335.73	338.41	343.45	344.10	335.94	338.48	343.67	344.32	0.21	0.07	0.22	0.22
渭淤 15	101.37	339.86	341.92	347.43	348.26	340.40	342.59	347.61	348.44	0.54	0.67	0.18	0.18
渭淤 20	127.06	343.35	346.04	352.35	353.43	344.46	346.83	352.51	353.58	1.11	0.79	0.16	0.15
渭淤 26	157.11	351.55	353.18	358.86	359.98	351.95	353.44	358.98	360.10	0.40	0.26	0.12	0.12
渭淤 30	178.47	363.04	364.92	369.07	369.87	362.41	364.04	368.96	369.77	-0.63	-0.88	-0.11	-0.10
渭淤 37	209.73	381.92	383.78	390.21	390.76	382.06	383.92	390.67	391.22	0.14	0.14	0.46	0.46

表 11-14（c）　系列 II 潼关高程 328 m 方案计算结果　　　　　　单位：m

断面编号	距潼关里程/km	14 年前				14 年后				高程差			
		河底高程	水面线			河底高程	水面线			河底高程	水面线		
			200 m³/s	6 000 m³/s	5%		200 m³/s	6 000 m³/s	5%		200 m³/s	6 000 m³/s	5%
渭淤 1	14.62	327.45	329.79	334.42	335.49	326.79	329.41	334.54	335.59	−0.66	−0.38	0.12	0.10
渭淤 5（一）	35.87	327.64	332.49	337.70	338.38	330.85	332.98	337.83	338.50	3.21	0.49	0.13	0.12
渭淤 10（一）	76.32	335.73	338.41	343.45	344.10	336.62	339.10	343.76	344.40	0.89	0.69	0.31	0.30
渭淤 15	101.37	339.86	341.92	347.43	348.26	340.97	343.12	347.69	348.52	1.11	1.20	0.26	0.26
渭淤 20	127.06	343.35	346.04	352.35	353.43	344.95	347.30	352.59	353.65	1.60	1.26	0.24	0.22
渭淤 26	157.11	351.55	353.18	358.86	359.98	352.35	353.79	359.05	360.16	0.80	0.61	0.19	0.18
渭淤 30	178.47	363.04	364.92	369.07	369.87	362.47	364.11	368.98	369.79	−0.57	−0.81	−0.09	−0.08
渭淤 37	209.73	381.92	383.78	390.21	390.76	382.09	383.94	390.68	391.23	0.17	0.16	0.47	0.47

表 11-15　系列 II 各方案与潼关高程 328 m 方案相比不同流量级水位降低幅度

水沙系列	河　段	326 m 方案与 328 m 方案相比（相当于潼关降低 2 m）各流量级水位差/m			327 m 方案与 328 m 方案相比（相当于潼关降低 1 m）各流量级水位差/m		
		200 m³/s	6 000 m³/s	5%	200 m³/s	6 000 m³/s	5%
II	渭淤 1 以下	−1.81	−0.45	−0.18	−0.89	−0.24	0.00
	渭淤 1～5	−1.91	−0.31	−0.28	−0.95	−0.15	−0.13
	渭淤 5～10	−1.51	−0.19	−0.18	−0.73	−0.10	−0.08
	渭淤 10～15	−1.14	−0.16	−0.16	−0.56	−0.09	−0.08
	渭淤 15～20	−1.00	−0.14	−0.13	−0.48	−0.07	−0.07
	渭淤 20～26	−0.91	−0.14	−0.13	−0.44	−0.07	−0.06
	渭淤 26～30	−0.31	−0.05	−0.04	−0.17	−0.02	−0.02
	渭淤 30～37	−0.04	−0.02	−0.01	−0.02	−0.01	−0.01

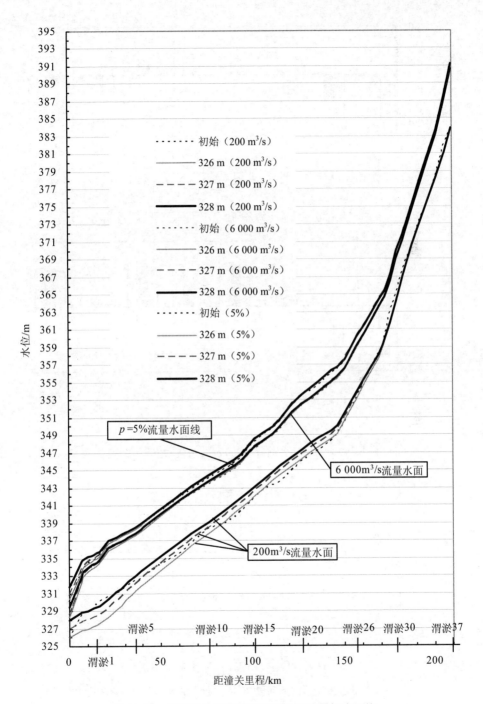

图 11-13　系列Ⅱ各方案渭河下游不同流量级水面线

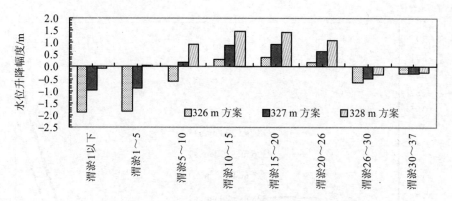

（a）系列Ⅱ各方案渭河下游各河段常流量水位平均升降幅度

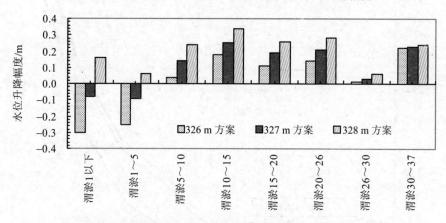

（b）系列Ⅱ各方案渭河各河段 6 000 m³/s 流量水位平均升降幅度

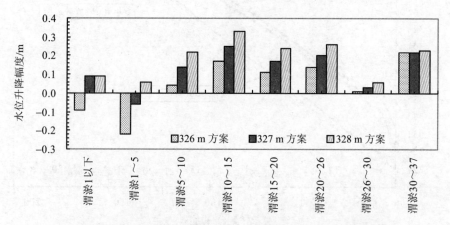

（c）系列Ⅱ各方案渭河各河段 20 年一遇流量水位平均升降幅度

图 11-14　系列Ⅱ各方案各河段不同流量平均升降幅度

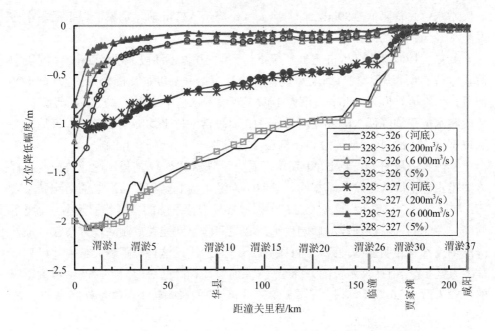

图 11-15　系列Ⅱ各方案与方案 3 相比不同流量级水位降低幅度对比

（1）系列Ⅱ各方案渭河下游常流量水位沿程变化分析

从图 11-13 中可见，设计水沙系列Ⅱ情况下，不同潼关控制高程对渭河下游常流量水面线有较大影响。从图中可清楚地看出，潼关高程 326 m 方案情况下 14 年之后的常流量水面线明显低于潼关高程 327 m 方案。同样，潼关高程 327 m 方案情况下 14 年之后的常流量水面线明显低于潼关高程 328 m 方案。可见，潼关高程越低，14 年之后的常流量水面线也越低。而且，从图中可见，不同潼关控制高程情况下，常流量水位沿程降低的幅度自下游向上游逐渐减小。常流量水位降低幅度渭淤 26 断面以下都比较明显，渭淤 26～30 河段比较小，渭淤 30 断面以上已经十分微弱。

从图 11-14（a）中可见：

①潼关控制高程 328 m 方案情况下，渭淤 5～26 河段常流量水位有所抬升，其余河段水位都有所下降。抬升幅度最高的为渭淤 10～15 河段，平均抬升值为 1.46 m；渭淤 5 以下河段常水位升降幅度较小。

②潼关控制高程 327 m 方案情况下，除渭淤 5 以下河段、渭淤 26～37 河段常流量水位有所下降外，其余河段水位均有所抬升。抬升幅度最高的为渭淤 15～20 河段，平均抬升值为 0.90 m。渭淤 1 以下河段常水位平均降低 0.96 m，渭淤 1～5

河段常水位平均降低 0.89 m。说明潼关水位降至 327 m 时，渭淤 5 以下河段主槽发生了较为强烈的冲刷。

③潼关控制高程 326 m 方案情况下，渭淤 10 以下河段、渭淤 26～37 河段常流量水位有所下降，其余河段水位有所抬升。抬升幅度最高的仍为渭淤 15～20 河段，平均抬升值为 0.40 m。渭淤 1 以下河段常水位平均降低 1.88 m，渭淤 1～5 河段常水位平均降低 1.85 m，渭淤 5～10 河段常水位平均降低 0.59 m。可见潼关水位降至 326 m 时，渭淤 10 以下河段主槽发生了较为强烈的冲刷。

实际上，从图 11-14（a）中还可以看出，渭淤 30～37 河段不同潼关控制高程方案常水位下降的幅度基本相同，说明不同潼关控制高程对该河段的影响微乎其微；渭淤 26～30 河段不同潼关控制高程方案常水位下降的幅度差别较小，说明不同潼关控制高程对该河段的影响很小；其他河段不同潼关控制高程方案常水位升降的幅度都有较明显的差距，而且越靠下游的河段，这种差距越大。由此可见，从各方案 14 年前后常水位的升降幅度看，潼关高程降低对渭河下游产生较大影响的河段为渭淤 26 以下河段，对渭淤 26～30 河段的影响较小，对渭淤 30～37 河段影响不大。

（2）系列Ⅱ各方案渭河下游 6 000 m³/s 流量水位沿程变化分析

从图 11-13 中可见，设计水沙系列Ⅱ情况下，不同潼关控制高程对渭河下游 6 000 m³/s 流量水面线影响较小。从图中可清楚地看出，不同潼关控制高程方案情况下，渭淤 5 以上河段 6 000 m³/s 流量水面线几乎重叠在一起，渭淤 5 以下河段 6 000 m³/s 流量水面线有一定差距，而且越向下游差距越大。

从图 11-14（b）中可见：

①潼关控制高程 328 m 方案情况下，渭河下游各河段的中常洪水水位都有所抬升，抬升幅度最高的为渭淤 10～15 河段，平均抬升值为 0.34 m，即使在距潼关较近的渭淤 1 以下河段 6 000 m³/s 流量水位也有所抬升，平均抬升值为 0.16 m。

②潼关控制高程 327 m 方案情况下，渭淤 5 以下河段 6 000 m³/s 流量水位下降，其余河段水位均有所抬升。抬升幅度最高的仍为渭淤 10～15 河段，平均抬升值为 0.25 m。渭淤 1 以下河段 6 000 m³/s 流量水位平均降低 0.08 m，渭淤 1～5 河段 6 000 m³/s 水位平均降低 0.09 m。说明潼关水位降至 327 m 时，渭淤 5 以下河段的主槽发生了较为强烈的冲刷，已经影响到 6 000 m³/s 流量水位。

③潼关控制高程 326 m 方案情况下，渭淤 5 以下河段 6 000 m³/s 流量水位下降幅度相对较大，其余河段水位均有所抬升。抬升幅度最高的仍为渭淤 30～37 河段，平均抬升值为 0.22 m。渭淤 1 以下河段 6 000 m³/s 流量水位平均降低 0.30 m，渭淤 1～5 河段水位平均降低 0.25 m。可见潼关水位降至 326 m 时，渭淤 5 以下河

段主槽发生了的强烈冲刷，使该河段 6 000 m³/s 流量水位有所下降。

实际上，从图 11-14（b）中还可以看出，渭淤 26～37 河段不同潼关控制高程方案 6 000 m³/s 流量水位下降的幅度基本相同，说明不同潼关控制高程对该河段 6 000 m³/s 流量水位的影响微乎其微；其他河段不同潼关控制高程方案 6 000 m³/s 流量水位升降的幅度都有较明显的差距，而且越靠下游的河段，这种差距越大。由此可见，从各方案 14 年前后 6 000 m³/s 流量水位的升降幅度看，潼关高程降低对渭河下游产生较大影响的河段为渭淤 26 以下河段，对渭淤 26～30 河段和渭淤 30～37 河段影响不大。

（3）系列Ⅱ各方案渭河下游 20 年一遇流量水位沿程变化分析

从图 11-13 中可见，设计水沙系列Ⅱ情况下，不同潼关控制高程对渭河下游 20 年一遇流量水面线影响也较小。从图中可清楚地看出，不同潼关控制高程方案情况下，渭淤 5 以上河段 20 年一遇流量水面线几乎重叠在一起，渭淤 5 以下河段 20 年一遇流量水面线有一定差距，而且越向下游差距越大。

从图 11-14（c）中可见：

①潼关控制高程 328 m 方案情况下，渭河下游各河段的 20 年一遇流量水位都有所抬升，抬升幅度最高的为渭淤 10～15 河段，平均抬升值为 0.33 m，即使在距潼关较近的渭淤 1 以下河段 20 年一遇流量水位也有所抬升，平均抬升值为 0.09 m。

②潼关控制高程 327 m 方案情况下，渭淤 1～5 河段 20 年一遇流量水位下降，其余河段水位均有所抬升，抬升幅度最高的仍为渭淤 10～15 河段，平均抬升值为 0.25 m。渭淤 1～5 河段 20 年一遇流量水位平均降低 0.06 m。

③潼关控制高程 326 m 方案情况下，渭淤 5 以下河段 20 年一遇流量水位下降幅度相对较大，其余河段水位均有所抬升。抬升幅度最高的为渭淤 30～37 河段，平均抬升值为 0.22 m。渭淤 1 以下河段 20 年一遇流量水位平均降低 0.09 m，渭淤 1～5 河段常水位平均降低 0.22 m。可见潼关水位降至 326 m 时，渭淤 5 以下河段主槽发生了强烈冲刷，使该河段 20 年一遇流量水位有所下降。

实际上，从图 11-14（c）中还可以看出，渭淤 26～37 河段不同潼关控制高程方案 20 年一遇流量水位下降的幅度基本相同，说明不同潼关控制高程对该河段 20 年一遇流量水位的影响微乎其微；其他河段不同潼关控制高程方案 20 年一遇流量水位升降的幅度都有较明显的差距，而且越靠下游的河段，这种差距越大。由此可见，从各方案 14 年前后 20 年一遇流量水位的升降幅度看，潼关高程降低对渭河下游产生较大影响的河段为渭淤 26 以下河段，对渭淤 26～30 河段和渭淤 30～37 河段影响不大。

（4）系列Ⅱ潼关高程 326 m、327 m 方案与 328 m 方案相比水位降低幅度分析

为了进一步分析系列Ⅱ潼关控制高程 326 m、327 m 方案与潼关控制高程 328 m 方案（与现状潼关高程接近，可近似当作现状方案）相比不同流量级水位沿程降低幅度情况，表 11-15 详细列出了系列Ⅱ潼关控制高程 326 m、327 m 方案与潼关控制高程 328 m 方案相比不同流量级水位沿程降低幅度。图 11-15 是系列Ⅱ潼关控制高程 326 m、327 m 方案与潼关控制高程 328 m 方案相比不同流量级水位降低幅度沿程变化情况，由图可清楚地看出，不同控制潼关高程下，渭淤 30～37 河段不同流量级 14 年前、14 年后的水位基本没什么变化。

从表 11-15 和图 11-15 中可见：

①潼关控制高程 327 m 方案与 328 m 方案相比（相当于潼关高程降低 1 m 的影响），渭河下游常流量水位沿程有较大幅度的降低。由表 11-15 中的数据统计得知，潼关控制高程从 328 m 降至 327 m 时，渭河下游各河段常流量水位平均下降的幅度分别为：渭淤 1 以下河段下降 0.89 m，渭淤 1～5 河段下降 0.95 m，渭淤 5～10 河段下降 0.73 m，渭淤 10～15 河段下降 0.56 m，渭淤 15～20 河段下降 0.48 m，渭淤 20～26 河段下降 0.44 m，渭淤 26～30 河段下降 0.17 m，渭淤 30～37 河段下降 0.02 m。可见，潼关控制高程从 328 m 降至 327 m 对渭淤 26 以下河段常水位的影响较大，对渭淤 26～30 河段的影响较小，对渭淤 30～37 河段几乎没有影响。

潼关控制高程从 328 m 降至 327 m 时，渭河下游 6 000 m³/s 流量水位沿程降低的幅度比常流量水位小得多。由表 11-15 中的数据统计得知，潼关控制高程从 328 m 降至 327 m 时，渭河下游各河段 6 000 m³/s 流量水位平均下降的幅度分别为：渭淤 1 以下河段下降 0.24 m，渭淤 1～5 河段下降 0.15 m，渭淤 5～10 河段下降 0.10 m，渭淤 10～26 河段下降 0.07 m，渭淤 26～30 河段下降 0.02 m，渭淤 30～37 河段下降 0.01 m。

潼关控制高程从 328 m 降至 327 m 时，渭河下游 20 年一遇流量水位沿程降低的幅度与 6 000 m³/s 流量水位降低幅度相比，渭淤 5 以下河段略有减小，其余河段基本相等。由表 11-15 中的数据统计可知，潼关控制高程从 328 m 降至 327 m 时，渭河下游各河段 20 年一遇流量水位平均下降的幅度分别为：渭淤 1 以下河段下降 0.00 m，渭淤 1～5 河段下降 0.13 m，渭淤 5～10 河段下降 0.08 m，渭淤 10～26 河段下降 0.07 m，渭淤 26～30 河段下降 0.02 m，渭淤 30～37 河段下降 0.01 m。

②潼关控制高程 326 m 方案与 328 m 方案相比（相当于潼关高程降低 2 m 的影响），渭河下游常流量水位沿程有更大幅度的降低。由表 11-15 中的数据统计得知，潼关控制高程从 328 m 降至 326 m 时，渭河下游各河段常流量水位平均下降的幅度分别为：渭淤 1 以下河段下降 1.81 m，渭淤 1～5 河段下降 1.91 m，渭淤 5～

10 河段下降 1.51 m，渭淤 10～15 河段下降 1.14 m，渭淤 15～20 河段下降 1.00 m，渭淤 20～26 河段下降 0.91 m，渭淤 26～30 河段下降 0.31 m，渭淤 30～37 河段下降 0.04 m。可见，潼关控制高程从 328 m 降至 326 m 时，对渭淤 20 以下河段常水位的影响在 1.0 m 以上，影响非常大，对渭淤 15～26 河段常水位的影响较大，对渭淤 26～30 河段的影响较小，对渭淤 30～37 河段几乎没有影响。

潼关控制高程从 328 m 降至 326 m 时，渭河下游 6 000 m³/s 流量水位沿程降低的幅度比常流量水位小得多。由表 11-15 中的数据统计得知，潼关控制高程从 328 m 降至 326 m 时，渭河下游各河段 6 000 m³/s 流量水位平均下降的幅度分别为：渭淤 1 以下河段下降 0.45 m，渭淤 1～5 河段下降 0.31 m，渭淤 5～10 河段下降 0.19 m，渭淤 10～15 河段下降 0.16 m，渭淤 15～26 河段下降 0.14 m，渭淤 26～30 河段下降 0.05 m，渭淤 30～37 河段下降 0.02 m。

潼关控制高程从 328 m 降至 326 m 时，渭河下游 20 年一遇流量水位沿程降低的幅度与 6 000 m³/s 流量水位降低幅度相比，渭淤 1 以下河段略有减小，其余河段基本相当。由表 11-15 中的数据统计可知，潼关控制高程从 328 m 降至 327 m 时，渭河下游各河段 20 年一遇流量水位平均下降的幅度分别为：渭淤 1 以下河段下降 0.18 m，渭淤 1～5 河段下降 0.28 m，渭淤 5～10 河段下降 0.18 m，渭淤 10～15 河段平均下降 0.16 m，渭淤 15～26 河段平均下降 0.13 m，渭淤 26～30 河段下降 0.04 m，渭淤 30～37 河段下降 0.01 m。

11.5　本章小结

本章利用前述的一维悬移质不平衡输沙数学模型在给定的两个设计水沙系列的情况下，对空间范围从龙门至潼关 128 km 河段和渭河下游咸阳至潼关 203.2 km 河段冲淤及不同流量级沿程水位进行了方案计算，并对结果进行了分析，得出的主要结论如下：

（1）各方案小北干流和渭河下游河道的冲淤情况

1）从各水沙系列不同河段 14 年总冲淤量来看，潼关控制高程越高，各个河段的总淤积量也越大。计算结果表明，除潼关高程 326 m 方案黄淤 41～45 河段和渭淤 1 以下河段第 14 年末仍为累计冲刷外，其余河段各种方案均为累计淤积，而且距离潼关越远的河段（渭淤 26～37 河段除外），累计淤积量越大。

2）从各水沙系列小北干流和渭河下游淤积量的空间分布看，潼关高程越高，上游河段淤积量所占比例相对减少，下游则相反。

3）从各水沙系列不同河段累计冲淤量随时间的变化看，各个河段的冲淤情况除受潼关高程的影响外，还受来水来沙条件的影响。

（2）潼关高程降低 1 m 和降低 2 m 的减淤效果

以潼关高程 328 m 方案作为参照，分析了潼关高程从 328 m 降为 327 m（相当于潼关高程降低 1 m）和潼关高程从 328 m 降为 326 m（相当于潼关高程降低 2 m），两种情况下，黄河小北干流和渭河下游的减淤效果。主要结论如下：

1）系列 I 情况下，潼关高程分别为 326 m、327 m、328 m 时，黄河小北干流累积淤积量分别为 3.119 亿 m^3、3.994 亿 m^3、5.387 亿 m^3。从减淤效果上来看，当潼关高程从 328 m 降为 327 m 时（相当于潼关高程降低 1 m），小北干流可以减少淤积 1.394 亿 m^3，减淤率为 44.7%；当潼关高程从 328 m 降为 326 m 时（相当于潼关高程降低 2 m），小北干流可以减少淤积 2.268 亿 m^3，减淤率为 72.7%。

2）系列 I 情况下，当潼关高程分别为 326 m、327 m、328 m 时，渭河下游累积淤积量分别为 0.849 亿 m^3、1.167 亿 m^3、1.508 亿 m^3。从减淤效果上来看，当潼关高程从 328 m 降为 327 m 时，渭河下游可以减少淤积 0.341 亿 m^3，减淤率为 22.6%；当潼关高程从 328 m 降为 326 m 时，渭河可以减少淤积 0.659 亿 m^3，减淤率为 43.7%。

3）系列 II 情况下，当潼关高程分别为 326 m、327 m、328 m 时，黄河小北干流的累积淤积量分别为 2.409 亿 m^3、3.199 亿 m^3、4.767 亿 m^3。从减淤效果上来看，当潼关高程从 328 m 降为 327 m 时，小北干流可以减少淤积 1.568 亿 m^3，减淤率为 32.9%；当潼关高程从 328 m 降为 326 m 时，小北干流可以减少淤积 2.358 亿 m^3，减淤率为 49.5%。

4）系列 II 情况下，当潼关高程分别为 326 m、327 m、328 m 时，渭河下游累积淤积量分别为 0.433 亿 m^3、0.721 亿 m^3、1.046 亿 m^3。从减淤效果上来看，当潼关高程从 328 m 降为 327 m 时，渭河下游可以减少淤积 0.325 亿 m^3，减淤率为 31%；当潼关高程从 328 m 降为 326 m 时，渭河可以减少淤积 0.613 亿 m^3，减淤率为 58.6%。

5）总体上看，在同一水沙系列作用下，当潼关高程从 328 m 降至 326 m 时，减淤效果都比潼关高程从 328 m 降至 327 m 时的效果要明显得多。而且，从减淤率的空间分布看，下游河段的减淤率比上游河段的减淤率大。

6）当潼关高程降低同样幅度时，不同水沙系列的减淤效果不同，系列 II 枯水枯沙系列比系列 I 平水平沙系列的减淤效果要明显得多。

（3）各种方案对渭河下游不同流量级水位的影响

对不同组合方案条件下渭河下游河道不同流量级沿程水位 14 年前后的变化进行了分析。主要结论如下：

1）从各方案 14 年前后常水位的升降幅度看，潼关高程降低对渭河下游产生较大影响的河段为渭淤 26 以下河段，对渭淤 26～30 河段的影响较小，对渭淤 30～37 河段的影响微弱。

2）与常流量水位相比，不同潼关控制高程对渭河下游 6 000 m³/s 流量沿程水位的影响较小。

3）与 6 000 m³/s 流量洪水水位相比，不同潼关控制高程对渭河下游 20 年一遇流量沿程洪水水位的影响基本相同。

（4）潼关高程降低 1 m 和降低 2 m 对渭河下游不同流量级水位的影响

以潼关高程 328 m 方案作为参照，分析了潼关高程从 328 m 降为 327 m（相当于潼关高程降低 1 m）和潼关高程从 328 m 降为 326 m（相当于潼关高程降低 2 m）两种情况，对渭河下游不同流量级水位的影响。主要结论如下：

1）各种水沙系列条件下，潼关控制高程从 328 m 降至 327 m 时，对渭淤 26 以下河段常水位的影响较大，对渭淤 26～30 河段的影响较小，对渭淤 30～37 河段几乎没有影响。

2）与潼关高程降低 1 m 相比，潼关控制高程从 328 m 降至 326 m 时，对渭河下游常水位的影响更大。

3）各种水沙系列条件下，无论潼关高程降低 1 m 还是 2 m，渭河下游 6 000 m³/s 流量水位沿程降低的幅度比常流量水位小得多。

4）各种水沙系列条件下，无论潼关高程降低 1 m 还是 2 m，渭河下游 20 年一遇流量水位沿程降低的幅度与 6 000 m³/s 流量水位的降幅基本相等。

5）从总体上看，潼关高程下降的幅度越大，渭河各流量级水位下降的幅度也越大。从渭河各流量级水位下降幅度的沿程分布看，越靠下游的河段降幅越大，潼关高程的降低对渭淤 31 以上河段影响十分微弱。

12 总结与展望

12.1 本书主要研究内容及结论

近几十年来，由于潼关高程的抬升以及近期渭河水沙变化，渭河下游从三门峡建库前的地下河逐渐演变为地上河，河道泥沙淤积严重，主槽剧烈萎缩，过洪能力减小，同流量水位大幅度抬升，导致洪灾频繁，河道环境趋于恶化，防洪形势日益严峻。因此，研究不同潼关高程对渭河下游冲淤及洪水水位的影响，以及渭河下游的洪水运行规律，系统地研究认清渭河现有河床上的洪水特性，对于渭河下游河道综合治理及洪水预报等都具有重要意义。本书主要研究内容及结论如下：

（1）在系统收集和整理基本资料的基础上，对渭河下游泥沙淤积及潼关高程问题的研究及已有研究成果进行了简要的回顾和评述。

（2）沿用传统的实测资料分析法，依据实测资料，结合已有的研究成果，对三门峡建库前、后潼关高程的变化规律以及渭河下游河道的冲淤演变规律、潼关高程抬升的原因及影响因素进行了分析和研究，具体结论如下：

1）建库前黄河潼关河段河床处于相对冲淤平衡的微淤状态，渭河下游主槽处于动态冲淤平衡状态，滩地处于微淤状态。

2）建库后，渭河下游河道发生严重淤积，主要是由于潼关高程的抬升造成的，而潼关高程的抬升主要是由于三门峡水库的不合理运用造成的。

3）三门峡水库汛期水位降落幅度不够，达不到溯源冲刷要求的比降，汛期中低水位历时短，不能通过冲刷保持年内冲淤平衡，造成古夺以上产生累积性淤积体，这是造成潼关高程居高不下的根本原因，近期（20 世纪 90 年代以后）不利的水沙条件加剧了潼关河床的抬升速度和渭河下游的淤积。

（3）渭河下游水沙异源，64%的泥沙来自泾河张家山以上，60%的径流来自咸阳以上。90 年代以来渭河下游枯水枯沙，但水量的减少幅度大于沙量，大流量级洪水出现的频率明显减少，小流量级洪水出现的机会明显增加，高含沙小洪水明显增多。

（4）三门峡水库的修建导致潼关高程的抬升是渭河下游发生大量淤积的主要原因，20世纪90年代以后，不利的水沙条件、黄河水倒灌渭河及渭河口拦门沙的淤积加重，也是渭河下游近年来淤积加重的重要因素。

（5）渭河下游洪水水位和常水位近年来都有抬升的趋势。渭河下游主槽宽度每缩窄100 m，华县站3 000 m^3/s流量级洪水水位比主槽缩窄前抬升0.4～0.5 m；滩地糙率每增加0.01同流量级漫滩洪峰水位将抬升0.2～0.28 m。渭河下游近年来主槽过洪能力降低与窄深断面的形成，是渭河下游近年来高含沙洪水水位异常升高的主要原因。

（6）自20世纪70年代以来，渭河下游洪水传播时间有延长的趋势。影响洪水传播的因素很多，它不仅受河道条件、断面平均流速、洪水比降等因素的制约而且与含沙量的多少有关。河道主槽过流能力减小、洪水比降变小与断面平均流速减小都会导致洪水传播时间延长。大漫滩洪水的传播时间受滩地的影响较大，在滩地糙率较大时期大漫滩洪水的传播时间较长。实测资料分析计算表明：河道比降每减小0.1$^0/_{000}$，临潼到华县的洪水传播时间将延长约6 h，滩地糙率每增大0.01，临潼到华县的漫滩洪水传播时间将延长3～4 h，华县站断面流速每减少1 m/s，临潼到华县的洪水传播时间将延长2～3 h。

（7）近年来渭河下游洪峰削峰率有增加的趋势。其影响因素不仅与河道主槽过洪能力有关，而且与水沙条件密切相关。研究表明，渭河下游洪水削峰率与河道主槽的过洪能力成反比例关系，河道主槽的过洪能力增加，洪峰的削峰率减小；河道主槽的过洪能力减少，洪峰的削峰率增加。因此，近年来渭河下游河道主槽的过洪能力减小是近年来洪峰削峰率增加的主要原因。洪峰的削峰率受水沙条件的影响较大，对于同一流量级洪水，漫滩后要远远大于非漫滩情况下的削峰率，高含沙洪水的削峰率要远远大于低含沙洪水的削峰率。渭河下游洪峰峰形的变化，在三门峡建库后不同历史时期有着不同的特点，其主要原因是由渭河下游河道主槽过洪能力变化引起的，河道主槽过洪能力较大时，对于完全在河道主槽里流动的相同水沙条件的同流量级洪水，其洪峰的削峰率与洪峰变形相对较小，当河道主槽过洪能力较小时，同流量级洪水漫出滩外，不但其削峰率较大，峰形也变得矮而胖。

（8）所建立的一维恒定不平衡输沙数学模型较以前的模型有所改进和完善：一是扩大了模型的使用范围，使之从原来的龙门、华县、河津、状头4站至潼关的黄河小北干流及渭河华县以下河段的模拟范围扩大至能够模拟渭河自咸阳水文站至渭河河口间的整个渭河下游河段（其中泾河张家山水文站和北洛河状头水文站作为节点加入）和黄河自龙门水文站至潼关水文站之间黄河小北干流河段（其中汾河河津站作为节点加入）的泥沙冲淤演变过程；二是使该模型能够同时模拟计算在一定年限之前的地形上不同流量级的洪水水位和一定年限之后的地形上不同流量级的洪水水位。

（9）利用实测资料对模型进行了参数率定和验证。结果表明，各河段的计算冲淤量和冲淤变化趋势均与实测冲淤量和冲淤变化趋势吻合较好，说明所率定的模型参数是合理的，说明所建立的数学模型能够较好地反映黄河小北干流和渭河下游河道的冲淤特性，可用于研究不同潼关控制高程对渭河下游河道冲淤过程、冲淤量、冲淤部位和冲淤范围的影响以及对渭河下游不同流量级沿程洪水水位的影响。

（10）对渭河下游 2003 年 8—9 月的洪水过程进行了模拟。结果表明：临潼至陈村水位过程，流量过程与临潼至陈村的沿程冲淤相应与实测资料吻合较好。

（11）利用数学模型对不同水沙系列（本书为两个水沙系列，分别为 14 年）作用下不同潼关高程（328 m、327 m、326 m）（共六种组合方案）对渭河下游的冲淤和洪水水位的影响进行了数值模拟计算，依据计算结果，从定量上回答了潼关高程变化对渭河下游河道冲淤量、冲淤部位、冲淤范围的影响及对渭河下游不同流量级洪水水位的影响。具体结论如下：

1）潼关高程从 328 m 降到 327 m，渭河下游 14 年可以减少淤积 0.3 亿～0.36 亿 m^3，减淤率为 20%～32%；潼关高程从 328 m 降到 326 m，渭河可以减少淤积 0.6 亿～0.7 亿 m^3，减淤率为 40%～60%。

2）潼关高程从 328 m 降到 327 m，渭淤 10 以下河段 200 m^3/s 流量水位平均下降 0.8～0.86 m，渭淤 10～26 河段下降 0.45～0.49 m，渭淤 26～30 河段下降 0.12～0.17 m；6 000 m^3/s 洪水水位和 20 年一遇洪水水位降低幅度基本相同，渭淤 10 以下河段平均下降 0.15～0.17 m，渭淤 10～26 河段下降 0.06～0.08 m，渭淤 26～30 河段下降 0.01～0.02 m。

3）潼关高程从 328 m 降到 326 m，200 m^3/s 流量水位渭淤 10 以下河段平均下降 1.67～1.74 m，渭淤 10～26 河段下降 0.9～0.92 m，渭淤 26～30 河段下降 0.2～0.31 m；6 000 m^3/s 时的洪水水位和 20 年一遇的洪水水位降低幅度基本相同，渭淤 10 以下河段平均下降 0.31～0.32 m，渭淤 10～26 河段平均下降 0.14～0.15 m，渭淤 26～30 河段平均下降 0.04～0.05 m。

4）不同水沙系列作用下，无论潼关高程从 328 m 降至 327 m 还是 326 m，对渭淤 30～37 河段不同流量级的水位几乎没什么影响。

5）从各方案 14 年前后常水位的升降幅度看，潼关高程降低对渭河下游产生较大影响的河段为渭淤 26 以下河段，对渭淤 26～30 河段的影响较小，对渭淤 30～37 河段的影响微弱。从总体上看，潼关高程下降的幅度越大，渭河下游河段各流量级水位下降的幅度也越大。从渭河下游河段各流量级水位下降幅度的沿程分布看，越靠下游的河段降幅越大，越靠上游的河段降幅越小，特别是潼关高程的降低对渭淤 31 以上河段影响十分微弱。

12.2 展望

潼关高程问题及渭河下游的淤积、黄河小北干流的淤积问题及这些问题所引发的一系列严重后果都将伴随着三门峡水库的运行而继续存在。今后应在以下几个方面继续开展研究工作：

（1）广泛收集新的实测资料，对潼关高程问题、渭河下游淤积、黄河小北干流淤积、三门峡水库运行方式及由此而引发的一系列问题进行深入详细地研究。

（2）从环境的角度对泥沙问题进行研究，趋利避害，如何治沙、用沙，即在泥沙资源化方面可以开展研究工作。

（3）随着泥沙理论及计算技术的发展，对已有泥沙数学模型进行进一步的改进和完善，开发准二维、三维泥沙数学模型并努力实现泥沙数学模型的可视化。

（4）已经实施的渭河下游流域综合治理规划中的外流域调水，将会改变渭河下游的水沙条件，必将对渭河下游的河道冲淤及河道演变产生极大的影响，也会带来一些新的环境与生态问题，这些问题都需要进一步地研究。

泥沙问题非常复杂，不确定性因素很多，目前已引起许多学者极大的关注和兴趣，盼望会有更多的学者投入到泥沙领域的研究中来，并希望取得更多富有成效的研究成果。

参考文献

[1] 王宏，等. 渭河流域水土保持措施减水减沙作用分析. 人民黄河，2001（2）.

[2] 孙雪涛. 关于渭河流域水资源综合治理一些问题的认识. 中国农业科技导报，2002（3）.

[3] 周文浩，陈建国，李慧梅. 潼关高程及遏制渭河下游淤积的对策. 三门峡水利枢纽运用四
     十周年论文集，2000.

[4] 曾庆华，周文浩，等. 渭河淤积发展及其与潼关卡口黄河洪水倒灌的关系. 泥沙研究，1986
     （3）.

[5] 王敏捷，杨武学. 渭河下游近期泥沙淤积带来的防洪问题. 人民黄河，1999（10）.

[6] 吕世雄，王小艳. 三门峡水库优化调度运用方案的研究. 陕西省三门峡库区泥沙淤积暨治
     理学术研讨会论文选编，1999.

[7] 中国科学院地理研究所渭河研究组. 渭河下游河流地貌. 北京：科学出版社，1983.

[8] 李文学，张翠萍，姜乃迁，等. 潼关高程变化及其对渭河下游淤积的影响. 泥沙研究，
     2003（3）.

[9] 陈建国，胡春宏，戴清. 渭河下游近期河道萎缩特点及治理对策. 泥沙研究，2002（6）.

[10] 王敏捷，杨武学. 渭河下游近期泥沙淤积带来的防洪问题. 人民黄河，1999（10）.

[11] 杨丽丰，周丽艳. 渭河下游近年来冲淤演变特点分析. 人民黄河，2000，22（7）：32-41.

[12] 张翠萍，张原锋. 渭河下游近期水沙特性及冲淤规律. 泥沙研究，1999（3）：17-18.

[13] 唐先海. 渭河下游近期淤积发展情况的分析研究. 泥沙研究，1999（3）：69-73.

[14] 巨安祥，粗里江峰. 小流量，高水位，大灾害——"95·8"渭河下游洪水灾害成因浅析. 陕
     西水利，1996，2.

[15] 韩峰，郑艳芬，乔金龙，等. 渭河华县水文站漫滩洪水特性探讨. 黄河水利职业技术学院
     学报，2001，13（2）：14-17.

[16] 张仁. 潼关高程升高及其解决方法. 三门峡水利枢纽运用四十周年论文集，2000.

[17] 曾庆华，周文浩，等. 渭河下游河道淤积发展及治理对策的研究. 陕西省三门峡库区泥沙
     淤积暨治理学术研讨会论文选编，1999.

[18] 庞金成，等. 渭河下游防洪保安对策浅议. 陕西水利，2000（2）.

[19] 杨庆安，龙毓骞，缪凤举. 黄河三门峡水利枢纽运用与研究. 郑州：河南人民出版社，1995.

[20] 焦恩泽，等. 潼关高程演变规律及其成因分析. 泥沙研究，2001（2）.

[21]　王仕强，等. 三门峡水库非汛期运用水位研究. 泥沙研究，2001（2）.

[22]　钱意颖，叶青超，周文浩. 黄河干流水沙变化与河床演变. 北京：中国建材工业出版社，1993.

[23]　饶素秋，等. 黄河上中游水沙变化特点分析及未来趋势展望. 三门峡水利枢纽运用四十周年论文集，2000.

[24]　王玲，孙东坡，缑元有，等. 黄河水沙变化对河流系统的影响. 郑州：黄河水利出版社，1998.

[25]　黄河水利委员会. 三门峡库区有关问题初步研究. 2001.

[26]　黄河水利委员会. 关于渭河下游冲淤变化及潼关高程有关问题的汇报. 2002.

[27]　陕西省水利厅. 三门峡水库给陕西带来的灾害及治理对策建议. 2001.

[28]　陕西省水利厅. 关于潼关高程有关问题的汇报. 2002.

[29]　郭庆超，陆琴. 降低潼关高程可行性的数学模型计算与分析研究. 中国水利水电科学研究院泥沙研究所，2002.

[30]　周建军. 降低三门峡水库潼关高程可能性研究. 清华大学水利系，2002.

[31]　韩其为. 对三门峡水库冲淤及潼关高程的几点看法. 人民黄河，2006，28（1）：1-3，11.

[32]　Shiono K，Knight D.W. Turbulent open channel flow with variable depth across the channel [J].J. Fluid. Mech. 1991，222：617-346.

[33]　Ackers P. Hydraulic design of two stage channels [J]. Proc. Instn. Engers. Wat.，Marit. & Energy，1992，96：247-257.

[34]　Ackers P.Stage discharge functions for two stage channel：The impact of new research. Journal Instn. Water & Environmental Management，1993，7（1）：52-61.

[35]　江恩惠，张红武. 高含沙洪水造床规律及河相关系研究. 人民黄河，1999，21（1）：12-14.

[36]　吉祖稳，胡春宏. 漫滩水流流速垂线分布规律的研究. 水利水电技术，1997，28（7）：26-32.

[37]　吉祖稳，胡春宏. 漫滩水流悬移质分布规律的试验研究. 泥沙研究，1997（2）：64-68.

[38]　陈立，周宜林. 漫滩高含沙水流滩槽水沙交换的形式与作用. 泥沙研究，1996（2）：45-49.

[39]　张晓华，李勇. 黄河下游高含沙洪水河床演变模式及异常现象探讨. 人民黄河，1994（8）：25-27.

[40]　吕世雄，等. 潼关河底高程升降原因和发展趋势的分析. 西北水利科学研究所资料，1970.

[41]　韩其为，何明民. 水库淤积与河道演变的一维数学模型. 泥沙研究，1987（3）.

[42]　叶青超，师长兴. 黄河中游龙门至三门峡河道的冲淤特性与环境演化关系//左大康. 黄河流域环境演变与水沙运行规律研究文集. 北京：地质出版社，1991.

[43]　叶青超. 黄河流域环境演变与水沙运行规律研究. 济南：山东科学技术出版社，1994.

[44]　焦恩泽、张翠萍. 历史时期潼关高程演变分析. 西北水电，1994（3）.

[45] 黄能汛. 关中的两项古代水利工程. 黄河史志资料, 1985 (2).

[46] 中科院地理研究所地貌研究室渭河组. 渭河下游河流地貌的几个问题. 黄河泥沙研究报告选编, 1978.

[47] 杜殿勖, 等. 三门峡水库修建前后渭河下游河道泥沙问题的研究. 泥沙研究, 1981 (3).

[48] 曹如轩, 等. 潼关河床演变及其影响的研究. 西安: 西安理工大学, 1998.

[49] 陕西省三门峡库区管理局. 陕西省三门峡库区防汛管理基本资料汇编. 2001-10.

[50] 王桂娥, 季利, 李杨俊, 等. 渭河水沙变化对河床冲淤的影响分析. 人民黄河, 2004, 26 (1).

[51] 范小黎, 师长兴, 邵文伟, 等. 近期渭河下游河道冲淤演变研究. 泥沙研究, 2013 (1): 20-26.

[52] 戴清, 胡健, 周文浩. 渭河下游河道冲淤规律及断面形态变化研究. 人民黄河, 2010, 4 (4): 38-46.

[53] 张根广, 赵克玉, 等. 渭河下游河床演变特征及其淤积上延分析. 西北水资源与水工程, 2003, 14 (3): 36-46.

[54] 曹如轩, 雷福洲, 冯普林, 等. 三门峡水库上沿机理的研究. 三门峡水库运用四十年论文集, 2000. 12.

[55] 庞柄东. 三门峡水库影响渭河下游河道横向演变的研究. 地理研究, 1997 (16).

[56] 钱宁, 张仁, 周志德. 河床演变学. 北京: 科学出版社.

[57] 曾庆华, 胡春宏, 陈建国, 等. 渭河下游近期萎缩特点及治理对策. 泥沙研究, 2002 (6).

[58] 王兆印, 李昌志, 王费新. 潼关高程对渭河河床演变的影响. 水利学报, 2004 (9): 1-8.

[59] 雷文青, 唐先海. 渭河下游泥沙淤积及其影响. 水利水电技术, 2000 (9).

[60] 张根广, 王新宏, 冯民权, 等. 渭河下游河道淤积发展及其萎缩的原因浅析. 泥沙研究, 2003 (6).

[61] 陈发中, 戴明英. 渭河水沙变化及特性分析. 人民黄河, 1999, 21 (8): 22-25.

[62] 林秀芝, 侯素珍, 王平, 等. 渭河下游近期水沙变化及其对河道冲淤影响. 泥沙研究, 2014, 1: 33-38.

[63] 张晓华. 黄河下游宽河段洪水运行规律的研究. 西安理工大学, 2003.

[64] 谢汉祥. 漫滩水流特性与水力学计算. 河流泥沙国际学术讨论会论文集 (1), 1980.

[65] 费祥俊, 宋陪根. 多沙河流横断面调整对排洪输沙能力的影响. 人民黄河, 1997 (8).

[66] 王明甫, 陈立, 周宜林. 高含沙水流游荡型河道滩槽冲淤演变特点及机理分析. 泥沙研究, 2000 (1).

[67] 赵文林, 茹玉英. 渭河下游河道输沙特性与形成窄深河槽的原因. 人民黄河, 1994 (3).

[68] 武汉水利电力学院河流泥沙工程学教研室. 河流泥沙工程学. 北京: 水利电力出版社, 1980.

[69]　陈立，林鹏，叶小云. 泥沙对挟沙水流流动结构影响的研究. 水利学报，2003（9）.

[70]　惠遇甲，李义天，胡春宏，等. 高含沙水流紊动结构和非均匀沙运动规律的研究. 武汉：武汉电力大学出版社，2000.

[71]　梁志勇，吕文堂，等. 黄河高含沙水流水沙运动与河床演变. 郑州：黄河水利出版社，2001.

[72]　陈立. 宾汉剪力的变化对紊流区高含沙水流性质的影响. 武汉水利电力大学学报，1994，127（2）.

[73]　Fei Xiangjun，Yang Meiqing. The Physical Properties of Flow with Hyperconcentration of Sediment.International Workshop on Flow at Hyperconcentration of Sediment. Beijing：Series of Publication IRTCES，1985：10-14.

[74]　周宜林，陈立，王明. 漫滩挟沙水流流速横向分布研究. 泥沙研究，1996（3）.

[75]　张瑞瑾. 河流泥沙动力学. 北京：中国水利水电出版社，1997.

[76]　钱宁，张仁，周志德. 河床演变学. 北京：科学出版社.

[77]　杨国录. 河流数学模型. 北京：海洋出版社，1993.

[78]　Feldman A.D. HEC Models For Water Resources System Simulation：Theory and Experience. The Hydraulic Engineering Ceter，Davis，California，1981.

[79]　Chang H. H. Fluvial processes in river engineering. Wiley Inter-science. New York，N. Y. 429，1988.

[80]　Chang H. H.，Harrison L. L.，Lee W. et al. Numerical Modeling For Sediment-Pass-Through Reservoirs，J. Hydr. Engrg，ASCE，1996，122（7）.

[81]　Yang C. T.，Molinas A.，Song C. S. GSTARS-Generalized Stream Tube Model for alluvial river Simulation. Twelve selected computer stream sedimentation Models developed in the U.S.S.Fan.ed.Energy Regulatory Commission，Washington，D.C.，1988.

[82]　Borah D.K.，Bordoloi P.K. Stream bank erosion and bed evolution model. Sediment Transport Modeling. ASCE，New York，1989.

[83]　Borah D. K.，Dashputre M. S. Field evaluation of the sediment transport model STREAM with a bank erosion component. Proc. Hydr. Engrg.94，G. V. Cotroneo and R. R. Rumer，eds. ASCE，New York，N. Y.，1994.

[84]　Osman A. M.，Thorne C. R.，Riverbank stability analysis. I：Theory. J. Hydr. Engrg. ASCE，1988，114（2）.

[85]　Thome C. R.，Osman A. M. Riverbank stability analysis. II：Applications. J. of Hydr. Engrg. 1988，114（2）.

[86]　Darby S. E.，Thorne，C. R. Development and testing of riverbank stability analysis. J. Hydr. Engrg. ASCE，1996，122（8）.

[87] Yang C.T., Song C.C.S.Theory of minimumrate of energy dissipation，Journal of Hydraulic Div. Asce，1979，105（7）：769-784.

[88] 谢鉴衡，魏良琰. 河流泥沙数学模型的回顾与展望. 泥沙研究，1987（3）.

[89] Fan，S. Twelve selected computer stream sedimentation models developed in the United States.Fed. Energy Regulatory Commission. Washington D.C.，1988.

[90] 李义天，谢鉴衡，吴伟明. 二维及三维泥沙数学模型的研究进展. 全国泥沙基本理论研究学术讨论会论文集（第二卷），1992.

[91] 杨国录. 河流数学模型. 北京：海洋出版社，1993.

[92] ASCE Task Committee on Hydraulics，Bank Mechanics and Modeling of River Width Adjustment. River width adjustment. II：Modeling. J. Hydr. Engrg. ASCE，1998，124（9）.

[93] Alonso C. V.，Combs S. T. Channel width adjustment in straight alluvial streams. Proc. 4 th Fed.Interagency Sedimentation Conf.U.S.GPO，Washington，D. C. 1986.

[94] 芦田和男. 水库淤积预报. 第一次国际河流泥沙会议论文集. 1980.

[95] Challet J.P.，Cunge J.A. Simulation of Unsteady Flow in Alluvial Streams. 第一次国际河流泥沙会议论文集. 1980.

[96] Rahuel J. L.，Holly F. M.，Belleudy P. J.，et al. Modeling of riverbed evolution for bedload sedimentmixtures. J. Hydr. Engrg. ASCE，115，1989.

[97] 刘月兰，韩少发，吴知. 黄河下游河道冲淤计算方法. 泥沙研究，1987（3）.

[98] 钱意颖，等. 黄河泥沙冲淤数学模型. 郑州：黄河水利出版社，1998.

[99] 韩其为，何明民. 水库淤积与河道演变的（一维）数学模型. 泥沙研究，1987（3）.

[100] 张丽春，方红卫，府仁寿. 一维非恒定非均匀泥沙数学模型研究. 泥沙研究，1998（3）.

[101] Lin B.，Huang J，Li X. Unsteady Transport of Suspended Load at Small Concentration. J.Hydr.Engrg.ASCE，1983，109（1）.

[102] Hou J.，Lin B. One-Dimensional Mathematical Model For Suspended Sediment by Lateral Integration.J.Hydr.Engrg.，ASCE，1996，124（7）.

[103] 梁志勇，伊学良. 冲积河流河床横向变形的初步数学模拟. 泥沙研究，1991（4）.

[104] 杨国录，贡日，等. 冲积河流一维数学模型. 泥沙研究，1989（4）.

[105] 王新宏，程文，曹如轩，等. 黄河中游一维悬移质泥沙数学模型. 西安理工大学学报，1996（3）.

[106] 张启舜，等. 水库冲淤形态及其过程的计算. 泥沙研究，1982（1）.

[107] 马喜祥. H-H 泥沙数学模型简介. 泥沙研究，1993（1）.

[108] 张启舜，等. 河流冲淤过程计算的数学模型. 第二次国际河流泥沙会议论文集. 1983.

[109] 周雪漪. 计算水力学. 北京：清华大学出版社，1995.

[110] 李义天. 冲淤平衡状态下床沙质级配初探. 泥沙研究，1987（1）.

[111] 钱宁，万兆惠. 泥沙运动力学. 北京：科学出版社，1983.

[112] 费祥俊. 黄河中下游含沙水流黏度的计算模型. 泥沙研究，1991（4）.

[113] 张红武. 黄河下游洪水模型相似率的研究. 清华大学水利系，1995.

[114] 钟德钰，王士强，王光谦. 河流冲泻质水流挟沙力研究，泥沙研究，1998（3）.

[115] 刘峰，李义天. 泥沙粒配对水流挟沙力影响的试验研究. 长江科学院院报，1996（3）.

[116] 胡海明，李义天. 非均匀沙的运动机理及输沙率计算方法的研究. 水动力学研究与进展，1996（6）.

[117] 陈雪峰，陈立，李义天. 高、中、低浓度挟沙水流挟沙力公式的对比分析. 武汉水利电力大学学报，1999，10.

[118] 邓贤艺，曹如轩，钱善琪. 水流挟沙力双值关系研究. 水利水电技术，2003（9）.

[119] 吴保生，龙毓骞. 黄河输沙能力公式的若干修正. 人民黄河，1993（7）.

[120] 韦直林. 二度恒定均匀流中的泥沙淤积问题. 武汉水利电力学院学报，1982（4）.

[121] 韦直林，等. 黄河下游河床变形长期预报数学模型初步研究. 黄河水沙基金论文集，1992，3.

[122] 韦直林，等. 黄河一维泥沙数学模型. 武汉水利电力学院科研报告，1993，12.

[123] 韩其为. 水库淤积. 北京：科学出版社，2003.

[124] 韩其为. 非均匀悬移质不平衡输沙的研究. 科学通报，1997（17）.

附录 主要符号表

V ——流速，m/s；

n ——糙率；

R ——水力半径；

J ——水流比降；

μ_e ——有效黏滞系数，kg/（m·s）；

v ——运动黏滞系数，m²/s；

Re ——雷诺数；

τ_B ——静态极限剪应力，N/m²；

η ——刚性系数，kg/（m·s）；

h ——水深，m；

ρ ——密度，kg/m³；

f ——阻力系数；

ω ——泥沙沉速，m/s；

s ——含沙量，kg/m³；

s_v ——固体体积比浓度；

s_{vm} ——极限浓度；

d ——颗粒直径，mm；

Q ——流量，m³/s；

A ——过水面积，m²；

B ——水面宽度，m；

Z ——水位，m；

S_* ——水流挟沙力，kg/m³；

g ——重力加速度，m/s²；

α_1 ——动量修正系数；

α_2 ——泥沙非平衡恢复饱和系数；

γ ——容重，N/m³。

致　谢

　　本书在编写过程中，得到了西安理工大学水利水电学院的曹如轩教授、唐允吉教授，水力学研究所的陈刚教授、程文教授、张志昌教授、魏炳乾教授、许联峰教授等不同程度的指导与帮助，在撰写期间还得到了吴巍博士的帮助，在此一并感谢。还要特别感谢黄河上中游管理局的毕慈芬高工，在资料收集与编写过程中，她都给予了无私指导与帮助。还得到了西北大学曹明明教授、马俊杰教授、宋进喜教授等专家们的指导与帮助。在本书出版过程中，中国环境出版社的同志们给予了热心支持，并付出了辛勤劳动，在此一并向他们表示诚挚的谢意！

　　感谢陕西省重点科技创新团队计划项目（2014KCT-27）、西北大学地理学陕西省重点学科建设项目及国家自然科学基金项目（51279163）对本书的资助。

作　者

2014 年 8 月于西安